U0309441

航天科技图书出版基金资助出版

# 推进剂配方性能与图形表征

田德余　编著

中国宇航出版社

·北京·

**图书在版编目（CIP）数据**

推进剂配方性能与图形表征/田德余编著．--北京：中国宇航出版社，2018.5

ISBN 978 - 7 - 5159 - 1462 - 6

Ⅰ.①推… Ⅱ.①田… Ⅲ.①推进剂－配方－研究

Ⅳ.①V51

中国版本图书馆 CIP 数据核字（2018）第 080405 号

**责任编辑** 彭晨光

**责任校对** 祝延萍　　　　**装帧设计** 宇星文化

出　版
发　行　**中国宇航出版社**

社　址　北京市阜成路 8 号　　**邮　编** 100830
　　　　（010）60286808　　　（010）68768548
网　址　www.caphbook.com
经　销　新华书店
发行部　（010）60286888　　　（010）68371900
　　　　（010）60286887　　　（010）60286804(传真)
零售店　读者服务部
　　　　（010）68371105
承　印　河北画中画印刷科技有限公司

版　次　2018 年 5 月第 1 版
　　　　2018 年 5 月第 1 次印刷
规　格　787×1092
开　本　1/16
印　张　22.75　　**彩　插** 0.25
字　数　561 千字
书　号　ISBN 978-7-5159-1462-6
定　价　188.00 元

本书如有印装质量问题，可与发行部联系调换

# 航天科技图书出版基金简介

航天科技图书出版基金是由中国航天科技集团公司于 2007 年设立的，旨在鼓励航天科技人员著书立说，不断积累和传承航天科技知识，为航天事业提供知识储备和技术支持，繁荣航天科技图书出版工作，促进航天事业又好又快地发展。基金资助项目由航天科技图书出版基金评审委员会审定，由中国宇航出版社出版。

申请出版基金资助的项目包括航天基础理论著作，航天工程技术著作，航天科技工具书，航天型号管理经验与管理思想集萃，世界航天各学科前沿技术发展译著以及有代表性的科研生产、经营管理译著，向社会公众普及航天知识、宣传航天文化的优秀读物等。出版基金每年评审 1～2 次，资助 20～30 项。

欢迎广大作者积极申请航天科技图书出版基金。可以登录中国宇航出版社网站，点击"出版基金"专栏查询详情并下载基金申请表；也可以通过电话、信函索取申报指南和基金申请表。

网址：http：//www.caphbook.com

电话：(010) 68767205，68768904

# 作者简介

田德余，1955 年毕业于上海五四中学，1960 年毕业于北京工业学院（现为北京理工大学）化学工程系，先于西安近代化学研究所搞科研，后到国防科技大学任教授，担任博士研究生导师，培养了大批的优秀人才。

多年来从事应用化学（计算化学）、含能材料及固体推进剂的教学与科研工作，在实践的基础上开展固体推进剂配方优化设计及图形表征研究，在推进剂能量、燃速及力学性能预估研究中独树一帜，曾担任 863、973 某些专题的负责人。获得部委级科技进步二等奖等多项，获银河伟确基金奖一项。

1998 年被深圳大学聘为特聘教授，又获得深圳市科技进步一等奖、二等奖，广东省科技进步二等奖、三等奖各一项。2012 年先后获中国兵器工业集团公司和中国工业和信息化部科技进步二等奖各一项。多年来，在国内外学术会议及学术刊物上发表约 200 篇论文，出版有《火炸药手册——固体火箭推进剂部分》（1981 年）、《化学推进剂能量学》（1988 年）、《常用化合物性能数据手册》（1988 年）、《固体火箭推进剂性能研究》（1992 年）、《化学推进剂计算能量学》（1999 年）、《含能材料及相关物手册》（2011 年）、《固体推进剂配方优化设计》（2013 年）、《热力学函数温度系数手册》（上下册，2014 年）等著作。获得多项国家发明专利。

# 内容提要

本书汇集了大量的推进剂配方、性能，既有早期研制使用的推进剂配方、性能，也有新研制的推进剂配方及性能数据，并用创新软件对各类典型推进剂进行了优化设计及图形表征。本书是一本创新的著作，其内容丰富、数据翔实，有较高学术水平，又通俗易懂、图文并茂。

全书分 5 章，第 1 章概述推进剂类型与性能参数；第 2 章和第 5 章简述各类固体推进剂，列出了各类固体推进剂的配方、性能、使用情况；第 3～第 4 章简述了液体推进剂及凝胶推进剂，列出了各类液体推进剂与凝胶推进剂的配方、性能、使用情况及图形表征。

本书适用于从事火箭、发动机设计及推进剂研究、生产、使用的科技人员，可供高等院校相关专业的师生阅读、参考、使用。

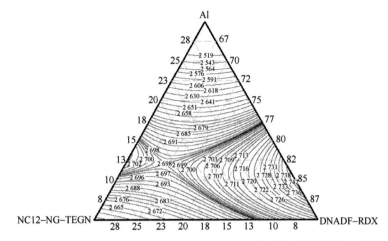

图 1.1 - 23　NC - NG - TEGN/DNADF - RDX/Al 推进剂等比冲三角图

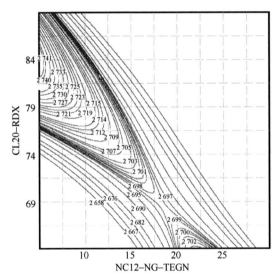

图 1.1 - 24　NC - NG - TEGN/DNADF - RDX/Al 推进剂比冲等高线图

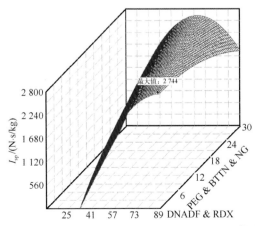

图 1.1 - 43　PEG - NG - BTTN/DNADF - RDX(1∶1)/Al 推进剂比冲 3D 图

# ·假设高能固体推进剂图形表征·

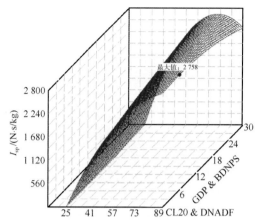

图 1 GAP − BDNPA(2∶1)/CL20 − DNADF(1∶3)/AL 推进剂比冲 3D 图

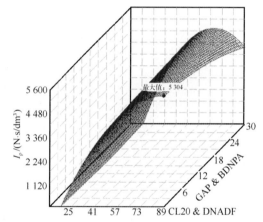

图 2 GAP − BDNPA(2∶1)/CL20 − DNADF(1∶3)/AL 推进剂密度比冲 3D 图

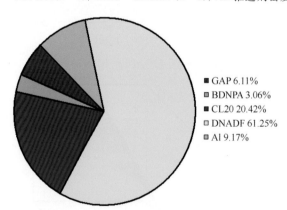

图 3 GAP − BDNPA(2∶1)/CL20 − DNADF(1∶3)/AL 推进剂比冲最大值圆饼图

该假设高能固体推进剂配方最高比冲可达 2 758 Ns/kg(281.2 s),最高密度比冲可达 5 304 N・s/dm³,是目前固体推进剂中能量最高的配方,其原材料都是可以购买获得的实用配方,可供有关读者参考。

# 出版说明

1 李祎、王明良、贵大勇、吴婉娥等教授、专家对本书做了仔细校核，提出了许多宝贵意见，作者进行了认真的修改，对几位校核者的辛勤劳动，表示衷心的感谢！

2 该书的配方性能数据，来自国内外公开发表的文献和书籍，数百种推进剂有的已在航天和兵器中使用，有的正处于研发阶段，这些数据仅供参考。为尊重原始文献，有些单位未换算成国际标准，读者可根据需要，按附录一国际单位换算表自行换算。

3 假设推进剂的图形表征，是利用我们开发的创新软件——"推进剂配方优化设计与图形表征"的软件，用独特的优化方法，结合工艺实际进行优化设计，优化结果与真实推进剂配方及性能吻合得较好，并用创新的图形表征软件绘制出推进剂组分与性能关系的一系列图形。

4 凡是配方中有"能量特性热力学计算结果"字样，列出的比冲、特征速度、燃烧温度、密度比冲等性能数据，都是用创新软件计算的结果，此计算结果是可靠的，与国际文献值是吻合的。

5 美国专利等文献中配方含量问题：所引用的推进剂配方，总体含量约为100％，并非绝对为100％，有时将催化剂、水等附加物，作为外加物，故常有超过或不足100％的情况出现，这是正常情况。该书所引用的推进剂配方数据仅供参考。

# 序

　　该书是一本新颖的推进剂巨著，作者收集了大量各类推进剂配方和性能数据，数百种配方凝聚着前人的智慧和劳动结晶；并用"推进剂配方优化设计及图形表征"的软件系统，优化出最佳配方，绘制出性能与组成关系的各种图形。由这些图形可以清淅地看出比冲、特征速度、密度比冲等性能与推进剂组分的关系，显示出最高比冲、最高密度比冲等的趋向和数值，给配方设计、研制人员指明了调整配方组成、提高性能的大致趋向和方法。

　　该书是一本创新的著作，其内容丰富、数据翔实，有较高学术水平，又通俗易懂、图文并茂，既有推进剂和性能参数的概述，又有固体推进剂、液体推进剂、凝胶推进剂、膏体推进剂、燃气发生剂、发射药等的具体配方、性能数据，涵盖了航天、航空、兵器等行业中飞机、飞船、卫星、导弹、火箭、火炮的全部能源，为从事航天、航空、兵器等相关领域的广大科技人员提高研制水平和效率做出了杰出的贡献，可以节省大量的人力物力，促进航天和兵器事业的发展。尤其对从事推进剂、火箭总体设计、火箭发动机研制、生产、使用的工程技术人员和高等院校相关专业的师生提供了大量宝贵资料，有益于科技人员（创客）理想的实现，创建更多的高能量、高性能、高效率的新型推进剂，是一本具有重要价值的参考书。

中国科学院院士　左建辰

2017 年 12 月

# 前　言

　　近年来，随着火箭、导弹、卫星、飞船技术的迅猛发展，它们的能源——推进剂也得到了蓬勃的发展。把卫星和飞船送上太空的是推进剂，推进剂是航天事业的核心内容，是动力的源泉，没有推进剂，再先进的航天飞机、飞船也无法飞向浩翰的太空，再好的卫星也无法在太空遨游。1957年，苏联把第一颗人造卫星送上太空，用的是液氧和煤油的液体推进剂，美国阿波罗/土星计划的大推力火箭使用了液氧/液氢、四氧化二氮/混肼等液体推进剂。随着时间的推移，航天和兵器事业的发展，推进剂的品种增多、性能改进、能量提高，在同样能量水平下又发展了多种不同性能特征的推进剂品种。为了提高射击精度，发展了高燃速和超高燃速的固体推进剂，为减少污染和排除红外干扰，发展了低特征信号的少烟或无烟推进剂，为适应卫星动力导向的需要及汽车安全气囊等的发展需要，出现了多种类型的燃气发生剂，为适应某些特殊需要，又发展了凝胶推进剂、固液混合推进剂。

　　通过长期的固体推进剂配方、工艺及性能的实际研究，长期的固体推进剂的性能计算及理论研究，以及长期的科研、教学实践，我收集了大量的推进剂配方及性能参数，这些都是公开发表在中外科技期刊、各国专利等文献中的，本书选择了有代表性的实用配方，用新开发的具有国际先进水平的（固体）推进剂配方优化设计及图形表征的软件系统，对各类典型推进剂进行了图形绘制，用图形、图像表征推进剂组分和各种性能之间的关系，可由这些图形直观地看出最高比冲等性能的组分范围，反之，也可由组分配比看出大致性能数值，还对推进剂术语做了通俗易懂的叙述，将这些汇集成书。本书是一本创新的著作，既有高学术水平，又通俗易懂，期盼本书的出版能对促进我国航天和兵器事业的发展尽绵薄之力。

　　我年轻时受第一颗人造卫星发射的影响，充满激情，积极投入火箭推进剂的科研中，盼望着祖国繁荣昌盛，赴汤蹈火，在所不惜，由于知识和资料不足，在研制过程中曾发生大小事故多起，有的同学、伙伴献出了年轻的生命，当时多么盼望有一本推进剂方面的专业图书。最近，花费了大量的时间和精力，从海量文献中抓出其核心，并用"推进剂配方优化设计及图形表征"的软件系统，优化出最佳配方，绘制出等性能三角图、三维立体图等各种图形，这些图形可以清淅地看出比冲、特征速度、密度比冲等性能数据与推进剂组分的关系，显示出最高比冲、最高密度比冲等的趋向和数值，给出配方设计、研制人员调整配方组成、提高性能的大致趋向和方法，极大地提高了研制水平和效率，节省了大量的人力物力，并能促进航天和兵器事业的发展。虽然顶着风险，拖着病弱的身体，但终于坚持完成该著作。我坚信科学技术是相通的，是不分国界的，科学技术是全人类的财富，目前某些科技先进国家的文献和知识，我们是可以借鉴的，通过消化、整理、计算，绘制了表征推进剂性能的各种图形，编著成书。由于个人水平有限，望读者批评指正。写作过程中得到同学、同事、战友、家人和学生们的关心、支持、帮助，在此对他（她）们的支持表示衷心的感谢！

田德余

2018 年 3 月

# 目　　录

# 第1章 推进剂及性能参数概述

推进剂是火箭、导弹、飞船、卫星的动力源泉。没有推进剂，再好的人造卫星也无法上天。近年来推进技术迅速发展，正在研究的推进技术有核推进、电推进、自由基推进、光子推进等[7]，20世纪80年代开始研究微波电热推进[22-25]，但目前实际使用的主要还是化学推进剂。

化学推进剂按其形态可分为：固体推进剂、液体推进剂、混合推进剂、凝胶或膏体推进剂等。

## 1.1 固体推进剂

### 1.1.1 概述

固体推进剂亦称火药，是我国古代四大发明之一[1-5]。我国汉代、晋代已有了火药的雏形，隋末唐初已有文字记载。唐代炼丹家孙思邈(581—682)著有《丹经》、《备急千金要方》等书[5]。在《丹经》中"伏火疏磺法"首次记载了黑火药的配方，即硫磺、硝石及木炭按一定的配比制成黑火药。13世纪先后传入阿拉伯地区和欧洲，14世纪中期欧洲才有应用火药和火药武器的记载，详见刘旭著《中国古代火药火器史》。

推进剂的发展史在某种意义上说，就是能量发展史[6-8]。中国最早发明的黑火药的能量(热量)只有2 929 kJ/kg左右，使用这种火药的射程约为6 000 m。硝化棉火药能量可达3 766 kJ/kg，火炮的射程提高到30 000 m左右。双基推进剂出现后，其能量可达5 230 kJ/kg，但对线膛炮产生严重的烧蚀。为适应火药能量的发展，在第一次世界大战后研制出新式武器——火箭，这就是能量发展促进了武器发展的实例。由于火箭的出现和发展，又对火药提出了更高的要求，1946年后出现了能量更高的复合固体推进剂[9-13]。第二次世界大战使用的沥青推进剂(由沥青和高氯酸钾组成)、天然橡胶推进剂，由于能量低、力学性能差，很快就为交联弹性体的聚硫橡胶(PS)推进剂所代替。合成高分子工业的发展，为推进剂提供了新的粘合剂和浇铸工艺技术。这以后，相继出现聚硫橡胶推进剂、聚氯乙烯(PVC)推进剂、聚氨酯(PU)推进剂、聚丁二烯-丙烯酸(PBAA)推进剂、端羧基聚丁二烯(CTPB)推进剂、端羟基聚丁二烯(HTPB)推进剂、浇铸双基推进剂、配浆浇铸推进剂、复合改性双基(CMDB)推进剂、硝酸酯增塑的聚醚(NEPE)推进剂等，可用框图和略图表示，如图1.1-1和图1.1-2所示。

由图1.1-1和图1.1-2可以看出，多年来人们非常重视推进剂能量，用各种方法来提高能量，也取得了卓越的成果。从20世纪50～60年代比冲由220 s左右提高到270 s左

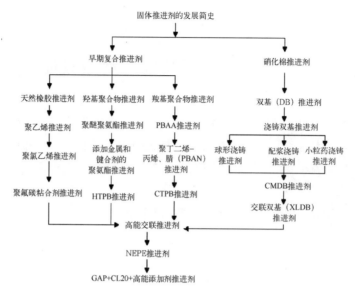

图 1.1-1　固体推进剂的发展简史框图

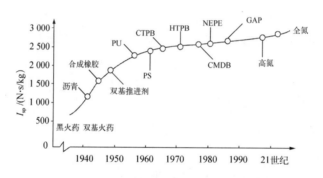

图 1.1-2　固体推进剂能量发展史略图

右，即能量由 2 156 N·s/kg 提高到 2 646 N·s/kg。推进剂的能量提高直接影响火箭和导弹的射程，能量越高，武器射程越远。某洲际导弹原射程为 9 260 km，推进剂比冲增加 1%，射程增加 7.3%，即增加 676 km；比冲增加 5%，射程增加 45%，即增加 4 167 km。

　　近年来，特别让人振奋、惊喜的是固体推进剂应用到运载火箭中，成了长征十一号运载火箭家族中一名新成员，这说明固体推进剂的能量接近或达到了某种液体推进剂的水平，也说明固体推进剂生产工艺和检测达到国际先进水平。众所周知，制备和检测庞大的药柱，并保证无微孔、无瑕疵是多么不容易；固体运载火箭结构简单，省略了许多辅助设备，可整体贮存、操作简单、发射成本低、发射周期短、可快速组网，满足应急发射需求。

　　2015 年 9 月 25 日 9 时 41 分，采用固体推进剂的我国新型运载火箭长征十一号在酒泉卫星发射中心点火发射，成功将 4 颗微小卫星送入太空，这是长征十一号的首飞，使我国具备了快速发射卫星能力。

长征十一号属于我国新一代小型运载火箭，火箭全长 20.8 m，箭体直径 2.0 m，重 58 吨，起飞推力 120 吨。该火箭在 700 km 太阳同步轨道的运载能力达 350 kg，低轨运载能力可达 700 kg。与现役以液体推进剂为动力的长征系列火箭相比，它的发射准备时间由"月"缩短为"小时"，大大提升了我国快速进入空间的能力，多项技术指标达到国际采用固体发动机和固体推进剂先进水平，最大的优势是"快速、可靠、便捷、低廉"，可实现卫星快速组网和补网，能很好地满足应急发射需求，其意义重大。

### 1.1.2　定义

固体推进剂是通常条件下所呈现的物理状态为固态的推进剂，多用于兵器、航天领域。与液体推进剂相比，固体推进剂发动机结构简单，没有贮箱和喷注系统，一般不用冷却系统。所用的推进剂药柱是直接放置(浇注)在发动机内，因此地面设备简单，发射准备时间短，多用于军事及战术武器。由于工艺改进可制得大直径的药柱，在航天和战略武器中均有广泛的应用。固体推进剂可分为均质固体推进剂和复合固体推进剂，近年来又发展了复合改性双基和硝酸酯增塑的聚醚推进剂。

### 1.1.3　双基推进剂

双基(DB)推进剂是一种均质推进剂，它是硝化甘油增塑硝化棉(硝化纤维素)形成的塑溶胶，在一定压力与温度下通过模具，挤压或浇注形成所需的各种药形的药柱——即胶质推进剂。因它主要成分是硝化棉和硝化甘油，故称为双基推进剂。双基推进剂除主要成分外还加有助溶剂(二硝基甲苯、邻苯二甲酸二丁酯等)、安定剂(二乙基二苯脲、二甲基二苯脲等)及工艺附加剂(凡士林等)。

### 1.1.4　复合推进剂

复合推进剂是一种异质推进剂，早期的复合推进剂有沥青推进剂、天然橡胶推进剂、聚氯乙烯推进剂、聚硫橡胶推进剂(第一个以部分聚合的液体橡胶为粘合剂)等。随着科学技术的进步，液态高分子材料的发展，逐步出现了性能更好的以液体橡胶为粘合剂的端羧基聚丁二烯(CTPB)推进剂、端羟基聚丁二烯(HTPB)推进剂、聚丁二烯-丙烯酸共聚物(PBAA)推进剂、聚丁二烯-丙烯酸-丙烯腈三聚物(PBAN)推进剂等品种。近年来又发展了以聚叠氮缩水甘油醚(GAP)为粘合剂的高能推进剂或无烟推进剂，这些复合推进剂一般是由粘合剂(同时也是燃料)、氧化剂、金属添加剂及少量附加物组成。

(1)氧化剂

燃烧时起氧化作用的物质，称为氧化剂。氧化剂多为含氧量丰富的物质或化合物，分为无机和有机氧化剂。其作用包括：1)为燃料燃烧时提供氧；2)作为粘合剂基体中的填料，以提高推进剂的模量；3)在燃烧过程中分解产物与粘合剂分解产物反应，生成气态燃烧产物。现在固体推进剂中使用的氧化剂有高氯酸铵、黑索今、奥克托今、硝仿肼、硝酸铵等。常用氧化剂的性能见表 1.1-1。

表 1.1 - 1   常用氧化剂的性能表[19]

| 氧化剂名称或代号 | 化学式 | 分子量/(g/mol) | 密度/(g/cm³) | 生成焓/(kJ/mol) | 氧平衡/% |
|---|---|---|---|---|---|
| AP | $NH_4ClO_4$ | 117.5 | 1.95 | −290.45 | 34.04 |
| AN | $NH_4NO_3$ | 80 | 1.725 | −365.56 | 20 |
| ADN | $NH_4N(NO_2)_2$ | 124.1 | 1.82 | −150 | 25.8 |
| CL20 | $C_6H_6N_{12}O_{12}$ | 438.19 | 2.32 | 415.5 | −10.95 |
| HNF | $N_2H_5C(NO_2)_3$ | 183 | 1.86 | −71.96 | 13.12 |
| RDX | $C_3H_6N_6O_6$ | 222 | 1.818 | 70.7 | −21.62 |
| HMX | $C_4H_8N_8O_8$ | 296 | 1.903 | 75.02 | −21.62 |

由表 1.1 - 1 可以看出：氧平衡好、有效氧含量高的氧化剂有 AP、ADN、AN；生成焓较高的有 CL20、HMX、RDX；密度较高的有 CL20、HMX、AP；原料来源丰富、价格低廉的有 AN、AP、RDX；综合看来，AP、RDX 是较好且实用的氧化剂，除有价格低廉、有效氧含量高、吸湿性较小的优势外，还有燃速可调幅度大、压强指数较低的特点；RDX 生成焓较高，燃烧产物全为无污染、无毒气体，且价格较低，在无烟或少烟或高能推进剂中广泛使用，或将 AP 和 RDX 配合使用，其他多为正研究改进的新型氧化剂如 ADN、CL20 等。CL20 具有生成焓高、密度大、密度比冲大、单位体积发动机内装填的推进剂量大等特点，火箭的射程将会有飞跃式的提高。

（2）粘合剂

燃烧时起还原作用并释放能量的物质，称为燃烧剂或燃料，它还能起粘合作用，故常称为粘合剂。兼有燃料和粘合作用的物质多为高分子材料，如聚氨脂、缩水甘油醚、聚丁二烯类高聚物及以硝化甘油增塑硝化棉的塑溶胶粘合剂。其作用为：1）为推进剂燃烧时提供可燃的碳、氢、氮等元素；2）作为推进剂的弹性体，容纳氧化剂、催化剂、金属燃料等添加剂，使推进剂可制成一定形状的药柱，具有一定的力学性能，可承受各种载荷的作用。增塑剂、交联剂、键合剂等附加物有时也列入粘合剂中。

（3）添加剂

推进剂中的重要成分，主要为铝粉等金属材料或高氮化合物，用来提高推进剂能量，增加比冲。铝粉还可以使推进剂密度提高、抑制不稳定燃烧。少烟或无烟推进剂中常用高氮化合物部分或全部取代铝粉。其他附加成分所占比例很小，如催化剂、稀释剂、安定剂等附加剂常常也归入添加剂中。

（4）端羟基聚丁二烯复合固体推进剂[12]

端羟基聚丁二烯（HTPB）是 20 世纪 60 年代新发展起来的一种液体预聚物，它有黏度低、性能好、价格便宜的特点，由它和高氯酸铵、铝粉组成的推进剂已在美短程攻击导弹

SRAM(推进剂牌号 TP-H-1170)、美侦察兵运载火箭"天蝎座"III(TP-H-3340)、美 MX 洲际导弹、美 SAM-D 导弹、美航天助推器、日本中程反坦克导弹中使用,目前仍有广阔的应用前景。现用创新软件优化出两种典型推进剂配方(HTPB-DOS-AP-Al 固体推进剂,见表 1.1-2,及 HTPB/AP-RDX/Al 固体推进剂),并绘制出多种组分与性能关系的图形[20],如图 1.1-3~图 1.1-14 所示。

**表 1.1-2　HTPB-DOS-AP-Al 固体推进剂**

| 组分 | HTPB | DOS | AP | Al |
|------|------|-----|------|------|
| 范围设定 | 5~12 | 3~5 | 60~80 | 10~20 |
| 优化结果 | 10.17 | 3.2 | 66.9 | 19.73 |

注：1. 种群 15,最大迭代数 20,交叉率 0.8,变异率 0.2;

　　2. 最优值 $I_{sp}=2\,609.1\ \mathrm{N\cdot s/kg}$, $C^*=1\,593.1\ \mathrm{m/s}$。

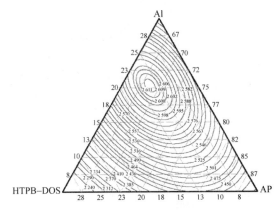

图 1.1-3　HTPB-DOS-AP-Al 推进剂等比冲三角图

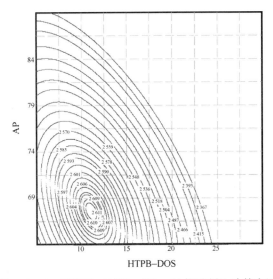

图 1.1-4　HTPB-DOS-AP-Al 推进剂比冲等高图

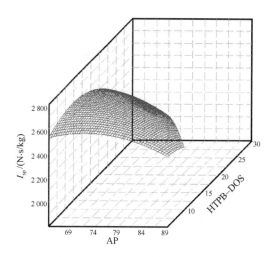

图 1.1 - 5　HTPB - DOS - AP - Al 推进剂等比冲 3D 图

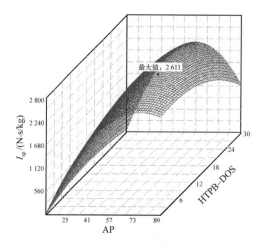

图 1.1 - 6　HTPB - DOS - AP - Al 推进剂等比冲最大值 3D 图

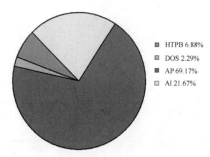

图 1.1 - 7　HTPB - DOS - AP - Al 推进剂比冲最大值圆饼图

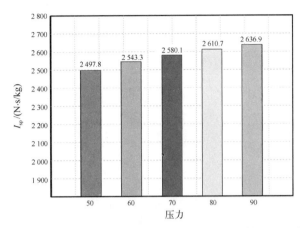

图 1.1－8　HTPB－DOS－AP－Al 推进剂压力对比冲影响的直方图

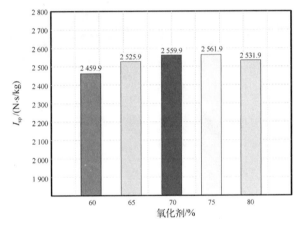

图 1.1－9　HTPB－DOS－AP－Al 推进剂氧化剂对比冲影响的直方图

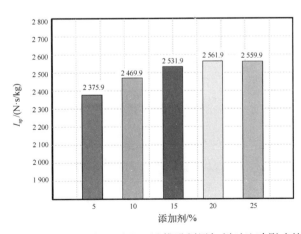

图 1.1－10　HTPB－DOS－AP－Al 推进剂添加剂对比冲影响的直方图

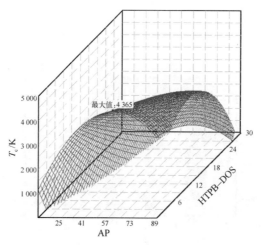

图 1.1－11　HTPB－DOS－AP－Al 推进剂燃烧温度最大值曲线 3D 图

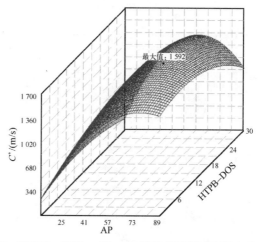

图 1.1－12　HTPB－DOS－AP－Al 推进剂特征速度最大值曲线 3D 图

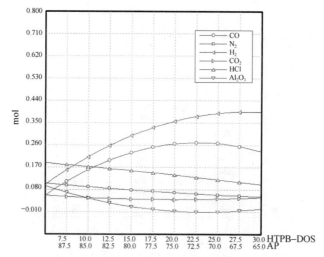

图 1.1－13　HTPB－DOS－AP－Al 推进剂燃气产物与组分关系图

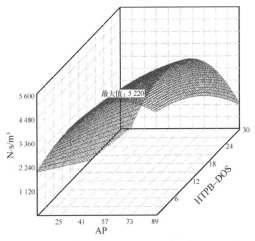

图 1.1-14　HTPB-DOS-AP-Al 推进剂密度比冲最大值曲线 3D 图

用创新软件优化出 HTPB-AP-RDX-Al 固体推进剂配方，见表 1.1-3，并绘制出多种组分与性能关系的图形[20]，如图 1.1-15 和图 1.1-16 所示。

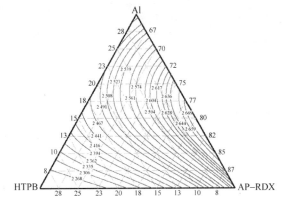

图 1.1-15　HTPB-AP-RDX-Al 推进剂等比冲三角图

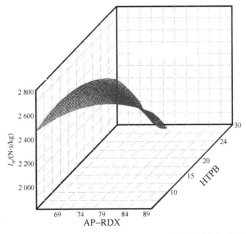

图 1.1-16　HTPB-AP-RDX-Al 推进剂比冲 3D 图

**表 1.1 – 3　HTPB – AP – RDX – Al 推进剂配方优化结果**

| 组分 | HTPB | RDX | AP | Al |
|------|------|-----|-----|-----|
| 范围设定 | 5～15 | 20～50 | 50～80 | 5～30 |
| 优化结果 | 6.83 | 23.63 | 50 | 19.53 |

注：1. 种群 15，最大迭代数 20，交叉率 0.8，变异率 0.2；

　　2. 最优值 $I_{sp}$ = 2 647.2 N·s/kg，$C^*$ = 1 612 m/s。

### 1.1.5　复合改性双基推进剂[6,10]

在硝化棉和硝化甘油为粘合剂的双基推进剂基础上加入一定量的高氯酸铵（AP）和铝粉（Al），组成的推进剂称为复合改性双基（CMDB）推进剂。为提高推进剂的能量，常用黑索今（RDX）、奥克托今（HMX）等高能炸药取代部分或全部高氯酸铵。该复合改性双基推进剂能量比端羟基聚丁二烯推进剂（HTPB）、端羧基聚丁二烯推进剂（CTPB）等复合推进剂能量（比冲）略高一些或相当。为改善 CMDB 推进剂的力学性能，用交联剂使硝化棉交联成网状结构，以提高力学性能。这种 CMDB 推进剂又叫做交联双基（XLDB）推进剂。

现列出部分用遗传优化法优化配方及图形。表 1.1 – 4 为 NC – NG – TEGN/CL20 – RDX/Al 复合改性双基推进剂用创新软件[20]配方优化结果，并绘制出多种组分与性能关系的图形[20]，如图 1.1 – 17～图 1.1 – 22 所示。

**表 1.1 – 4　NC – NG – TEGN/CL20 – RDX/Al 复合改性双基推进剂组分范围设定及优化结果**

| 组分 | NC12 | NG | TEGN | CL20 | RDX | Al |
|------|------|-----|------|------|-----|-----|
| 范围设定 | 3～18 | 2～8 | 2～8 | 20～30 | 40～60 | 5～30 |
| 优化结果 | 3.2 | 3.2 | 2.6 | 21.0 | 54.06 | 16.14 |

注：1. 种群 15，最大迭代数 20，交叉率 0.8，变异率 0.2；

　　2. 最优值 $I_{sp}$ = 2 721.1 N·s/kg，$C^*$ = 1 671.5 m/s。

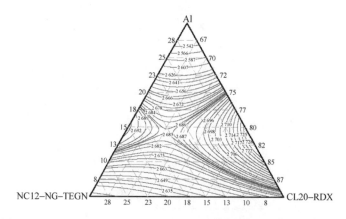

图 1.1 – 17　NC – NG – TEGN/CL20 – RDX/Al 推进剂等比冲三角图

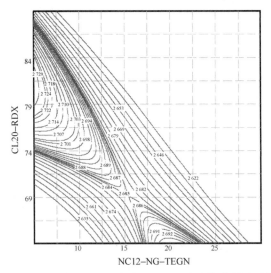

图 1.1 - 18　NC - NG - TEGN/CL20 - RDX/Al 推进剂比冲等高线图

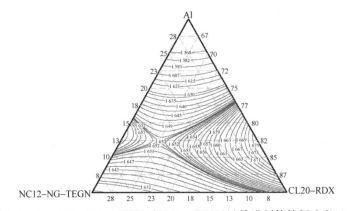

图 1.1 - 19　NC - NG - TEGN/CL20 - RDX/Al 推进剂等特征速度三角图

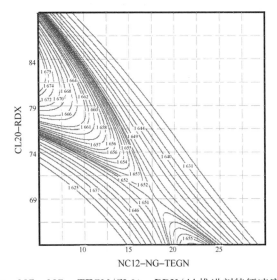

图 1.1 - 20　NC - NG - TEGN/CL20 - RDX/Al 推进剂特征速度等高线图

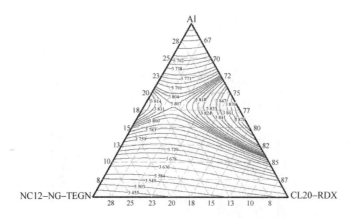

图 1.1 - 21　NC - NG - TEGN/CL20 - RDX/Al 推进剂等燃烧温度三角图

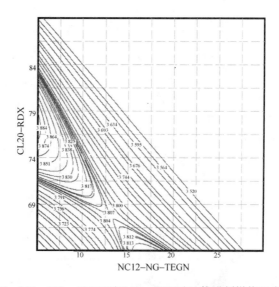

图 1.1 - 22　NC - NG - TEGN/CL20 - RDX/Al 推进剂燃烧温度等高线图

表 1.1 - 5 为 NC - NG - TEGN/DNADF - RDX/Al 复合改性双基推进剂用创新软件[20]配方研究结果，并绘制出多种组分与性能关系的图形[20]，如图 1.1 - 23 ~ 图 1.1 - 27 所示。

**表 1.1 - 5　NC - NG - TEGN/DNADF - RDX/Al 复合改性双基推进剂组分范围设定及优化结果**

| 组分 | NC12 | NG | TEGN | DNADF | RDX | Al |
|------|------|------|------|-------|------|------|
| 范围设定 | 3~18 | 2~8 | 2~8 | 20~30 | 40~60 | 5~30 |
| 优化结果 | 3.0 | 6.8 | 2.0 | 28.0 | 45.57 | 14.63 |

注：1. 种群 15，最大迭代数 20，交叉率 0.8，变异率 0.2；

　　2. 最优值 $I_{sp}$＝2 736.6 N · s/kg，$C^*$＝1 678.2 m/s。

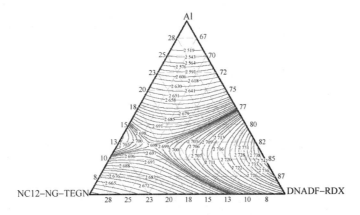

图 1.1 - 23 NC - NG - TEGN/DNADF - RDX/Al 推进剂等比冲三角图

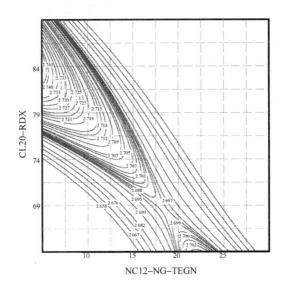

图 1.1 - 24 NC - NG - TEGN/DNADF - RDX/Al 推进剂比冲等高线图

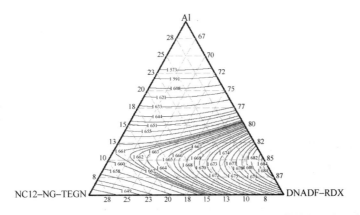

图 1.1 - 25 NC - NG - TEGN/DNADF - RDX/Al 推进剂等特征速度三角图

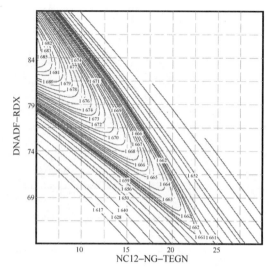

图 1.1 - 26　NC - NG - TEGN/DNADF - RDX/Al 推进剂等特征速度等高线图

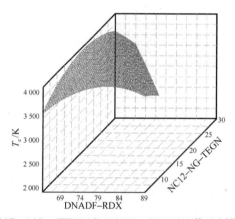

图 1.1 - 27　NC - NG - TEGN/DNADF - RDX/Al 推进剂燃烧温度 3D 图

### 1.1.6　硝酸酯增塑的聚醚推进剂[6,9]

20 世纪 70 年代末至 80 年代初，为满足战略导弹 MX 的要求，美国成功研制了硝酸酯增塑的聚醚(NEPE)推进剂。它突破了双基推进剂和复合推进剂在组成上的界限，集两类推进剂的优点于一体，是现代装备推进剂中能量最高的一种。理论比冲可达 2 661 N·s/kg，实测比冲接近 2 500 N·s/kg；力学性能好，燃烧性能可调节。

最近，用固体推进剂配方优化设计软件包(SPOD)计算研究了 NEPE 推进剂的能量，发现在现有原材料基础上合理搭配后理论比冲可接近 280 s，即 2 745.9 N·s/kg，比现在研究或使用的 NEPE 推进剂的比冲高出 10 s(98 N·s/kg)左右，能量上升了一大台阶。以 PEG - NG - BTTN 为粘合剂体系（含增塑剂），CL20 - RDX(1∶1 或 1∶2)为氧化剂，铝粉为添加剂组成的 NEPE 推进剂具有较高的比冲，比冲在 2 705~2 735 N·s/kg 之间变化；若用二硝基偶氮二呋咱(DNADF)取代 CL20，其比冲将会有更大的提高，可达 2 731 N · s/kg，即 278.5 s。现列出用创新软件[20]配方优化结果，见表 1.1 - 6 和表 1.1 - 7 并绘制出多种组分与性能关系的图形[2]，如图 1.1 - 28～图 1.1 - 49 所示。

(1)PEG - NG - BTTN/CL20 - RDX(1∶2)/Al 推进剂

**表 1.1 - 6　用遗传优化法优化配方得到的组分范围设定及优化结果**

| 组分 | PEG | NG | BTTN | CL20 | RDX | Al |
| --- | --- | --- | --- | --- | --- | --- |
| 范围设定 | 4～10 | 4～10 | 4～10 | 20～30 | 40～60 | 5～30 |
| 优化结果 | 4.0 | 6.4 | 8.8 | 20.75 | 42.95 | 17.11 |

注：1. 种群 15，最大迭代数 20，交叉率 0.8，变异率 0.2；

　　2. 最优值 $I_{sp}$ = 2 708.40 N · s/kg，$C^*$ = 1 655.10 m/s。

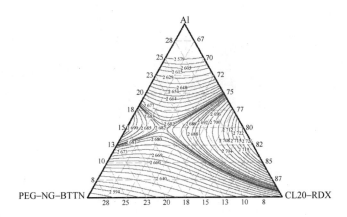

图 1.1 - 28　PEG - NG - BTTN/CL20 - RDX(1∶2)/Al 推进剂等比冲三角图

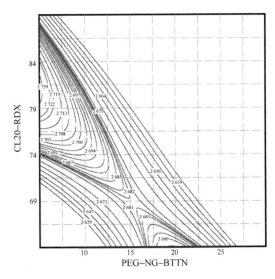

图 1.1 - 29　PEG - NG - BTTN/CL20 - RDX(1∶2)/Al 推进剂比冲等高线图

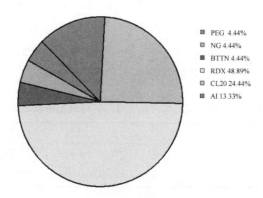

图 1.1 - 30　PEG - NG - BTTN/CL20 - RDX(1：2)/Al 推进剂比冲圆饼图

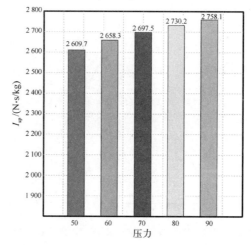

图 1.1 - 31　PEG - NG - BTTN/CL20 - RDX(1：2)/Al 推进剂压力对比冲影响的直方图

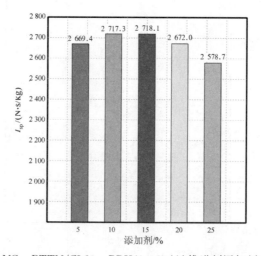

图 1.1 - 32　PEG - NG - BTTN/CL20 - RDX(1：2)/Al 推进剂添加剂对比冲影响的直方图

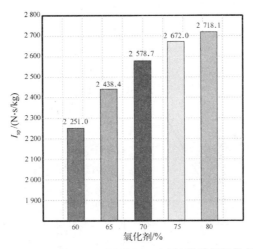

图 1.1-33　PEG-NG-BTTN/CL20-RDX(1∶2)/Al 推进剂氧化剂对比冲影响的直方图

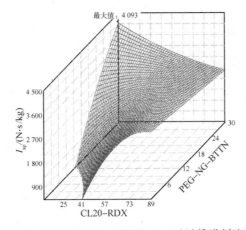

图 1.1-34　PEG-NG-BTTN/CL20-RDX(1∶2)/Al 推进剂比冲最大值曲线 3D 图

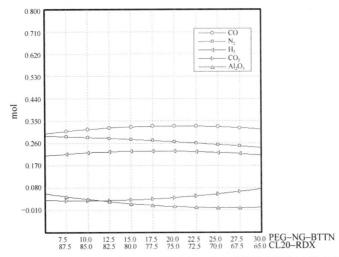

图 1.1-35　PEG-NG-BTTN/CL20-RDX(1∶2)/Al 推进剂燃气产物与组分关系图

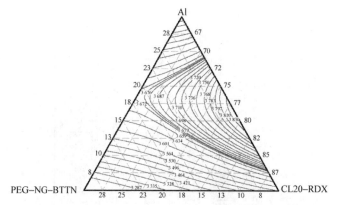

图 1.1 - 36　PEG - NG - BTTN/CL20 - RDX(1∶2)/Al 推进剂等燃烧温度三角图

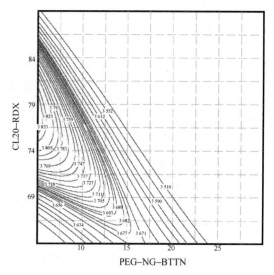

图 1.1 - 37　PEG - NG - BTTN/CL20 - RDX(1∶2)/Al 推进剂燃烧温度等高图

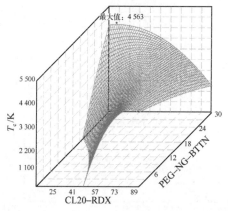

图 1.1 - 38　PEG - NG - BTTN/CL20 - RDX(1∶2)/Al 推进剂燃烧温度曲线 3D 图

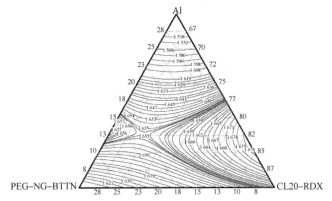

图 1.1 - 39　PEG - NG - BTTN/CL20 - RDX(1∶2)/Al 推进剂等特征速度三角图

(2)PEG - NG - BTTN/DNADF - RDX(1∶1)/Al 推进剂

表 1.1 - 7　设定组分范围用遗传优化法优化配方得到的优化结果

| 组分 | PEG | NG | BTTN | DNADF | RDX | Al |
|---|---|---|---|---|---|---|
| 范围设定 | 4~10 | 4~10 | 4~10 | 30~50 | 40~60 | 5~30 |
| 优化结果 | 4.0 | 6.34 | 5.2 | 42.4 | 30.0 | 12.06 |

注：1. 种群 15，最大迭代数 20，交叉率 0.8，变异率 0.2；

　　2. 最优值 $I_{sp}$＝2 731.00 N·s/kg，$C^*$＝1 684.6 m/s。

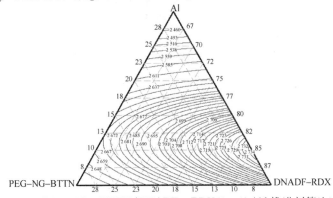

图 1.1 - 40　PEG - NG - BTTN/DNADF - RDX(1∶1)/Al 推进剂等比冲三角图

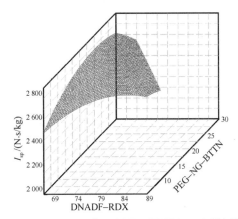

图 1.1 - 41　PEG - NG - BTTN/DNADF - RDX(1∶1)/Al 推进剂比冲 3D 图

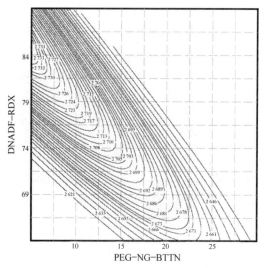

图 1.1-42　PEG-NG-BTTN/DNADF-RDX(1∶1)/Al 推进剂比冲等高线图

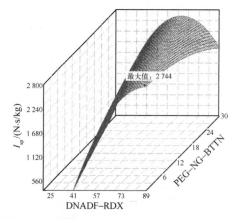

图 1.1-43　PEG-NG-BTTN/DNADF-RDX(1∶1)/Al 推进剂比冲 3D 图

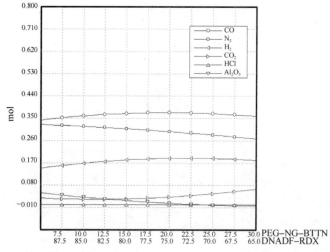

图 1.1-44　PEG-NG-BTTN/DNADF-RDX(1∶1)/Al 推进剂燃气产物与组分关系图

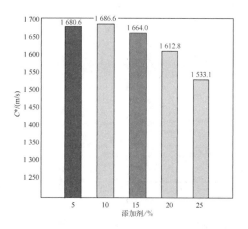

图 1.1 - 45　PEG - NG - BTTN/DNADF - RDX(1∶1)/Al 推进剂含量变化对特征速度影响的直方图

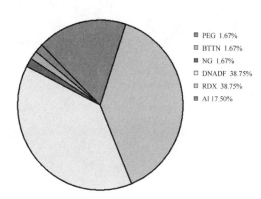

图 1.1 - 46　PEG - NG - BTTN/DNADF - RDX(1∶1)/Al 推进剂最大燃烧温度圆饼图

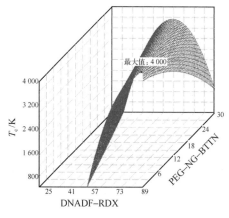

图 1.1 - 47　PEG - NG - BTTN/DNADF - RDX(1∶1)/Al 推进剂燃烧温度 3D 图

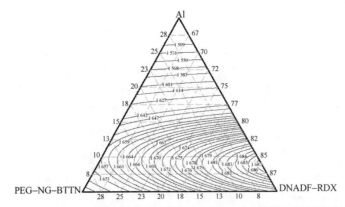

图 1.1 - 48　PEG - NG - BTTN/DNADF - RDX(1∶1)/Al 推进剂特征速度三角图

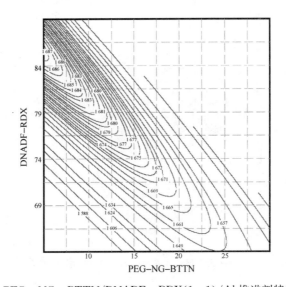

图 1.1 - 49　PEG - NG - BTTN/DNADF - RDX(1∶1)/Al 推进剂特征速度等高图

# 1.2　液体推进剂[14,15]

## 1.2.1　概述

液体火箭推进剂的发展始于 20 世纪初期，俄国科学家齐奥尔科夫斯基提出了世界上第一个使用液体推进剂火箭发动机的火箭原理图，并列出了火箭飞行基本方程；德国科学家奥伯特建立了更详细的数学理论，提出了用于空间飞行的多级火箭和推进剂冷却的推力室方案。

液体推进剂大致发展历程如下：

1926 年，美国科学家罗伯特·戈达德利用液体推进剂火箭发动机首次实现了火箭飞行，使用液氧和汽油作为推进剂。

1930 年，研究了使用硝酸与煤油作为推进剂的液体火箭。

1933 年，德国发射了使用液氧和酒精作为推进剂的 A1 火箭。

1942 年，德国研制成功 A4（即 V-2）近程地地导弹，实现了液体推进剂在军事领域的应用。

1956 年，我国开始研制液体火箭和液体火箭推进剂。

1957 年 10 月 4 日，苏联发射了第一颗人造地球卫星，运载火箭的 1、2 级使用的推进剂为液氧与煤油，3 级使用的推进剂为液氧与酒精。

1958 年 2 月 1 日，美国发射了第一颗人造地球卫星，运载火箭 1 级使用的推进剂为液氧与酒精。

1958—1965 年，苏联和美国先后研制了用于洲际导弹的红烟硝酸与偏二甲肼、四氧化二氮与偏二甲肼、四氧化二氮与混肼双组元推进剂。

1960 年 2 月 19 日，中国自行设计制造的试验型液体燃料探空火箭首次发射成功。

1961 年 4 月 12 日，苏联发射了第一艘载人飞船，运载火箭使用的推进剂为液氧与煤油（1、2 级）、液氧与酒精（3 级）；成功发射月球探测器，运载火箭使用的推进剂为液氧与偏二甲肼、高能低温推进剂（如液氢等），从单组元推进剂（如肼、过氧化氢、OTTO-11，二氟氨基化合物等）到三组元推进剂（如液氧-铍粉-液氢等）以及固液推进剂（如高氯酸硝酰与肼等），都进行了全面的研究。

1961 年，美国首次用一枚火箭发射两颗卫星，接着实现一箭三星。随后，苏联多次用一枚运载火箭发射 8 颗卫星，欧洲空间局也掌握了这种发射技术。

1969 年 7 月 16 日，美国成功发射了载人登月飞船。航天员第一次登上了月球，运载火箭使用的推进剂为液氧与煤油、液氧与液氢。

1970 年 4 月 24 日，我国第一颗人造地球卫星在酒泉发射成功，中国成为世界上第 5 个发射卫星的国家。

1975 年 11 月 26 日，中国首颗返回式卫星发射成功，3 天后顺利返回，中国成为世界上第 3 个掌握卫星返回技术的国家。

1981 年 9 月，中国成功运用一枚风暴一号火箭将一组三颗实践二号卫星送入地球轨道，成为第 4 个独立掌握一箭多星发射技术的国家。

1985 年 10 月，长征火箭开始走向国际市场。

1999 年 11 月 20 日，中国第一艘无人试验飞船——神舟一号在酒泉起飞，21 h 后在内蒙古中部回收场成功着陆。

2003 年 10 月 15 日，中国第一位航天员杨利伟乘坐神舟五号飞船进入太空，实现了中华民族千年飞天梦想。

2015 年 9 月 20 日 7 时 01 分，长征六号一次性将 20 颗卫星送入距离地球 524 km 的轨道。长征六号火箭首次采用最新研制的高压、大推力、无毒、无污染补燃循环液氧煤油发动机，这比使用剧毒化学燃料的发动机更加安全、环保，宜于商业推广。

注：液体推进剂的氧化剂有液氧、硝酸(包括白烟硝酸和红烟硝酸)；燃料有甲醇、水合肼、液氨、苯胺-糠醇、煤油、酒精、混胺[包括混胺-50、(MAF-1，3，4)]、油肼；单组元推进剂有过氧化氢、硝酸异丙酯和硝酸正丙酯。液氧与煤油、液氧与酒精多用于大推力的火箭发动机。

### 1.2.2　定义

液体推进剂是在通常条件下所呈现的物理状态为液态的推进剂，它也是液体火箭推进剂的简称。液体推进剂是以液体状态进入火箭发动机，经化学反应和热力变化，为推进系统提供能量和工质的物质。它可以是单质、化合物或混合物。它在液体火箭发动机燃烧室内进行氧化、还原或分解反应，释放出热能及高温、高压燃气，通过发动机喷管膨胀，产生动能，推动火箭飞行或进行航天器姿态控制、速度修正、变轨飞行等。

液体推进剂具有比冲高、推力易于调节、能够多次点火、可脉冲工作等优点，在火箭(导弹)起飞质量中占很大比例，对于大型运载火箭占 70%～90%。

### 1.2.3　分类

按液体推进剂进入发动机的组元分类，液体推进剂分为单组元推进剂、双组元推进剂和三组元推进剂三种。

(1)单组元液体推进剂

通过分解或自身燃烧提供能量和工质的均相推进剂，称为单组元液体推进剂，主要分为三大类：第一类是分子中同时含有可燃性元素和助燃性元素的化合物或混合物，如硝酸异丙酯、鱼推-3 等；第二类是常温下互不反应的安定混合物，如过氧化氢-甲醇；第三类是分解时释放出大量热量和气态产物的吸热化合物或混合物，如肼、肼-70、过氧化氢、单推-3 等。

单组元推进系统结构简单、使用方便，但能量偏低，通常用于姿态控制、速度修正、变轨飞行，或用在燃气发生器上。

(2)双组元液体推进剂

双组元液体推进剂是由分别贮存的液体氧化剂和液体燃料两个组元组合成的推进剂。液体氧化剂通常选用氧化性强的物质，如液氧、红烟硝酸、四氧化二氮等。液体燃料选用含氢量大、燃烧热值高的物质，如液氢、偏二甲肼、无水肼、甲基肼、酒精、烃类燃料、混胺-50 等。

双组元液体推进剂具有能量高和使用较安全等特点，是目前液体火箭、导弹推进系统中使用最多的推进剂。

(3)三组元液体推进剂

三组元液体推进剂，是由分别贮存的液体氧化剂、液体燃料和第三个组元组合成的推进剂，简称三组元推进剂。可分为两类：一类是液氧作为氧化剂，液氢和烃类作为燃料组合成的推进剂。液氧在低空和高空时分别与烃类和液氢组合，利用发动机在低空和高空面积比不同造成的双膨胀，使发动机在全工作过程获得高性能，即起飞时高推力、低面积比，高空飞行时低推力、高面积比；液氧也可以与烃类燃料和少量液氢同时燃烧，利用液氢改善液氧和烃类燃料的燃烧性能。另一类是液氧作为氧化剂，液氢作为燃料，第三组元是轻金属或其氢化物粉末组合的推进剂，其优点是能量高，尤其是密度比冲高，装填密度大。

## 1.3　凝胶推进剂

液体推进剂中添加一定量的胶凝剂或增稠剂等固体粉末，在贮存或静止状态下呈糊状或凝胶状，并具有触变性的推进剂，称为凝胶（胶体）推进剂。即用少量胶凝剂（或增稠剂）将为其用量 3～1 000 倍质量的液体组分（燃料、氧化剂或二者的混合物）凝胶化，使大量的固体燃料均匀地悬浮于体系中，形成具有一定结构和特定性能，并能长期保持稳定的凝胶体系。这种凝胶体系可用作各种火箭发动机的动力源。凝胶推进剂是一种比液体推进剂更安全，比固体推进剂更能灵活控制推力的新型推进剂。凝胶推进剂也是一种对环境友好、在战术导弹中有多种用途的推进剂。

凝胶推进剂的燃烧室遇火或被小型兵器击中时不易爆炸，贮箱被子弹击中时不会发生泄漏现象。当导弹作巡航飞行时推进剂以低速燃烧；当导弹需增加推力时，则高速燃烧，实现了发动机推力可调，使导弹可机动飞行，提高了导弹射程。例如长矛地对地导弹用凝胶推进剂取代液体推进剂时射程增加一倍。

凝胶推进剂可分为以下三类：1）液体（火箭）凝胶推进剂，又称触变凝胶推进剂，在加压时像液体一样易流动，有良好的流变性能，可用泵运输，不受外力作用时保持不流动的半固体状态，即去除压力后恢复凝胶状；2）固体（火箭）凝胶推进剂，将大剂量的高能液体成分如硝酸酯类、硝胺基烷醚类、肼、偏二甲肼等用于固体推进剂，将其凝胶化形成不可逆的符合使用要求的凝胶，这种固体凝胶推进剂又称膏体（状）推进剂；3）固液（火箭）凝胶推进剂，与固体（火箭）凝胶推进剂一样是不可逆的固体凝胶，具有一定的力学性能，使燃烧时不发生破裂。将固液混合推进剂中液体（燃料）部分凝胶化，有时将这部分凝胶推进剂也归属于膏体推进剂。

## 1.4　发射药及燃气发生剂[10-13]

### 1.4.1　发射药

发射药是火药的一种，在武器装备中用于枪炮的火药称为发射药，用于火箭或导弹的火药称为推进剂。发射药按组成可分为单基发射药、双基发射药和三基发射药。

（1）单基发射药

以硝化纤维素（又称硝化棉）为基本能量组分的火药称为单基发射药，又称单基火药。其主要成分为1号和2号硝化棉的混合物，混合棉的含氮量在12.6%～13.25%之间，含量在90%以上，其余为化学安定剂（常用二苯胺）、缓燃剂（常用樟脑）、光泽剂（常用石墨）、消焰剂（常用硝酸钾、碳酸钾、硫酸钾、草酸钾及树脂等）。

（2）双基发射药

以硝化棉和硝化甘油或其他爆炸性增塑剂为基本组分的发射药称为双基发射药。其主要成分为3号硝化纤维素，含氮量为11.8%～12.2%。爆炸性增塑剂常用的有硝化甘油、乙二醇二硝酸酯、一缩二乙二醇二硝酸酯、二缩三乙二醇二硝酸酯、三羟甲基乙烷三硝酸酯及它们的混合物等。助溶剂用于改善增塑剂对硝化棉的塑化能力，常用的有二硝基甲苯、邻苯二甲酸二丁酯、三醋酸甘油酯等。其余为化学安定剂（常用中定剂——N，N'-二烷基二苯基脲）及工艺添加剂（凡士林）、消焰剂（硫酸钾）等。

（3）三基发射药

在双基发射药中加入固体含能材料硝基胍、黑索今等作为基本能量组分所组成的发射药称为三基发射药，简称三基药。有时根据加入固体含能材料不同来命名，如硝基胍发射药、硝胺发射药、太安发射药等。三基药适用于要求烧蚀小、弹丸初速高的大口径火炮装药。

### 1.4.2 燃气发生剂

燃气发生剂是一种低温缓燃推进剂，具有一般推进剂的力学性能及弹道性能，有燃烧温度低、燃速低、燃速对温度和压力的敏感系数小、发气量大、燃气清洁、无毒、无腐蚀等特点。燃速一般小于6 mm/s，燃烧温度一般在800～1 650 ℃范围内，可作为动力源和气源，广泛用于军品和民品，如航空发动机的起动器、增压器，卫星陀螺、伺服机构等装置的能源，在汽车的安全气囊、救生船、救生衣、石油钻探等民品方面也有广泛的应用。

## 1.5 能量特性参数

### 1.5.1 比冲

火箭推进剂比冲（或称比推力）可定义为推力 $F$ 与质量流量 $m$ 之比

$$I_{sp} = F/m = \frac{mV_e}{mg} = \frac{V_e}{g} \qquad (1.5-1)$$

即推力与推进剂消耗速率之比。在液体推进剂系统中通常采用式(1.5-1)，$g$ 为重力加速度。因为推进剂的流速能方便地测量，当燃气达到完全膨胀时，比冲和发动机喷管出口的排气速度在数值上是相等的。比冲又可定义为由火箭发动机发出的总冲量对推进剂总质量之比，即单位质量推进剂所产生的冲量，其数学表达式为

$$I_{sp} = \frac{1}{W_p} \int_0^{t_n} F \mathrm{d}t = \frac{I}{W_p} \qquad (1.5-2)$$

式中　$I_{sp}$——比冲，N·s/kg；

　　　$F$——发动机推力，N；

　　　$W_p$——推进剂质量，kg；

　　　$t_n$——推进剂燃烧时间，s；

　　　$I$——火箭发动机总冲量，N·s。

式(1.5-2)用于固体推进剂更方便，由燃烧已知质量的推进剂而获得推力(压力)时间曲线，可测量出比冲。

比冲是火箭推进剂中用得最多和最重要的能量特性参数，它是衡量推进剂能量大小的重要指标。人们希望推进剂的比冲越大越好，根据齐奥尔科夫斯基公式，火箭发动机中推进剂燃烧完时整个火箭系统的最大速度 $V_m$ 可用下式表示

$$V_m = I_{sp} \ln \frac{W_m}{W_f} \qquad (1.5-3)$$

式中　$W_m$——火箭系统总质量，kg；

　　　$W_f$——推进剂燃烧完后的火箭系统质量，kg。

由式(1.5-3)可以看出，火箭的最大速度与推进剂的比冲成正比，比冲的微小变化将对火箭、导弹的射程产生很大影响。

在实际工程中，比冲以每千克推进剂所产生的冲量来表示，即 N·s/kg。推进剂比冲的大小直接取决于燃烧室内热焓 $H_c$ 与喷管排气热焓 $H_e$ 之差。$H_c$ 的大小反映了推进剂化学潜能的大小，$H_e$ 的大小反映了燃烧产物在喷管中能量转化的情况，故比冲值反映了推进系统所能提供能量的大小。其计算公式如下

$$I_{sp} = \sqrt{2(H_c - H_e)} \qquad (1.5-4)$$

式(1.5-4)既可计算平衡比冲，也可计算冻结比冲，只取决于求喷管排出物热焓 $H_e$ 时采用什么样的平衡组成。

### 1.5.2　冻结比冲、平衡比冲与绝热指数

(1)冻结比冲

假设在喷管等熵流动，膨胀过程中，燃烧产物和相(可以为固、液、气相)在喷管流动中保持不变，好像冻结了一样，这种流动称为冻结流动，这时相应的反应速度和凝聚速度(相变速度)为零。按照冻结流动条件计算出的比冲称为冻结比冲。

(2)平衡比冲

假设在喷管等熵流动，膨胀过程中，喷管中任意一处的燃烧产物组成都符合该处压力和温度下的平衡组成，也就是燃烧产物在喷管流动过程中总保持其自由能为最小，并时时

处处均处于化学平衡、热平衡和速度平衡状态，这种条件下的流动称为平衡流动。这时相当于动力学速度为无穷大，按照平衡流动条件下计算出的比冲为平衡比冲。

总之，在喷管膨胀流动过程中，如果燃气组成处于冻结状态，解离产物保持不变，不会放出附加的热能；如果是平衡流动，当温度下降时，解离产物便会发生再反应，放出附加的热能，并进一步转变为喷气的动能，若某些产物发生凝结，放出相变热，这部分热能也及时地转变为喷气的动能。

用式(1.5-5)算出的比冲是冻结比冲

$$I_{sp} = \left\{ 2\frac{k}{k-1}\frac{RT_c}{\overline{M}}\left[1-\left(\frac{P_e}{P_c}\right)^{\frac{k-1}{k}}\right] \right\}^{1/2} \qquad (1.5-5)$$

式中　$T_c$——燃烧室温度，K；

　　　$P_e$——燃气在喷管出口处压力，Pa；

　　　$P_c$——燃气在燃烧室内的压力，Pa；

　　　$M$——燃气平均相对分子质量，$10^{-3}$ kg/mol；

　　　$n$——1 kg 燃气摩尔数；

　　　$I_{sp}$——理论比冲，N·s/kg；

　　　$R$——气体常数，kg·m/mol·K；

　　　$k$——绝热指数。

(3)绝热指数

绝热指数或叫等熵绝热指数，通常写为 $C_P/C_V$，又叫比热比。由于是假设燃气的热容与温度、压力无关求得的，而大多数气体的热容受温度影响较大，故式(1.5-5)的用途受到限制，通常用于理论比冲影响因素的分析，近似计算比冲值。对于膨胀过程可选择一个合适的 $k$ 的平均值。

当该方程用于平衡流计算时，$k$ 值可通过下式计算

$$k = C_P/C_V\left[1-RT/P\left(\frac{\partial n}{\partial v}\right)_T\right] \qquad (1.5-6)$$

同样，用于冻结流计算时，$k$ 值以下式计算

$$k = (C_P/C_V) - (R/M) \qquad (1.5-7)$$

### 1.5.3　推进剂的密度

推进剂的密度是推进剂的一个物理参数，指单位体积内推进剂的质量，其单位为 kg/m³。对于固定体积的火箭发动机来说，推进剂的密度越大，则装填的推进剂越多，发动机的总推力也越大

$$\rho = \sum_{j-1}^{m} V_j\% \times \rho_j = \frac{1}{\sum_{j=1}^{m} W_j/\rho_j} \qquad (1.5-8)$$

式中　$\rho_j$——推进剂中第 $j$ 种组分的密度，g/cm³；

$W_j$——推进剂配方中第 $j$ 种组分的质量百分数；

$V_j$——推进剂配方中某一组分的体积百分数。

## 1.5.4　密度比冲

当推进剂比冲和装药量一定时，为了全面地评价推进剂的能量特性，最好有一个能将比冲和密度结合在一起的参数，作为比较推进剂能量特性的标准，最简单的办法就是运用密度比冲这一概念。它由下式定义

$$I_\rho = I_{sp}\rho^n \tag{1.5-9}$$

式中　$I_\rho$——密度比冲；

　　　　$I_{sp}$——比冲，N·s/kg；

　　　　$\rho$——推进剂密度，kg/m³；

　　　　$n$——密度指数。

密度指数的物理意义为：密度变化所产生的火箭速度的变化与比冲变化所产生的火箭速度的变化之比，即

$$n = \left(\frac{\partial\Delta v}{\partial\ln\rho}\right)_{I_{sp}}\bigg/\left(\frac{\partial\Delta v}{\partial\ln I_{sp}}\right)_\rho \tag{1.5-10}$$

其中，$n$ 值在 0～1 之间变化，$n$ 值的大小与使用该推进剂的发动机的质量比、战术技术性能及推进剂的其他性能有关。在战术技术指标确定后可用来比较和选择推进剂系统两种不同比冲和密度的推进剂，它们的综合能量性能可用 $I_\rho = I_{sp}\rho^n$ 的值来衡量，当两种推进剂 $I_\rho$ 值相等时，则这两种推进剂有相同的能量性能。

在体积限制的发动机中 $n$ 值要大些，说明密度的影响较大。发动机的级数越低，则密度的影响也越大。在质量限制的发动机中存在着相反的关系。$n$ 值这种不乏确定的情况使 $I_\rho = I_{sp}\rho^n$ 不能作为一个普遍的能量准则，可在特定条件下用来比较与选择推进剂；如假设发动机的质量比、战术技术性能一致（或近似相同），可用 $n=1$ 时的一种特殊情况说明推进剂的密度比冲的概念。其公式可简化，即

$$I_\rho = I_{sp}\rho \tag{1.5-11}$$

该式可用来比较与选择推进剂。

## 1.5.5　特征速度

特征速度是与流过喷管的质量流率有关的表征推进剂能量特性的重要参数，定义为喷管喉部面积 $A_t$ 和燃烧室压力 $P_c$ 的乘积与喷管的质量流量 $m$ 之比，具有速度的因次，故称为推进剂的特征速度，以 $C^*$ 表示

$$C^* = \frac{A_t P_c}{m} = A_t P_c g/G \tag{1.5-12}$$

特征速度另一表达式为

$$C^* = (nRT_c)^{0.5}/\{k(2/k+1)^{[(k+1)/(k-1)]}\}^{0.5} \tag{1.5-13}$$

式中　$T_c$——推进剂燃烧温度，K；

　　　$k$——推进剂燃气比热比或称燃气的等熵绝热指数；

　　　$n$——1 kg 燃气的摩尔数；

　　　$R$——气体常数。

　　令

$$\{k(2/k+1)^{[(k+1)/(k-1)]}\}^{0.5} = \gamma \qquad (1.5-14)$$

则

$$C^* = (nRT_c)^{0.5}/\gamma \qquad (1.5-15)$$

式中　$\gamma$——燃气的比热比函数，或称燃气的绝热指数函数。

　　大多数推进剂燃气的比热比 $k$ 在 1.15～1.30 之间，比热比函数 $\gamma$ 在 0.63～0.67 之间。由式(1.5-15)可以看出，$C^*$ 是反映推进剂在燃烧室燃烧过程的一个特性参数，它反映了推进剂本身所能提供的做功能力的大小，它是燃烧温度、燃气平均相对分子质量和比热比的函数。由于 $k$ 值变化不大，所以 $C^*$ 主要取决于$(T_c/M)^{0.5}$的大小。推进剂的燃烧温度越高，燃气平均相对分子质量越低，则特征速度 $C^*$ 值越大。特征速度和比冲一样，都是能量特性参数，$C^*$ 值只反映燃烧室内的状况，只涉及推进剂本身和燃烧室的条件，$C^*$ 值的大小仅取决于燃烧过程所放出的能量，而与喷管中进行的过程无关，从这个意义上讲，用特征速度作为推进剂能量特性的评定标准，比较合理和方便。

### 1.5.6　燃烧温度(爆温)

　　推进剂在绝热条件下燃烧(或爆炸)所能达到的最高(最低)温度，称为推进剂燃烧温度。液体推进剂燃烧温度越低，其危险性越大。按照燃烧(爆发)反应条件的不同，推进剂的爆温分为定容燃烧温度(爆温)和定压燃烧温度(爆温)，分别以 $T_V$ 和 $T_P$ 表示，单位为 K。定容燃烧温度(爆温)近似于火炮膛内燃烧所达到的温度，定压燃烧温度(爆温)近似于火箭发动机燃烧室内所达到的温度。

### 1.5.7　热量(爆热)

　　热量是指推进剂燃烧(爆发)过程的热效应。为了和炸药的爆热(在量热弹中测定，测定时由引爆剂引爆)区别，我们通常把推进剂的爆热叫热量，它与过程进行的条件(定压还是定容)及产物的最终聚集状态(主要指水为液态或气态)有关。根据测定条件有定容热量(爆热)、定压热量(爆热)、水为气态或液态之分，测试结果应给出测试条件。

　　1 kg 推进剂在 298 K 下，在惰性气体(或真空)中绝热定容燃烧变为 $T_V$ 的燃气产物，将燃气冷却到 298 K，并假设没有发生二次反应和凝结放热时，所放出的热量称为推进剂的定容热量(爆热)，以 $Q_V$ 表示

$$Q_V = \int_{298}^{T_V} nC_V \mathrm{d}T = n\overline{C_V}(T_V - 298) \qquad (1.5-16)$$

　　同样的定义：1 kg 推进剂在 298 K 下，在惰性气体(或真空)中绝热定压燃烧变成 $T_P$

的燃气产物，将燃气冷却到 298 K，并假设没有发生二次反应和凝结放热时，所放出的热量称为推进剂的定压热量(爆热)，以 $Q_P$ 表示，它也是推进剂燃气的热焓差

$$Q_P = \int_{298}^{T_P} nC_P \mathrm{d}T = n\overline{C_P}(T_P - 298) \tag{1.5-17}$$

### 1.5.8　氧系数

氧系数 $\alpha$ 又称当量比，定义为推进剂中氧化性元素当量与推进剂中可燃元素完全氧化所需氧化元素当量之比。对于氧化元素和可燃元素处于化学当量配比的推进剂或某化合物来说，其氧系数为 1，如重-(2，2，2-三硝基乙基-N-硝基)乙二胺，化学式为 $C_6H_8N_{10}O_{16}$，故其氧系数等于 1

$$\alpha = \frac{16\times2}{(6\times2+8/2)\times2} = \frac{32}{32} = 1$$

求取公式为

$$\alpha = \frac{\sum(\text{氧化性元素的摩尔原子数}\times\text{原子价数})}{\sum(\text{可燃元素完全氧化所需氧化性元素摩尔原子数}\times\text{原子价数})}$$

$$\tag{1.5-18}$$

### 1.5.9　氧平衡

氧平衡(OB)是用来描述化合物或推进剂组分缺氧或富氧情况的参数。化合物或推进剂中含氧量(或氧化性元素)与所含可燃元素完全氧化所需的氧量之差值对该化合物(或推进剂)相对分子质量之比，乘以 100 即为氧平衡。其公式为

$$\text{氧平衡(OB)} = \frac{\text{含氧量} - \text{需氧量}}{\text{相对分子质量}}\times100\% \tag{1.5-19}$$

### 1.5.10　氧含量

氧含量指化合物或推进剂中含氧量的多少

$$\text{氧含量} = (\text{化合物中含氧量}/\text{相对分子质量})\times100\% \tag{1.5-20}$$

### 1.5.11　比容

1 kg 推进剂煅烧后生成的气体产物，在标准状态下所占的体积(假设没有凝结水生成)称为推进剂的比容，以 $W_1$ 表示

$$W_1 = n\times22.4\times10^{-3} \text{ m}^3/\text{kg} \tag{1.5-21}$$

式中　$n$ ——燃气产物的总摩尔数；

$22.4\times10^{-3}$ ——标准状态下 1 mol 气体所占体积，$\text{m}^3$。

### 1.5.12　平均相对分子质量

1 kg 固体推进剂与燃烧后生成的燃烧气体产物的总摩尔数之比即为该推进剂的燃烧产

物(气体)的平均相对分子质量($10^{-3}$ kg/mol)

$$\overline{M_f} = \frac{1\,000}{n} \qquad (1.5-22)$$

式中 $n$——固体推进剂燃烧产物(气体)的总摩尔数;

1 000——1 kg 推进剂燃烧后所产生的燃烧产物的总相对分子质量。

### 1.5.13 火药力

1 kg 火药燃烧后,燃气温度达到 $T_V$(K),并使其在大气压力下自由膨胀所做的功,称为火药力。以 $F_V$ 表示,单位为 kg·dm/kg

$$F_V = nRT_V \qquad (1.5-23)$$

式中 $n$——火药燃烧产物(气体)的总摩尔数;

$R$——通用气体常数,在标准大气压下 $R = P_V/nT = 22.41/273$(L·dm)/(mol·℃) $= 8.479$(kg·dm)/(mol·K);

$T_V$——定容燃烧温度,K。

火药力是火药作功能力的特征量,故是比较火药能量大小的一个示性数,也是火药的弹道示性数之一。

## 1.6 推进剂的安全性能

推进剂的安全性能主要指它的着火和爆炸危险性。着火是燃烧过程的初始现象,燃烧是一种氧化反应,传播速度较慢,一般是每秒几米,仅发出光和热,燃烧和爆炸在一定条件下可以相互转化,当燃烧过程产生的冲击波足够大时就转为爆炸,爆炸传播速度极快,一般是每秒几千米,并伴有巨大的声响。

### 1.6.1 热敏感度

推进剂受热作用而发生着火或爆炸的敏感程度,称为热敏感度。

(1)自燃温度

燃料蒸气与空气或含有氧化性气体的空气所组成的混合物,在只有热的作用下能够发生自动着火时的最低温度,称为自燃温度。

(2)明火和电火花感度

推进剂对明火和电火花作用发生着火或爆炸的敏感程度,称为明火和电火花感度。

(3)闪点和燃点

(液体)燃料蒸气与空气的混合物与明火或电火花接触时能够开始闪火(即气相瞬间燃烧)的液体最低温度,称为闪点。而除去明火后仍能继续燃烧 5 s 以上,即液相也燃烧的液体最低温度,称为燃点。一般说来,燃料的沸点越低,其闪点也越低,火灾的危险性也越大。

（4）爆炸极限（可燃极限）

燃料蒸气与空气的混合物（简称可燃气体）在电火花或明火的条件能够发生燃烧或爆炸时蒸气的最低和最高的浓度，分别称为可燃浓度的下限和上限。通常，可燃极限指的是可燃浓度极限，又称爆炸极限。

### 1.6.2　撞击敏感性

（1）冲击感度

冲击感度是表示当推进剂受到机械冲击能量作用时能否发生着火或爆炸的特性。判断推进剂冲击感度可选用以下任意一种方法：1）爆炸百分数法，即在一定冲击能量作用下发生着火或爆炸的几率；2）最小冲击能法，即冲击 6 次中有一次发生着火或爆炸的冲击能；3）特性冲击能法，即发生 50％ 着火或爆炸的冲击能；4）特性落高法，即在一定质量落锤冲击下，发生着火或爆炸的落锤的高度；5）上下限法，即在一定质量落锤冲击下，发生着火或爆炸的落锤的最低高度称为上限（即爆炸点），不发生着火或爆炸的落锤的最高高度称为下限（即不爆炸点）。

（2）摩擦感度

摩擦感度是表示当推进剂受到摩擦作用而发热时，能否发生着火或爆炸的特性。

（3）振动感度

当推进剂受到机械晃动、振荡作用时能否发生着火或爆炸的特性，称为振动感度。

（4）枪击感度

枪击感度是表示当推进剂被子弹击中时能否发生着火或爆炸的特性。枪击是摩擦、撞击和热的作用的总和，对贮运和战时被子弹击中的危险程度具有实际意义。

### 1.6.3　辐射敏感性

推进剂在地面上受到核辐射、在宇宙空间受到星云辐射和太阳辐射后，其质量变化的程度称为辐射感度，用来衡量辐射敏感性。通常采用放射性同位素钴- 60 的 γ（伽马）射线来照射推进剂和材料，从而判断推进剂是否发生辐射分解，材料是否产生应力腐蚀。

## 1.7　推进剂配方设计与图形表征

### 1.7.1　固体推进剂配方设计与图形表征软件介绍

基于化学推进剂能量特性计算的原理和方法，已开发出能量特性计算的大型软件包。通过深入的研究解决了推进剂组分中含少量元素的催化剂、偶联剂等不能计算的难题，在普通微机上计算一个配方仅需几秒钟甚至更快。最近又用 Matlab 和 C++语言改造了能量特性计算程序，该软件包界面清晰、美观，操作简单、灵活、方便，计算精度较高，相关单位用多种程序(含国外引进程序)可同时对上百种配方进行计算，相对误差小于 1%，与国际通用程序计算结果相近，详见参考文献[6，8，20，21]。首次用最新的遗传算法实现了 3～8 种配方组分的能量特性优化设计，能迅速地优化出最高比冲下固体推进剂的最佳配比，并可结合工艺实际调整组分范围再次优化，同时设计和开发了等性能三角图、三维立体图、二维等高图、曲线 3D 图等图形处理软件，能形象、直观地反映出推进剂组分与能量特性的关系。

总之，该软件包有多项独特的创新：

1)计算快速、准确、精度高，几秒钟可计算数十组配方；

2)可计算密度比冲、射程，还可计算某些附加物的能量特性参数；

3)可快速绘制出组分与性能关系的各种图形，可形象、直观、清晰地看出最高比冲、密度比冲等的组分范围，可对各种氧化剂、添加剂在同一配方中绘出对比图；

4)优化方法先进实用，可结合工艺实际调整优化参数，对 8～9 种组分进行配方优化设计，优化结果与真实结果相符；

5)可快速计算并绘制出推进剂性能综合图；

6)可快速计算并绘制出同一推进剂配方中不同氧化剂或添加剂对性能影响的对比图。

该软件的推广、使用，可缩短研制周期、提高研制水平、节省劳力资源和试验经费，促进航天、兵器事业更好更快地发展。

### 1.7.2 图形绘制原理及绘制过程

(1)等性能三角图绘制原理

推进剂的组分可分为粘合剂、氧化剂、添加剂三类，可用等性能三角图表示，以三角图的每个边表示一种类型的组分，描述各种类型的组分变化时对应性能变化。用能量特性计算的软件包，计算出理论比冲、特征速度等一系列性能参数，将此计算结果用回归分析方法求得配方组分与推进剂性能关系的回归方程，再根据这些回归方程，用高级语言编制出计算程序，求出等比冲、等密度比冲、等特征速度、等燃烧温度、等燃气成分的一系列配方，进而绘出各种等性能三角图。

(2)等性能三角图绘制过程

首先，我们将坐标轴的原点位置定好。在绘制三角图时，一般将原点选择在三角形的一个顶角，最好选择在三角形的左下角。这样得到的坐标值都为正数，便于调试程序。接着，绘制出三角形的三条边，并分别在三条边上标上刻度，在三个顶角上标出各个坐标轴所表示的参数。为了更好地阅读图形中参数，我们用虚线在三角图上画上每个坐标轴刻度所对应的位置；完成此步骤后，我们就得到一个如图 1.7-1 所示的初始图形 HTPB-AP-Al 比冲三角图。

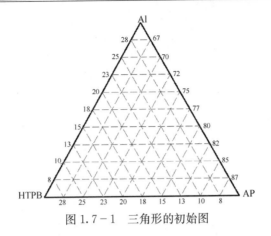

图 1.7－1 三角形的初始图

再根据鼠标的点击位置来绘制图形。当用户点击了鼠标的时候，首先取出鼠标的坐标位置，判断点击是否落在三角形所在的区域之内。如果点击区域落在三角形区域内，就把鼠标的位置转换为三角形图上三个坐标的值，然后代入所得的拟合方程中，计算出坐标所对应的性能的值。最后，搜索整个计算空间把相同性能值的配方绘制出来，绘制出来的图形会形成一个闭合的曲线。可以根据鼠标所在的位置显示或绘出当前鼠标位置中性能参数值，如图 1.7－2 所示。以三角形对边至三角形的高度读取数值，底边至顶点的高度为铝粉含量的值，显示在三角形的左边上，其他以此类推。

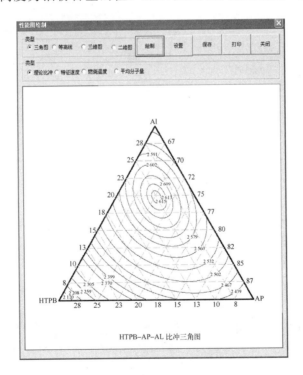

图 1.7－2 HTPB－AP－Al 推进剂三角图

以 PEG - BTTN - NG 为粘合剂，以 CL20 - RDX 为氧化剂，以 Al 为添加剂，通过计算结果绘制了某高能推进剂的配方的等比冲三角图，如图 1.7 - 3 所示。

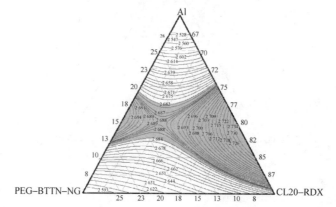

图 1.7 - 3　PEG - BTTN - NG/CL20 - RDX/Al 推进剂等比冲三角图

(3)推进剂三维曲线 3D 图

首次绘制了推进剂三维曲线 3D 图，清晰、形象地显示出推进剂组分与性能的三维关系，并标出其最高性能值，如图 1.7 - 4～图 1.7 - 5 所示。

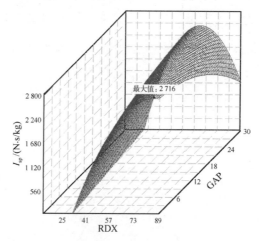

图 1.7 - 4　假设推进剂 GAP/RDX/Al 比冲值曲线 3D 图

(4)不同氧化剂对推进剂性能影响图形

首次绘制了某推进剂配方中不同氧化剂(或添加剂)对性能影响的对比图，可清晰地比较在同一推进剂配方中，不同氧化剂(或添加剂)对比冲、特征速度、密度比冲等性能的影响，如图 1.7 - 6～图 1.7 - 7 所示，其他图形绘制方法详见参考文献[6]。

由图 1.7 - 6 和图 1.7 - 7 可以看出：同一配方中氧化剂 ADN 比冲最高，其次为 CL20，再次为 HMX 及 AP。而密度比冲则以 CL20 为最高，其次为 ADN，再次为 AP 及 HMX。

由图 1.7 - 8 和图 1.7 - 9 可以看出：同一配方中添加剂 AlH$_3$ 比冲最高，其次为 Mg，再次为 Al 及 MgH$_2$。而密度比冲则以 Al 为最高，其次为 Mg，再次为 AlH$_3$ 及 MgH$_2$。

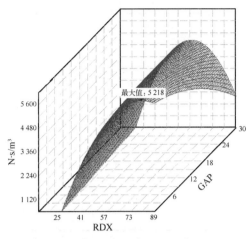

图 1.7 - 5 假设推进剂 GAP/RDX/Al 密度比冲值曲线 3D 图

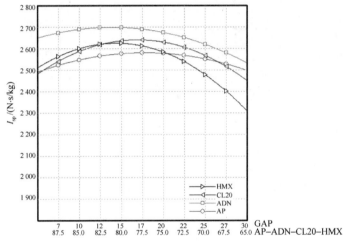

图 1.7 - 6 假设推进剂 GAP/氧化剂/Al 中不同氧化剂对比冲值的影响

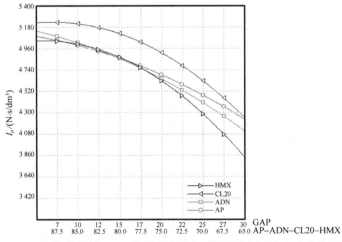

图 1.7 - 7 假设推进剂 GAP/氧化剂/Al 中不同氧化剂对密度比冲值的影响

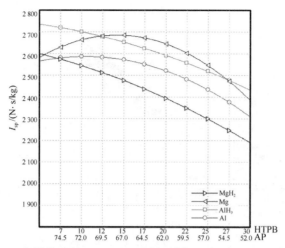

图 1.7－8　假设推进剂 HTPB/AP/添加剂中不同添加剂对比冲值的影响

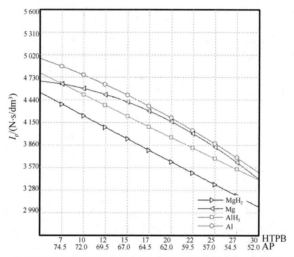

图 1.7－9　假设推进剂 HTPB/AP/添加剂中不同添加剂对密度比冲值的影响

### 1.7.3　优化方法先进实用

可结合工艺实际调整优化配方，如对某型号推进剂真实配方进行的计算结果与真实配方相近，见表 1.7－1～表 1.7－2。

表 1.7－1　某些固体推进剂能量特性文献值与计算值的比较

| 推进剂代号 | 计算值/文献值 | $w/\%$ | | | | $I_{sp}/$ $(N \cdot s \cdot kg^{-1})$ | $C^*/$ $(m \cdot s^{-1})$ | $T_c/K$ |
|---|---|---|---|---|---|---|---|---|
| | | HTPB | AP | Al | $Fe_2O_3$ | | | |
| ANB－3375 | 文献值[6] | 13.00 | 71.00 | 15.00 | 1.00 | 2 601.0 | 1 600.4 | 3 542.3 |
| | 计算值 | 10.60 | 69.52 | 19.82 | 0.06 | 2 610.9 | 1 590.7 | 3 693.0 |

续表

| 推进剂代号 | 计算值/文献值 | $w/\%$ | | | | $I_{sp}/$ $(N \cdot s \cdot kg^{-1})$ | $C^*/$ $(m \cdot s^{-1})$ | $T_c/K$ |
| | | HTPB | AP | Al | $Fe_2O_3$ | | | |
| ANB- 3395 | 文献值 | 9.50 | 75.00 | 15.00 | 0.50 | 2 604.0 | 1 590.1 | 3 708.2 |
| | 计算值 | 11.80 | 71.60 | 16.36 | 0.23 | 2 601.1 | 1 590.7 | 3 547.0 |

表 1.7 - 2　某 HTPB 推进剂优化结果与真实配方的对比

| 组分 | $w/\%$ | | | |
| | HTPB | AP | Al | $Fe_2O_3$ |
| 设置范围 | 8~15 | 60~80 | 12~18 | 1~3 |
| 优化结果 | 12.88 | 68.5 | 17.44 | 1.8 |
| 真实配方 | 13 | 71 | 15 | 1.0 |

由表 1.7 - 1 可以看出比冲、特征速度的相对误差均小于 1%，优化结果与真实推进剂的配方接近。表 1.7 - 2 列出了某丁羟推进剂的优化结果。

各种配方中含"能量特性热力学计算结果"字样的，均为标准条件下按此软件包计算出的理论结果。

# 参考文献

[1] 冯家昇. 火药的发明和西传[M]. 上海：华东人民出版社，1964.

[2] 朱玉. 中国古代的烟火剂[J]. 兵工学报，火化工分册，1981(3)：44-47.

[3] 赵子立. 中国大百科全书：化工[M]. 北京：中国大百科全书出版社，1987.

[4] 周起槐，白木兰. 中国大百科全书：军事(1)[M]. 北京：中国大百科全书出版社，1989：423-424.

[5] 刘旭. 中国古代火药火器史[M]. 郑州：大象出版社，2012.

[6] 田德余. 固体推进剂配方优化设计[M]. 北京：国防工业出版社，2013.

[7] Bernard Siagel. Leroy Schieler Eneergeties of Propellant Chemistry(M). New York：Wiley，1964.

[8] 田德余. 化学推进剂能量学[M]. 长沙：国防科技大学，1988.

[9] 侯林发，等. 复合固体推进剂[M]. 北京：宇航出版社，1994.

[10] 刘继华. 火药物理化学性能[M]. 北京：北京理工大学出版社，1997.

[11] 田德余，刘剑洪. 化学推进剂计算能量学[M]. 郑州：河南科技出版社，1999.

[12] 田德余. 端羟聚丁二烯复合固体推进剂[J]. 推进技术，1982(3)：30-42.

[13] 张端庆，等. 固体火箭推进剂[M]. 北京：兵器工业出版社，1991.

[14] 李亚裕. 液体推进剂[M]. 北京：中国宇航出版社，2011.

[15] 王中，梁勇，刘素梅，郭峰. 美、俄、德凝胶推进剂的发展现状[J]. 飞航导弹，2010(2)：76-79.

[16] B·克特，等. 火箭推进剂手册[M]. 张清，译. 北京：国防工业出版社，1964.

[17] 《世界弹药手册》编辑部. 世界弹药手册[M]. 北京：兵器工业出版社，1990.

[18] 田德余，庞爱民. 热力学函数温度系数手册[M]. 北京：中国宇航出版社，2014.

[19] 田德余，赵凤起，刘剑洪. 含能材料及相关物手册[M]. 北京：国防工业出版社，2011.

[20] 田德余. 固体推进剂配方优化设计方法及其软件系统[J]. 火炸药学报，2014，36(6)：1-6.

[21] 李猛，赵凤起，等. 三种能量计算程序在推进剂配方设计中的比较[J]. 火炸药学报，2013，36(3)：73-77.

[22] Power J L. Microwave elctrothermal Propulsion for Space. IEEE Transon MIicrowave Techniques，1992，40(6)：1179-1191.

[23] 孙再庸，毛根旺，何洪庆. 微波电热推进[J]. 推进技术，1995，16 (5).

[24] 国务院新闻办.《2016 中国航天》白皮书[N]. 2016.12.28.

[25] 田德余. 无烟推进剂性能计算图像法[J]. 兵工学报，1980(4)：36-46.

# 第2章　固体推进剂及图形表征

## 2.1　概述

固体推进剂是在通常条件下为固态的推进剂。其药柱可直接放置（浇注）在发动机内，地面设备简单，发射准备时间短，多用于军事及战术武器。由于工艺改进可制得大直径的药柱，在航天和战略武器中有广泛的应用。

固体推进剂可分为均质固体推进剂和复合固体推进剂，近来又发展了复合改性双基和硝酸酯增塑的聚醚推进剂等新品种。

### 2.1.1　双基推进剂[1-4,18,27,28]

双基推进剂是一种均质推进剂，其主要成分是硝化棉和硝化甘油，故称为双基推进剂。其中还加有助溶剂、安定剂及其他工艺附加剂。

(1)美国 J. P. N(N-2)双基推进剂

配方质量分数：

| | |
|---|---|
| 硝化纤维素(12.2%N) | 51.5% |
| 硝化甘油 | 43.0% |
| 邻苯二甲酸二乙酯 | 3.25% |
| 二乙基二苯基脲 | 1.0% |
| 硫酸钾 | 1.25% |
| 蜡 | 0.08% |
| 碳黑 | 0.2% |
| 水分 | 0.6% |

主要性能：

| | |
|---|---|
| 密度/(g/cm³) | 1.61~1.62 |
| 爆热/(kJ/kg)　(kcal/kg) | 5 146.3(1 230) |
| 比容/(l/kg) | 851.2 |
| 比冲 $I_{sp}$/(N·s/kg) | 2 156~2 254(220~230 s) |
| 燃速/(mm/s)6.86 MPa　20 ℃ | 15.2 |
| 13.73 MPa　25 ℃ | 25.9 |
| 燃速温度系数/(%1/℃) | 0.16 |
| 抗压强度/MPa | 8.58 |

线胀系数/(1/℃)　　−22 ℃以下　　　　　　　$4.8×10^{-4}$

　　　　　　　　　　−22～+18 ℃　　　　　　$6.3×10^{-4}$

　　　　　　　　　　18 ℃以上　　　　　　　　$7.0×10^{-4}$

导热系数/[kcal/(cm·s·℃)]　　　　　　　　0.166

压缩率/%　　　　　　　　　　　　　　　　42

化学安定性

　　120 耐热试验/min

　　　　赭红色　　　　　　　　　　　　　　80

　　　　红烟　　　　　　　　　　　　　　　190

　　　　爆炸　　　　　　　　　　　　　　　300

　　90 真空安定性/(ml/40 hr)　　　　　　　2.65

　　80 监视试验/d　　　　　　　　　　　　130

　　65.5 监视试验/d　　　　　　　　　　　500～700

能量特性热力学计算结果

　　理论比冲 $I_{sp}$/(N·s/kg)　　　　　　　2 333.6

　　特征速度 $C^*$/(m/s)　　　　　　　　　1 471.5

　　燃烧温度 $T$/K　　　　　　　　　　　　2 828.4

　　燃烧产物平均分子量　　　　　　　　　25.767

应用：MK12−1、MK14−0、MK15−0、MK16−0、MK16−0 和 MK17−0 火箭发动机，小猎犬舰空导弹助推器，响尾蛇空空导弹，300 mm 火箭发射器等。

(2) 美国 M. R. N 双基推进剂

配方质量分数：

　　硝化纤维素(12.2%N)　　　　　　　　　56.5%

　　硝化甘油　　　　　　　　　　　　　　28.0%

　　邻苯二甲酸二乙酯　　　　　　　　　　3.0%

　　二乙基二苯基脲　　　　　　　　　　　4.5%

　　芳香族硝基化合物　　　　　　　　　　11.0%

　　蜡　　　　　　　　　　　　　　　　　0.08%

　　水分　　　　　　　　　　　　　　　　0.6%

能量特性热力学计算结果：

　　理论比冲 $I_{sp}$/(N·s/kg)　　　　　　　2 112.4

　　特征速度 $C^*$/(m/s)　　　　　　　　　1 344.7

　　燃烧温度 $T$/K　　　　　　　　　　　　2 130.4

　　燃烧产物平均分子量　　　　　　　　　22.514

应用：用于 300 mm 火箭发射器。

(3)德国无烟推进剂

配方质量分数：

| | |
|---|---|
| 硝化纤维素(12.2%N) | 64.7% |
| 硝化二乙二醇 | 29.3% |
| 二苯基氨基甲酸酯 $C_1$ | 1.3% |
| 乙基苯基氨基甲酸酯(中定剂 $C_2$) | 3.5% |
| 二苯脲 | 0.2% |
| 石墨 | 0.1% |
| $TiO_2$ 和 $BaSO_4$ | 0.9% |

能量特性热力学计算结果：

| | |
|---|---|
| 理论比冲 $I_{sp}$/(N·s/kg) | 1 993.2 |
| 特征速度 $C^*$/(m/s) | 1 251.3 |
| 燃烧温度 $T$/K | 1 798 |
| 燃烧产物平均分子量 | 21.794 |

应用：用于 280 mm 火箭发射器。

(4)英国 UV 平台双基推进剂

配方质量分数：

| | |
|---|---|
| 硝化纤维素(12.2%N) | 53.0% |
| 硝化甘油 | 42.2% |
| 2-硝基二苯胺 | 2.0% |
| 锡酸铅 | 3.0% |
| 苯二甲酸二丁酯 | 2.8% |
| 小烛树蜡 | 0.075% |

主要性能：

| | |
|---|---|
| 爆热/(kJ/kg) (kcal/kg) | 4 518.7(1 080) |
| 燃速/(mm/s)6.86 MPa　20 ℃ | 16.7 |
| 13.73 MPa　20 ℃ | 21.59 |
| 压力指数 | 0.1 |
| 燃速温度系数/(%1/℃) | 0.17 |

应用：用于红头空空导弹。

(5)日本 DT6 双基推进剂 SS-2

配方质量分数：

| | |
|---|---|
| 硝化纤维素(12.2%N) | 59.9% |
| 硝化甘油 | 26.9% |
| 2-硝基苯 | 6.1% |

　　　1 号中定剂　　　　　　　　　　　　　　　　　2.9%

　　　硫酸钾　　　　　　　　　　　　　　　　　　　4.0%

主要性能：

　　　燃速 $r$/(mm/s)　50 ℃，10.3 MPa　　　　　11.22

　　　压力指数/$n$　50 ℃　　　　　　　　　　　　0.59

　　　燃速温度系数/(%1/℃)，　−40～+50 ℃　　0.36

　　　压力温度系数/(%1/℃)，　50 ℃　6.86 MPa　0.11

　　　　　　　　　　　　　　　　50 ℃　9.61 MPa　0.06

　　　　　　　　　　　　　　　　50 ℃　12.36 MPa　0.06

工艺方法：压伸成型。

应用：海军 Baka 火箭弹，120 mm、200 mm 和 450 mm 旋转稳定火箭弹。

(6)中国双石-2 双基推进剂 SS-2

配方质量分数：

　　　硝化棉(12.0%N)　　　　　　　　　　　　　55.0%

　　　硝化甘油　　　　　　　　　　　　　　　　　29.3%

　　　二硝基甲苯　　　　　　　　　　　　　　　　10.0%

　　　2 号中定剂　　　　　　　　　　　　　　　　3.0%

　　　凡士林　　　　　　　　　　　　　　　　　　1.3%

　　　苯二甲酸铅　　　　　　　　　　　　　　　　0.9%

　　　石墨　　　　　　　　　　　　　　　　　　　0.5%

主要性能：

　　　密度/(g/cm³)　　　　　　　　　　　　　　>1.57

　　　热量/(kcal/kg)　　　　　　　　　　　　　860

　　　比冲 $I_{sp}$/(N·s/kg)　　　　　　　　　1 960(200 s)

　　　燃速 $r$/(mm/s)　　　　　　　　　　　　10.4

　　　压力指数 $n$　　　　　　　　　　　　　　0.56

　　　燃速温度系数/(%1/℃)，−40～+50 ℃　　0.21

　　　压力温度系数/(%1/℃)，20～50 ℃　　　0.7

　　　　　　　　　　　　　　　−40～20℃　　　0.5

力学性能见表 2.1-1。

表 2.1-1　力学性能

| 温度/℃ | 50 | 20 | −40 |
|---|---|---|---|
| 抗张压强/MPa | 3.78 | 12.02 | 42.07 |
| 延伸率/% | 28.7 | 26.5 | 7.9 |

能量特性热力学计算结果

　　　理论比冲 $I_{sp}$/(N・s/kg)　　　　　　　2 150.3

　　　特征速度 $C^*$/(m/s)　　　　　　　　　1 369

　　　燃烧温度 $T$/K　　　　　　　　　　　2 243.7

　　　燃烧产物平均分子量　　　　　　　　22.966

工艺方法：螺旋压伸成型。

应用：107 mm 火箭弹，130 mm 火箭弹，40 mm 火箭弹，火箭式深水炸弹。

(7) 中国双芳镁-1 双基推进剂 SFM-1

配方质量分数：

　　硝化棉(12%N)　　　　　　　　　　57.0%

　　硝化甘油　　　　　　　　　　　　26.0%

　　二硝基甲苯　　　　　　　　　　　12.0%

　　苯二甲酸二丁酯　　　　　　　　　2.0%

　　凡士林　　　　　　　　　　　　　1.0%

主要性能：

　　热量/(kcal/kg)　　　　　　　　　880

　　密度/(g/cm³)　　　　　　　　　　>1.57

　　比冲 $I_{sp}$/(N・s/kg)　　　　　　　1 960(200 s)

　　燃速 $r$/(mm/s)　　　　　　　　　10.0

　　压力指数 $n$　　　　　　　　　　　0.52

　　燃速温度系数/(%1/℃)，-40～+40 ℃　　0.195

　　压力温度系数/(%1/℃)，20～50 ℃　　0.93

　　　　　　　　　　　　　　-40～20 ℃　　0.68

力学性能见表 2.1-2。

表 2.1-2　力学性能

| 温度/℃ | 50 | 20 | -40 |
|---|---|---|---|
| 抗张压强/MPa | 14.68 | 25.81 | 67.59 |

　　维也里简单法/h　　　　　　　　　7

　　维也里重复法/h　　　　　　　　　50

能量特性热力学计算结果

　　　理论比冲 $I_{sp}$/(N・s/kg)　　　　　　　2 148.7

　　　特征速度 $C^*$/(m/s)　　　　　　　　　1 365.2

　　　燃烧温度 $T$/K　　　　　　　　　　　22 792

　　　燃烧产物平均分子量　　　　　　　　23.59

工艺方法：螺旋压伸成型。

应用：野战火箭弹，地空导弹助推器。

(8)中国双芳镁-2双基推进剂 SFM-2

配方质量分数：

| | |
|---|---|
| 硝化棉(12.0%N) | 57.0% |
| 硝化甘油 | 24.0% |
| 二硝基甲苯 | 13.0% |
| 苯二甲酸二丁酯 | 2.8% |
| 凡士林 | 1.2% |
| 氧化镁 | 2.0% |

主要性能：

| | |
|---|---|
| 热量/(kcal/kg) | 830 |
| 密度/(g/cm$^3$) | >1.57 |
| 燃速 $r$/(mm/s) | 9.0 |
| 压力指数 $n$ | 0.42 |
| 燃速温度系数/(%1/℃)，-57～+60 ℃ | 0.18 |
| 能量特性热力学计算结果 | |
| 　理论比冲 $I_{sp}$/(N·s/kg) | 2 101.1 |
| 　特征速度 $C^*$/(m/s) | 1 335.6 |
| 　燃烧温度 $T$/K | 2 138.9 |
| 　燃烧产物平均分子量 | 23.02 |

工艺方法：螺旋压伸成型。

应用：地空导弹燃气发生器，岸舰导弹燃气发生器。

(9)中国双芳镁-3双基推进剂 SFM-3

配方质量分数：

| | |
|---|---|
| 硝化棉(12.0%N) | 56.7% |
| 硝化甘油 | 26.0% |
| 二硝基甲苯 | 12.1% |
| 苯二甲酸二丁酯 | 1.9% |
| 凡士林 | 1.0% |
| 氧化镁 | 2.3% |
| 硫酸钾 | 0.2% |

主要性能：

| | |
|---|---|
| 热量/(kcal/kg) | 880 |
| 密度/(g/cm$^3$) | >1.57 |

比冲 $I_{sp}$/(N · s/kg)　16.33 MPa　　　　　1 960(200 s)

燃速 $r$/(mm/s)　　　　　　　　　　　　　8.5

燃速压力指数 $n$　　　　　　　　　　　　　0.45

燃速温度系数/(%1/℃)，−40～+60 ℃　　0.22

抗张强度/(MPa)，50 ℃　　　　　　　　　4.55

延伸率/%　20 ℃　　　　　　　　　　　　13.9

　　　　　　50 ℃　　　　　　　　　　　　29.1

爆发点/℃　　　　　　　　　　　　　　　248.5

能量特性热力学计算结果

　　理论比冲 $I_{sp}$/(N · s/kg)　　　　　　2 146

　　特征速度 $C^*$/(m/s)　　　　　　　　1 363.2

　　燃烧温度 $T$/K　　　　　　　　　　　2 280

　　燃烧产物平均分子量　　　　　　　　23.68

工艺方法：螺旋压伸成型。

应用：空空导弹，岸舰导弹助推器。

(10) 中国双铅-1 双基推进剂 SQ-1

配方质量分数：

　　硝化棉(12.0%N)　　　　　　　　　　56.0%

　　硝化甘油　　　　　　　　　　　　　26.7%

　　二硝基甲苯　　　　　　　　　　　　11.3%

　　2 号中定剂　　　　　　　　　　　　　3.0%

　　凡士林　　　　　　　　　　　　　　1.2%

　　氧化铅　　　　　　　　　　　　　　0.9%

　　白垩土　　　　　　　　　　　　　　1.3%

主要性能：

　　热量/(kcal/kg)　　　　　　　　　　850

　　密度/(g/cm³)　　　　　　　　　　　>1.57

　　比冲 $I_{sp}$/(N · s/kg)　　　　　　　1 952.16(199.2 s)

　　燃速 $r$/(mm/s)　　　　　　　　　　10.5

　　压力指数 $n$　　　　　　　　　　　　0.34

　　燃速温度系数/(%1/℃)，−50～+60 ℃　0.16

　　压力温度系数/(%1/℃)，20～50 ℃　　0.76

　　　　　　　　　　　　　−40～20 ℃　0.55

力学性能见表 2.1-3。

表 2.1-3　力学性能

| 温度/℃ | 50 | 20 |
|---|---|---|
| 抗张强度/MPa | 5.1 | 11.38 |
| 延伸率/% | 35.8 | 20.0 |

| | |
|---|---|
| 维也里简单法/h | 7 |
| 维也里重复法/h | 65 |
| 爆发点/℃ | 248 |

能量特性热力学计算结果

| | |
|---|---|
| 理论比冲 $I_{sp}$/(N·s/kg) | 2 123.4 |
| 特征速度 $C^*$/(m/s) | 1 350.4 |
| 燃烧温度 $T$/K | 2 203.5 |
| 燃烧产物平均分子量 | 23.197 |

工艺方法：螺旋压伸成型。

应用：舰舰导弹助推器。

(11) 中国双铅-2 双基推进剂 SQ-2

配方质量分数：

| | |
|---|---|
| 硝化棉（12.0%N） | 9.5% |
| 硝化甘油 | 25.0% |
| 二硝基甲苯 | 8.8% |
| 2 号中定剂 | 3.0% |
| 凡士林 | 1.2% |
| 氧化铅 | 1.2% |
| 碳酸钙（白垩土） | 1.3% |

主要性能：

| | |
|---|---|
| 热量/(kcal/kg) | 850 |
| 密度/(g/cm³) | >1.57 |
| 比冲 $I_{sp}$/(N·s/kg) | 1 960(200 s) |
| 燃速 $r$/(mm/s) | 10.5 |
| 压力指数 $n$ | 0.5 |
| 燃速温度系数/(%1/℃)，-60～+50 ℃ | 0.23 |

力学性能见表 2.1-4。

表 2.1-4　力学性能

| 温度/℃ | 40 | 20 |
|---|---|---|
| 抗张强度/MPa | 5.59 | 17.38 |
| 延伸率/% | 35.8 | 20.0 |

| 维也里简单法/h | 7 |
|---|---|
| 维也里重复法/h | 65 |
| 冲击感度/% | 24 |
| 摩擦感度/% | 36 |

能量特性热力学计算结果

| 理论比冲 $I_{sp}$/(N·s/kg) | 2 123.8 |
|---|---|
| 特征速度 $C^*$/(m/s) | 1 349.9 |
| 燃烧温度 $T$/K | 2 218.6 |
| 燃烧产物平均分子量 | 23.409 |

工艺方法：螺旋压伸成型。

应用：野战火箭弹，航空火箭弹，布雷火箭弹，火箭式深水炸弹，无后坐力炮火箭增程弹。

(12)中国双铅-4 双基推进剂 SQ-4

配方质量分数：

| 硝化棉(12.0%N) | 56.0% |
|---|---|
| 硝化甘油 | 29.0% |
| 二硝基甲苯 | 6.5% |
| 苯二甲酸二丁酯 | 2.0% |
| 2-硝基二苯胺 | 2.0% |
| 燃速催化剂 | 3.0% |
| 凡士林 | 0.9% |
| 其他 | 0.6% |

主要性能：

| 热量/(kcal/kg) | 870 |
|---|---|
| 密度/(g/cm³) | 1.62 |
| 比冲 $I_{sp}$/(N·s/kg)　(s) | 2 030.56(207.2) |
| 燃速 $r$/(mm/s) | 11.0 |
| 燃速压力指数 $n$ | 0.15 |
| 燃速温度系数/(%1/℃)，−40～+50 ℃ | 0.11 |
| 压力温度系数/(%1/℃)，−20～+50 ℃ | 0.24 |

力学性能见表 2.1-5。

表 2.1-5　力学性能

| 温度/℃ | 50 | 20 | −40 |
|---|---|---|---|
| 抗张强度/MPa | 7.26 | 15.59 | 39.03 |
| 延伸率/% | 41 | 28 | 7.7 |

弹性模量/MPa                392.27

冲击感度                    44%

摩擦感度                    18%

工艺方法：螺旋压伸成型。

应用：反坦克火箭弹，弹射座椅。

(13)中国双乙醛-2双基推进剂

配方质量分数：

硝化棉(12.0%N)             48.0%

硝化甘油                    22.0%

硝化二乙二醇                9.0%

2号中定剂                   1.5%

凡士林                      <0.3%

降速剂                      16.5%

催化剂                      4.5%

主要性能：

密度/(g/cm³)               >1.5

热量/(kcal/kg)             780

燃速温度系数/(%1/℃)，-40~+50 ℃    0.16

力学性能见表2.1-6。

表 2.1-6　力学性能

| 温度/℃ | 50 | 20 | -40 |
|---|---|---|---|
| 抗张强度/MPa | 3.87 | 12.02 | 42.07 |
| 延伸率/% | 28.7 | 26.5 | 7.9 |

工艺方法：螺旋压伸成型。

应用：地空导弹燃气发生器。

(14)中国161#双基推进剂

配方质量分数：

硝化棉(12.6%N)             55%

硝化甘油                    34.0%

二硝基甲苯                  6.0%

苯二甲酸铅                  0.5%

氧化镁                      2.5%

2号中定剂                   1%

　　　凡士林　　　　　　　　　　　　　　　　　　1%

主要性能：

　　实测爆热/(kcal/kg)　　　　　　　　　　　　1 053

　　能量特性热力学计算结果

　　　　理论比冲 $I_{sp}$/(N・s/kg)　　　　　　　2 299.3

　　　　特征速度 $C^*$/(m/s)　　　　　　　　　1 452.4

　　　　燃烧温度 $T$/K　　　　　　　　　　　　2 740.4

　　　　燃烧产物平均分子量　　　　　　　　　　25.631

(15)中国 PT - 12 双基推进剂

配方质量分数：

　　硝化棉(12.0%N)　　　　　　　　　　　　　56.0%

　　硝化甘油　　　　　　　　　　　　　　　　　29.0%

　　二硝基甲苯 DNT　　　　　　　　　　　　　6.5%

　　2 -硝基二苯胺　　　　　　　　　　　　　　2.0%

　　苯二甲酸二丁酯　　　　　　　　　　　　　　2.0%

　　水杨酸铅　　　　　　　　　　　　　　　　　3.0%

　　凡士林　　　　　　　　　　　　　　　　　　1.0%

　　胶体石墨　　　　　　　　　　　　　　　　　0.5%

主要性能：

　　实测爆热/(kcal/kg)　　　　　　　　　　　　868.4

　　能量特性热力学计算结果

　　　　理论比冲 $I_{sp}$/(N・s/kg)　　　　　　　2 061.7

　　　　特征速度 $C^*$/(m/s)　　　　　　　　　1 308

　　　　燃烧温度 $T$/K　　　　　　　　　　　　2 020

　　　　燃烧产物平均分子量/(g/mol)　　　　　　22.559

## 2.1.2　浇铸双基推进剂

(1)法国 E1210A 浇铸双基推进剂

配方质量分数：

　　硝化纤维素(12.6%N)　　　　　　　　　　　53.8%

　　硝化甘油　　　　　　　　　　　　　　　　　31.7%

　　甘油三醋酸酯　　　　　　　　　　　　　　　9.5%

　　硝基二苯胺　　　　　　　　　　　　　　　　2.4%

　　燃速催化剂　　　　　　　　　　　　　　　　2.6%

主要性能：

| 热量/(kcal/kg) | 950 |
| 比冲 $I_{sp}$/(N·s/kg) | 1 960~2 058（200~210 s） |

工艺方法：浇铸成型。

应用：米兰反坦克导弹装药。

（2）法国 E1244A 浇铸双基推进剂

配方质量分数：

| 硝化纤维素(12.6%N) | 57.5% |
| 硝化甘油 | 26.9% |
| 甘油三醋酸酯 | 8.4% |
| 苯二甲酸二辛酯 | 2.6% |
| 1 号中定剂 | 2.0% |
| 燃速催化剂 | 2.6% |
| 凡士林 | 0.5% |
| 氧化亚铜 | 0.63% |
| 锡酸铅（以铅计） | 0.66% |
| 石墨 | 0.3% |
| 其他 | 0.51% |

主要性能：

| 热量/(kcal/kg) | 810 |
| 比冲 $I_{sp}$/(N·s/kg) | 2 087.4（213 s） |
| 密度/(g/cm³) | 1.55 |
| 燃速 $r$/(mm/s)　6.86 MPa | 9.0 |

工艺方法：浇铸成型。

应用：霍特反坦克导弹续航发动机。

（3）美国 SPA-1 浇铸双基推进剂

配方质量分数：

| 硝化纤维素(12.6%N) | 57.0% |
| 硝化甘油 | 27.0% |
| 甘油三醋酸酯 | 9.4% |
| 中定剂 | 1.0% |
| 四氧化三铅 | 3.3% |
| 其他 | 2.3% |

主要性能：

| 热量/(kcal/kg) | 720 |
| 燃速 $r$/(mm/s)，20 ℃　6.86 MPa | 4.0 |

    压力指数 $n$                      0.15

工艺方法：浇铸成型。

应用：麻雀 3A 空空导弹(AIM-7)，燃气发生器。

(4)中国浇铸双基推进剂Ⅱ

配方质量分数：

| | |
|---|---|
| 硝化纤维素(12.6%N) | 47.0% |
| 硝化甘油 | 37.7% |
| 增塑剂(主要是邻苯二甲酸二甲酯) | 14.0% |
| 乙基中定剂 | 1.0% |
| 碳黑或石墨 | 0.3% |

能量特性热力学计算结果

| | |
|---|---|
| 理论比冲 $I_{sp}$/(N·s/kg) | 2 159.3 |
| 特征速度 $C^*$/(m/s) | 1 372.9 |
| 燃烧温度 $T$/K | 2 291.2 |
| 燃烧产物平均分子量/(g/mol) | 23.409 |

(5)中国浇铸双基推进剂Ⅲ

配方质量分数：

| | |
|---|---|
| 硝化纤维素(12.6%N) | 58.6% |
| 硝化甘油 | 24.2% |
| 增塑剂(主要是邻苯二甲酸二甲酯) | 9.6% |
| 乙基中定剂 | 1.0% |
| 二硝基甲苯 | 6.6% |
| 碳黑或石墨 | 0.1% |

能量特性热力学计算结果：

| | |
|---|---|
| 理论比冲 $I_{sp}$/(N·s/kg) | 2 099.9 |
| 特征速度 $C^*$/(m/s) | 1 335.7 |
| 燃烧温度 $T$/K | 2 101.5 |
| 燃烧产物平均分子量/(g/mol) | 22.521 |

(6)中国浇铸双基推进剂Ⅳ

配方质量分数：

| | |
|---|---|
| 硝化纤维素(12.6%N) | 60.0% |
| 硝化甘油 | 27.8% |
| 乙基中定剂 | 0.9% |
| 二苯胺 | 0.2% |
| 碳黑或石墨 | 0.2% |

主要性能：

| | |
|---|---|
| 燃速(70.3 kg/cm² 和 21 ℃时，mm/s) | 5.88～7.62 |
| 燃速压力指数 | 0.1～0.8 |

能量特性热力学计算结果

| | |
|---|---|
| 理论比冲 $I_{sp}$/(N·s/kg) | 2 378.9 |
| 特征速度 $C^*$/(m/s) | 1 499.2 |
| 燃烧温度 $T$/K | 2 942.9 |
| 燃烧产物平均分子量/(g/mol) | 25.972 |

(7)德国浇铸推进剂

配方质量分数：

| | |
|---|---|
| 硝化纤维素(12.6%N) | 63.0% |
| 硝化二乙二醇 | 35.0% |
| 中定剂 | 0.5% |
| 石蜡 | 0.2% |
| 石墨 | 1.2% |

能量特性热力学计算结果：

| | |
|---|---|
| 理论比冲 $I_{sp}$/(N·s/kg) | 2 213.1 |
| 特征速度 $C^*$/(m/s) | 1 405.7 |
| 燃烧温度 $T$/K | 2 359 |
| 燃烧产物平均分子量/(g/mol) | 23.055 |

该推进剂直径为 125 mm，长约 400 mm，质量约 6.5 kg。

应用：用于 210 mm(Nebelwerfer)火箭。

(8)美国 AHH 浇铸平台双基推进剂

配方质量分数：

| | |
|---|---|
| 硝化纤维素(12.6%N) | 53.9% |
| 硝化甘油 | 31.6% |
| 甘油三醋酸酯 | 8.8% |
| 2-硝基二苯胺 | 0.9% |
| 水杨酸铅 | 1.2% |
| 2-乙基己酸铅 | 2.0% |
| 其他 | 1.6% |

主要性能：

| | |
|---|---|
| 热量/(kcal/kg) | 940～970 |
| 密度/(g/cm³) | 1.602 |
| 计算比冲 $I_{sp}$/(N·s/kg) | 2 205(225 s) |

特征速度/(m/s)　　　　　　　　　　　　　1 402

火焰温度/K　　　　　　　　　　　　　　2 485

不同温度、压力下的燃速 r 见表 2.1－7。

表 2.1－7　不同温度、压力下的燃速 r(mm/s)

| 温度/℃ ＼ 压力/MPa | 4.12 | 5.49 | 6.86 | 8.24 | 9.61 | 10.98 | 12.36 | 13.73 |
|---|---|---|---|---|---|---|---|---|
| 20 | 9.12 | 10.5 | 10.99 | 9.35 | — | — | — | — |
| 60 | 10.69 | 11.79 | 11.43 | 11.73 | 12.17 | 14.83 | 15.62 | 16.84 |

抗压强度/MPa，－40 ℃　　　　　　　　＞86.36

　　　　　　　　60 ℃　　　　　　　　＞5.97

压缩率/%，－40 ℃　　　　　　　　　　＞50.25

　　　　　　60 ℃　　　　　　　　　　＞53.0

工艺方法：浇铸成型。

应用：M549/M549A1 式 155 mm 火箭增程弹，M650E5 式 203 mm 火箭增程弹。

## 2.1.3　改性双基推进剂[1-4]

以 NC/NG 为主的双基药料为粘合剂，添加氧化剂、金属燃料及其他附加成分组成的一类推进剂为改性双基推进剂。

(1)中国 66# 改性双基推进剂

配方质量分数：

　　硝化棉(12.0%N)　　　　　　　　　　51.55%

　　硝化甘油　　　　　　　　　　　　　35.7%

　　苯二甲酸铅　　　　　　　　　　　　1.4%

　　甘油三醋酸酯　　　　　　　　　　　4.4%

　　铝粉　　　　　　　　　　　　　　　4.1%

　　2 号中定剂(C2)　　　　　　　　　　1.6%

　　氧化锌　　　　　　　　　　　　　　0.65%

　　碳酸锆　　　　　　　　　　　　　　0.65%

主要性能：

　　实测爆热/(kcal/kg)　　　　　　　　1 119

　　能量特性热力学计算结果

　　　　理论比冲 $I_{sp}$/(N·s/kg)　　　　　2 331.6

　　　　特征速度 $C^*$/(m/s)　　　　　　1 459.4

　　　　燃烧温度 $T$/K　　　　　　　　2 836.8

| | |
|---|---|
| 燃烧产物平均分子量/（g/mol） | 26.325 |

（2）中国 171# 改性双基推进剂

配方质量分数：

| | |
|---|---|
| 硝化棉（13.0%N） | 50.9% |
| 硝化甘油 | 27.0% |
| 吉纳 | 12.8% |
| 鞣酸铅 | 2.0% |
| 铝粉 | 5.0% |
| 2 号中定剂 | 1% |
| 碳黑 | 0.4% |
| 凡士林 | 0.9% |

主要性能：

| | |
|---|---|
| 实测爆热/（kcal/kg） | 1 231.1 |
| 能量特性热力学计算结果 | |
| 　理论比冲 $I_{sp}$/（N·s/kg） | 2 460.3 |
| 　特征速度 $C^*$/（m/s） | 1 534.7 |
| 　燃烧温度 $T$/K | 3 138.3 |
| 　燃烧产物平均分子量/（g/mol） | 26.677 |

（3）中国 P-15 改性双基推进剂

配方质量分数：

| | |
|---|---|
| 硝化棉（12.0%N） | 56.0% |
| 硝化甘油 | 19.6% |
| 吉纳 | 9.8% |
| 黑索金 | 21.0% |
| 鞣酸铅 | 2.0% |
| 过氧化铅 | 2.0% |
| 铝粉 | 9.8% |
| 2 号中定剂 | 1.0% |
| 碳黑 | 0.5% |
| 凡士林 | 1.0% |

主要性能：

| | |
|---|---|
| 实测爆热/（kJ/kg）　（kcal/kg） | 1 335（868.4） |
| 能量特性热力学计算结果 | |
| 　理论比冲 $I_{sp}$/（N·s/kg） | 2 451.4 |
| 　特征速度 $C^*$/（m/s） | 1 524.3 |

　　　　燃烧温度 $T$/K　　　　　　　　　　　　3 119.5
　　　　燃烧产物平均分子量/(g/mol)　　　　　26.809

（4）美国 CY-1 改性双基推进剂

配方质量分数：

　　　硝化棉（12.0%N）　　　　　　　　　　22.0%
　　　硝化甘油及铝粉（NG + Al）　　　　　　21%
　　　甘油三醋酸酯　　　　　　　　　　　　32%
　　　高氯酸铵　　　　　　　　　　　　　　20%
　　　2-硝基二苯胺　　　　　　　　　　　　2%
　　　其他　　　　　　　　　　　　　　　　3%

主要性能：

　　　比冲 $I_{sp}$/(N·s/kg)　　　　　　　　　2 459.8（251 s）
　　　密度/(g/cm$^3$)　　　　　　　　　　　1.77
　　　燃速/(mm/s)　　　　　　　　　　　　10～20

工艺方法：浇铸成型。

应用：民兵 2 地地战略导弹第三级发动机。

## 2.1.4　复合改性双基推进剂及典型配方图形表征[1-6]

　　复合改性双基（CMDB）推进剂是在双基推进剂配方的基础上，加入氧化剂（高氯酸铵、黑索今、奥克托今等）、添加剂（铝粉等）等形成的一类新的推进剂，可以通过螺旋压伸和浇注工艺实现。

### 2.1.4.1　浇铸复合改性双基推进剂

　　浇铸复合改性双基推进剂是用浇铸工艺实现复合改性双基推进剂的配方，先用高聚物（硝化纤维素、丙酸羰基甲酯等）制成球形药或浇铸粉，再与一定比例的浇铸溶剂真空混合，在固定的温度下固化数日，即形成浇铸复合改性双基推进剂。

（1）美国浇铸复合改性双基推进剂 1

配方质量分数：

　　浇铸粉
　　　硝化纤维素（12.5%N）　　　　　　　　16.6%
　　　硝化甘油　　　　　　　　　　　　　　31.1%
　　　丙酸羰基甲酯　　　　　　　　　　　　4.7%
　　　甘油三醋酸酯　　　　　　　　　　　　2.5%
　　　2-硝基二苯胺　　　　　　　　　　　　1.1%
　　　间苯二酚；雷琐辛　　　　　　　　　　0.7%

| 高氯酸铵(1 $\mu$m) | 32.8% |
|---|---|
| 铝粉（20 $\mu$m） | 7.2% |
| 铝纤维 | 2.9% |

浇铸溶剂

| 硝化甘油 | 89.5% |
|---|---|
| 甘油三醋酸酯 | 8.95% |
| 六次甲基二异氰酸酯 | 0.5% |
| 三苯基铋(生成脲烷时的催化剂) | 0.7% |

浇铸粉与浇铸溶剂的比例　72/28

主要性能：

力学性质(25 ℃，18.8 mm/min)

抗拉强度 $\sigma$/MPa　2.517

延伸率 $\varepsilon$/%　54

模量　1 050

固化时间（62.78 ℃)/天　3～4

爆炸感度

冲击试验(kg/cm)　200

炸药分级　1.1

美国对危险品分级(DOT，运输部的标准)　A 类

发动机(10 磅)点火

燃速(13.789 MPa)/(mm/s)　6.7

燃速压力指数(3.447～20.684 MPa)　0.68

实际比冲 $I_{sp}$/(N·s/kg)　2 467.37(251.6 s)

最终药浆黏度/kP　10.5

(2)美国浇铸复合改性双基推进剂 2[5]

配方质量分数：

浇铸粉

| 硝化纤维素(12.5%N) | 16.6% |
|---|---|
| 丙酸羰基甲酯 | 4.7% |
| 甘油三醋酸酯 | 17.5% |
| 2-硝基二苯胺 | 1.1% |
| 间苯二酚；雷琐辛 | 0.7% |
| 高氯酸铵(1 $\mu$m) | 32.8% |
| 铝粉（20 $\mu$m） | 7.2% |
| 铝纤维 | 2.9% |
| 缩水甘油叠氮聚醚 | 16.0% |

浇铸溶剂

    缩水甘油叠氮聚醚(GAP)    45.8%

    甘油三醋酸酯    52.7%

    六次甲基二异氰酸酯    0.5%

    三苯基铋(生成脲烷时的催化剂)    0.7%

浇铸粉与浇铸溶剂的比例    72/28

主要性能:

固化时间 (62.78 ℃)/天    3～4

力学性质(25 ℃,18.8 mm/min)

    抗拉强度 $\sigma$/MPa    3.034

    延伸率 $\varepsilon$/%    60

模量    1 200

爆炸感度

    冲击试验(kg/cm)    300

    炸药分级    1.3

美国对危险品分级(DOT,运输部的标准)    B 类

未固化药条燃速/(mm/s)    7.4

发动机(10 磅)点火

    燃速/(mm/s)  13.789 MPa    10.2

    燃速压力指数(3.447～20.684 MPa)    0.55

    实际比冲 $I_{sp}$/(N·s/kg)    2 501.69(255.1 s)

    最终药浆黏度/kP    14.1

(3)美国 CY1-75 改性双基推进剂

配方质量分数:

硝化纤维素    14%～32%

硝化甘油    10%～33%

高氯酸铵    5%～20%

铝粉    20.5%

奥克托今    19.5%

主要性能:

比冲/(N·s/kg)    2 499 (255 s)

特征速度/(m/s)    1 616～1 618

火焰温度/K    3 086～3 802

平均分子量/(g/mol)    19.3

密度/(g/cm³)    1.738

燃速/(mm/s)    7.26

工艺方法：浇铸成型。

应用：侦察兵运载火箭第三级和第四级发动机。

(4)美国 EJC 改性双基推进剂

配方质量分数：

| | |
|---|---|
| 硝化纤维素 | 14%～32% |
| 硝化甘油 | 10%～33% |
| 高氯酸铵 | 5%～20% |
| 铝粉 | 17%～28% |

主要性能：

| | |
|---|---|
| 比冲/(N·s/kg) | 2 450～2 499(250～255 s) |
| 密度/(g/cm³) | 1.75 |
| 燃速/(mm/s) | 17.3 |
| 压力指数 | 0.45 |

工艺方法：浇铸成型。

应用：北极星 A2 和 A3 潜地战略导弹的第三级发动机。

(5)美国 VRP 交联改性双基推进剂

配方质量分数：

| | |
|---|---|
| 硝化纤维素 | |
| 硝化甘油 | 30% |
| 聚酯聚氨酯 | |
| 高氯酸铵 | 8% |
| 铝粉 | 19% |
| 奥克托今 | 43% |

主要性能：

| | |
|---|---|
| 比冲(理论值)/(N·s/kg) | 2 597～2 646(265～270 s) |
| 自燃温度/℃ | 210 |
| 危险等级 | A/7 |

工艺方法：浇铸成型。

应用：三叉戟 C4 潜地战略导弹第一级发动机，陶-2 反坦克导弹。

(6)美国 VTG 交联改性双基推进剂

配方质量分数：

| | |
|---|---|
| 硝化纤维素 | |
| 硝化甘油 | 30% |
| 交联剂 | |
| 高氯酸铵 | 10% |
| 铝粉 | 19.5% |

| 奥克托今 | 40.5% |

主要性能：

| 比冲(理论值)/(N・s/kg)　(s) | 2 597～2 646(265～270) |
| 抗张强度/MPa　(kg/cm²) | 0.59(6) |
| 延伸率/% | 100 |
| 弹性模量/MPa　(kg/cm²) | 3.43(35) |
| 自燃温度/℃ | 210 |
| 危险等级 | A/7 |

工艺方法：浇铸成型。

应用：三叉戟 I 潜地战略导弹第二级发动机。

(7)美国 VTQ 交联改性双基推进剂

配方质量分数：

| 硝化纤维素 | |
| 硝化甘油 | 23.0% |
| 交联剂 | |
| 稳定剂 | |
| 固化催化剂 | |
| 高氯酸铵 | 4.0% |
| 铝粉 | 19.0% |
| 奥克托今 | 54.0% |

主要性能：

| 比冲(理论值)/(N・s/kg)　(s) | 2 597～2 646(265～270) |
| 抗张强度/MPa　(kg/cm²) | 0.59(6) |
| 延伸率/% | 100 |
| 弹性模量/MPa　(kg/cm²) | 3.43(35) |
| 自燃温度/℃ | 200 |
| 危险等级 | A/7 |

工艺方法：浇铸成型。

应用：三叉戟 I 潜地战略导弹第三级发动机。

## 2.1.4.2　螺旋压伸复合改性双基推进剂(CMDB)

采用吸收(即硝化棉在大量的温水中加入硝化甘油及其他增塑剂等)工艺让硝化棉充分吸收硝化甘油等增塑剂，再通过熟化、压延、压伸(现在多用螺旋压伸机)等过程可制成几毫米至几千毫米的药柱。由于药形和尺寸的限制，这类推进剂主要用在战术武器中，如近程或中短程火箭、导弹中。

（1）中国 171 - 30 复合改性双基推进剂

配方质量分数：

| | |
|---|---|
| 硝化棉（13.0%N） | 47.05% |
| 硝化甘油（NG） | 30% |
| 硝化二乙醇胺（DINA） | 10% |
| 铝粉（Al） | 5.5% |
| 2 号中定剂（C2） | 1.0% |
| 其他 | 5.55% |

主要性能：

| | |
|---|---|
| 定容热量/（kJ/kg） | 5 067 |
| 密度/（$10^{-3}$ kg/m³） | 1.68 |
| 实测比冲/（N·s/kg） | 2 224.2 |
| 压力/MPa | 10.01 |
| 理论比冲/（N·s/kg） | 2 441.9 |
| 燃烧温度/K | 3 062.0 |
| 燃气平均相对分子质量/（g/mol） | 25.8 |

（2）中国 ST - 35 复合改性双基推进剂

配方质量分数：

| | |
|---|---|
| 硝化棉（12.0%N） | 19.0% |
| 硝化甘油（NG） | 27.5% |
| 硝化二乙醇胺（DINA） | 5.0% |
| 铝粉（Al） | 19.0% |
| 2 号中定剂（C2） | 0.5% |
| 奥克托今（HMX） | 18% |
| 高氯酸铵（AP） | 10.5% |
| 其他 | 1.0% |

主要性能：

| | |
|---|---|
| 定容热量/（kJ/kg） | 7 309.4 |
| 密度/（$10^{-3}$ kg/m³） | 1.81 |
| 实测比冲/（N·s/kg） | 2 214.4 |
| 压力/MPa | 7.73 |
| 理论比冲/（N·s/kg） | 2 643.9 |
| 燃烧温度/K | 3 989.3 |
| 燃气平均相对分子质量/（g/mol） | 28.7 |

（3）中国 GP - 19 复合改性双基推进剂

配方质量分数：

| 硝化棉（12.0%N） | 36% |
|---|---|
| 硝化甘油（NG） | 26% |
| 硝化二乙醇胺（DINA） | 5.0% |
| 铝粉（Al） | 9.5% |
| 2 号中定剂（C2） | 1.0% |
| 奥克托今（HMX） | 19% |
| 其他 | 3.1% |

主要性能：

| 定容热量/(kJ/kg) | 5 535.4 |
|---|---|
| 密度/($10^{-3}$ kg/m³) | 1.68~1.71 |
| 实测比冲/(N·s/kg) | 2 311.4 |
| 压力/MPa | 10.01 |
| 理论比冲/(N·s/kg) | 2 524.2 |
| 燃烧温度/K | 3 331.3 |
| 燃气平均相对分子质量/(g/mol) | 26.1 |

（4）中国 06# 复合改性双基推进剂

配方质量分数：

| 硝化棉（13.0%N） | 33.8% |
|---|---|
| 硝化甘油（NG） | 26.4% |
| 硝化二乙醇胺（DINA） | 5.4% |
| 铝粉（Al） | 9.3% |
| C2 | 0.5% |
| 黑索今 | 19.6% |
| 其他 | 5.0% |

主要性能：

| 定容热量/(kJ/kg) | 5 869.3 |
|---|---|
| 密度/($10^{-3}$ kg/m³) | 1.745 |
| 实测比冲/(N·s/kg) | 2 337.9 |
| 压力/MPa | 9.84 |
| 理论比冲/(N·s/kg) | 2 515.4 |
| 燃烧温度/K | 3 415.6 |
| 燃气平均相对分子质量/(g/mol) | 27.1 |

## 2.1.5　超高燃速复合改性双基推进剂（CMDB）[6]

（1）美国超细高氯酸铵 CMDB

配方质量分数：

| 硝化纤维素（12.6%N） | 18.0% |
|---|---|

| 硝化甘油 | 30.0% |
|---|---|
| 超细高氯酸铵（AP） | 36.0% |
| 铝粉 | 1.4% |
| 铝纤维 | 5.8% |
| 三醋精（甘油三醋酸酯） | 6.7% |
| 间苯二酚 | 1.1% |
| 2-硝基二苯胺 | 1.0% |

主要性能：

| 燃速(13.789 MPa)/mm/s　(in/s) | 91.44(3.6) |
|---|---|
| 燃速压强指数 $n$ | 0.56 |
| 密度/($10^{-3}$ kg/m³) | 1.718 9 |
| 比冲 $I_{sp}$/(N·s/kg) | 2 481.1(253 s) |

能量特性热力学计算结果

| 理论比冲 $I_{sp}$/(N·s/kg) | 2 525.9 |
|---|---|
| 特征速度 $C^*$/(m/s) | 1 542.3 |
| 燃烧温度 $T$/K | 3 400.3 |
| 燃烧产物平均分子量/(g/mol) | 29.509 |
| 计算密度/($10^{-3}$ kg/m³) | 1.714 |

（2）美国多孔高氯酸铵 CMDB

配方质量分数：

| 硝化纤维素(12.6%N) | 18.0% |
|---|---|
| 硝化甘油 | 30.0% |
| 多孔超细高氯酸铵 | 36.0% |
| 铝粉 | 1.4% |
| 铝纤维 | 5.8% |
| 三醋精（甘油三醋酸酯） | 6.7% |
| 间苯二酚 | 1.1% |
| 2-硝基二苯胺 | 1.0% |

主要性能：

| 燃速(13.789 MPa)/mm/s　(in/s) | 198.12(7.8) |
|---|---|
| 燃速压强指数 | 0.5 |
| 密度/(g/cm³) | 1.702 3 |
| 比冲 $I_{sp}$/(N·s/kg) | 2 481.1(253 s) |

能量特性热力学计算结果

| 理论比冲 $I_{sp}$/(N·s/kg) | 2 525.9 |
|---|---|
| 特征速度 $C^*$/(m/s) | 1 542.3 |

| | |
|---|---|
| 燃烧温度 $T/K$ | 3 400.3 |
| 燃烧产物平均分子量/(g/mol) | 29.509 |
| 计算密度/($10^{-3}$ kg/m³) | 1.71 |

### 2.1.6　假设的复合改性双基推进剂，NC12 - NG - DINA/AP - RDX/Al (1∶1∶1/1∶1/1)

用创新软件自行设计了较典型的假设的复合改性双基推进剂 CMDB，并绘制出一系列组分与性能关系图。它是以硝化甘油 NG 和硝化二乙醇胺（DINA）增塑硝化纤维素（NC12.0%N）为粘合剂，以高氯酸铵（AP）和黑索今（RDX）为氧化剂和以铝粉为添加剂组成的推进剂，它们之间的关系为 1∶1∶1/1∶1/1，即 NC12 - NG - DINA/AP - RDX/Al (1∶1∶1/1∶1/1)，如图 2.1 - 1～图 2.1 - 10 所示。

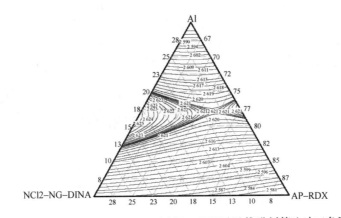

图 2.1 - 1　NC12 - NG - DINA/AP - RDX/Al 推进剂等比冲三角图

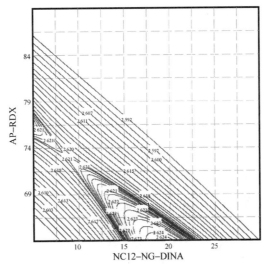

图 2.1 - 2　NC12 - NG - DINA/AP - RDX/Al 推进剂比冲等高线图

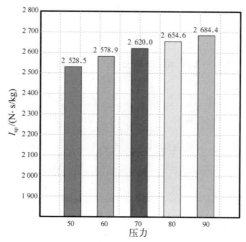

图 2.1 - 3 NC12 - NG - DINA/AP - RDX/Al 推进剂压力对比冲直方图

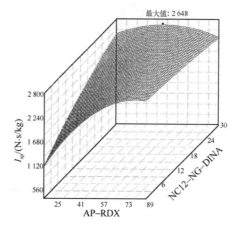

图 2.1 - 4 NC12 - NG - DINA/AP - RDX/Al 推进剂比冲曲线 3D 图

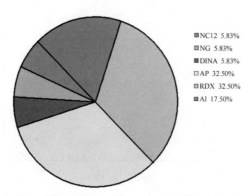

图 2.1 - 5 NC12 - NG - DINA/AP - RDX/Al 推进剂比冲最大值圆饼图

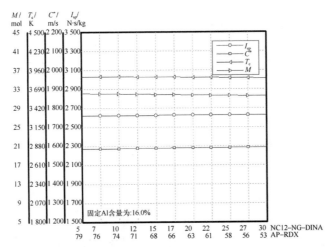

图 2.1 - 6 NC12 - NG - DINA/AP - RDX/Al 推进剂二维综合图

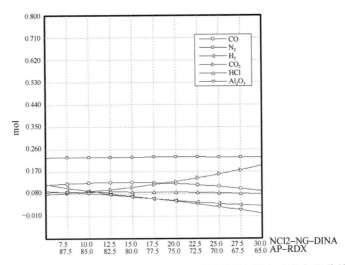

图 2.1 - 7 NC12 - NG - DINA/AP - RDX/Al 推进剂燃气产物与组分关系图

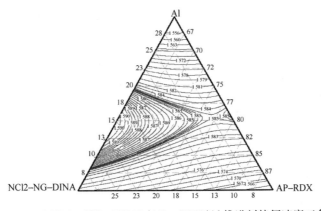

图 2.1 - 8 NC12 - NG - DINA/AP - RDX/Al 推进剂特征速度三角图

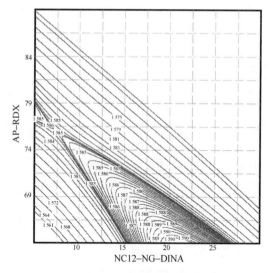

图 2.1 - 9　NC12 - NG - DINA/AP - RDX/Al 推进剂特征速度二维等高线图

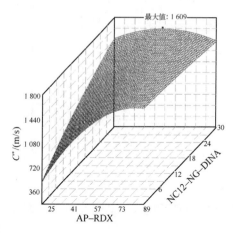

图 2.1 - 10　NC12 - NG - DINA/AP - RDX/Al 推进剂特征速度曲线 3D 图

　　由等比冲三角图和二维等高图(图 2.1 - 1～图 2.1 - 2)可以形象地看出较高比冲的组分范围。由直方图(图 2.1 - 3～图 2.1 - 4)可以看出添加剂和压力对比冲的影响。由比冲 3D 图、最大值圆饼图(图 2.1 - 4～图 2.1 - 5)可看出最高比冲值及其配方：最高比冲为 2 648 N·s/kg，其具体配比 NC12　5.83%，NG　5.83%，DINA　5.83%，AP　32.5%，RDX　32.5%，Al　17.5%。由二维综合图及燃气产物图(图 2.1 - 6～图 2.1 - 7)可以看出组分变化对比冲、特征速度、燃烧温度、燃气产物平均分子量及燃气成分的影响。同理，由特征速度三角图和二维等高线图(图 2.1 - 8～图 2.1 - 9)可以形象地看出较高特征速度的组分范围。由特征速度 3D 图(图 2.1 - 10)可看出最高特征速度值。

## 2.2 复合固体推进剂及典型配方图形表征[1-4,10-14,17,18]

复合固体推进剂是以高聚物为粘合剂,掺入氧化剂(高氯酸铵、硝酸铵、黑索今、奥克托今等)、金属添加剂(铝粉等)及固化剂等形成一类新的推进剂。其工艺可用直接浇注或挤压成型形成一定形状的复合固体推进剂。复合固体推进剂制造工艺较简单,可直接浇注入发动机壳体中,按要求铸造成大小构形不同的药柱,在航天和兵器领域中得到广泛的应用。据不完全统计,发达国家使用或研制的约 100 种火箭导弹武器系统中,约 85% 为固体发动机。而在固体发动机中绝大多数使用复合固体推进剂,如侦察兵、德尔它等多种运载火箭中都使用复合固体推进剂。

### 2.2.1 聚氯乙烯推进剂[1-6,28]

聚氯乙烯(PVC)是一种常用的固态塑料,它与增塑剂一起形成塑溶胶。加入无机氧化剂和金属粉末搅拌均匀后,可压伸成型或浇铸成型,待降至室温时则形成橡胶状固体。

聚氯乙烯推进剂具有原料丰富、工艺简单、使用期长、可压伸可浇铸、可在较小的工厂大量生产等优点。20 世纪 50～60 年代大型导弹和火箭的控制发动机中广泛应用聚氯乙烯推进剂。如美国在先锋、民兵、北极星等武器系统中的一些特殊用途的发动机中都用到了聚氯乙烯推进剂。在战术火箭中小型发动机、高空气象火箭、驱雹火箭、探空火箭中都有较多应用。但由于聚氯乙烯含有较高的卤素、能量且机械性能较差,固化温度高,容易引起热应力和收缩,难以壳体粘结等缺点,妨碍了它的广泛应用。

(1)美国 Arcitc368 聚氯乙烯推进剂[31]

配方质量分数:

| | |
|---|---|
| 聚氯乙烯 | 8.44% |
| 癸二酸二丁酯(DBS) | 9.9% |
| 高氯酸铵 | 81.03% |
| 润湿剂 | 0.25% |
| 稳定剂 | 0.33% |

主要性能:

能量特性热力学计算结果

| | |
|---|---|
| 理论比冲 $I_{sp}$/(N·s/kg) | 2 370.2 |
| 特征速度 $C^*$/(m/s) | 1 487.2 |
| 燃烧温度 $T$/K | 2 901.5 |
| 燃烧产物平均分子量/(g/mol) | 26.441 |
| 计算密度/(g/cm$^2$) | 1.708 6 |

(2)美国 Arcitc 373D 聚氯乙烯推进剂[28]

配方质量分数：

| | |
|---|---|
| 聚氯乙烯 | 8.62% |
| 己二酸二辛酯 DOA | 10.79% |
| 高氯酸铵 | 58.90% |
| 铝粉 | 21.10% |
| 脱湿剂 | 0.5% |
| 钡盐或镉皂 | 0.34% |

主要性能：

| | |
|---|---|
| 理论比冲/(N·s/kg) | 2 528.46(258 s) |
| 密度/(g/cm³) | 1.74 |
| 燃速/(mm/s) | 14.98 |
| 压力指数 | 0.46 |
| 危险等级 | B/2 |

能量特性热力学计算结果

| | |
|---|---|
| 理论比冲 $I_{sp}$/(N·s/kg) | 2 538.7 |
| 特征速度 $C^*$/(m/s) | 1 542.7 |
| 燃烧温度 $T$/K | 3 343.5 |
| 燃烧产物平均分子量/(g/mol) | 29.024 |

应用：用于针刺防空导弹、红眼防空导弹。

(3)美国 Arcitc 386 聚氯乙烯推进剂[28]

配方质量分数：

| | |
|---|---|
| 聚氯乙烯 | 11.67% |
| 己二酸二辛酯(DOA) | 11.67% |
| 高氯酸铵 | 73.93% |
| 铝粉 | 0.99% |
| 润湿剂 | 0.25% |
| 稳定剂 | 0.47% |
| 碳黑 | 0.05% |
| 亚铬酸铜 | 0.97% |

能量特性热力学计算结果：

| | |
|---|---|
| 理论比冲 $I_{sp}$/(N·s/kg) | 2 273 |
| 特征速度 $C^*$/(m/s) | 1 437 |
| 燃烧温度 $T$/K | 2 588.9 |
| 燃烧产物平均分子量/(g/mol) | 24.5 |

（4）美国 Arcitc427B 聚氯乙烯推进剂[28]

配方质量分数：

| | |
|---|---|
| 聚氯乙烯 | 8.60% |
| 高氯酸铵 | 80.1% |
| 癸二酸二辛酯 | 10.50% |
| 脱湿剂 | 0.25% |
| 钡盐或镉皂 | 0.5% |

主要性能：

| | |
|---|---|
| 理论比冲/(N·s/kg) | 2 214.8 |
| 燃速/(mm/s) | 2.54～25.4 |
| 压力指数 | 0.3～0.5 |
| 温度系数/(1/℃) | 0.002 7～0.004 5 |
| 危险等级 | B/2 |

能量特性热力学计算结果

| | |
|---|---|
| 理论比冲 $I_{sp}$/(N·s/kg) | 2 346.2 |
| 特征速度 $C^*$/(m/s) | 1 479 |
| 燃烧温度 $T$/K | 2 812.2 |
| 燃烧产物平均分子量/(g/mol) | 25.584 |

（5）假设 PVC 复合固体推进剂图形，PVC－DOA/AP/Al(1∶1/1/1)

用创新软件[2,25]自行设计了假设 PVC 复合固体推进剂，并绘制出一系列组分与性能关系图，如图 2.2－1～图 2.2－12 所示。该推进剂以 PVC 和 DOA(1∶1)为粘合剂，AP 为氧化剂，Al 为添加剂。

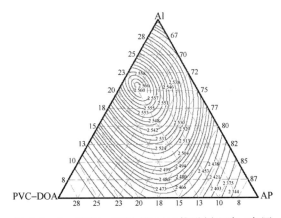

图 2.2－1　PVC－DOA/AP/Al 推进剂比冲三角图

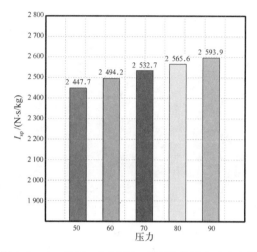

图 2.2 - 2　PVC - DOA/AP/Al 推进剂比冲直方图

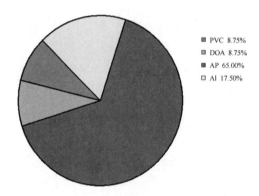

图 2.2 - 3　PVC - DOA/AP/Al 推进剂比冲最大值圆饼图

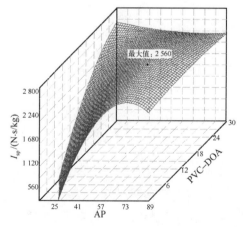

图 2.2 - 4　PVC - DOA/AP/Al 推进剂比冲曲线 3D 图

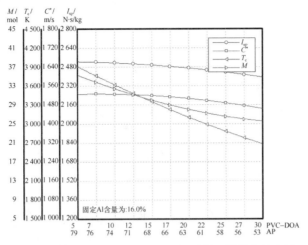

图 2.2 - 5　PVC - DOA/AP/Al 推进剂二维等高综合图

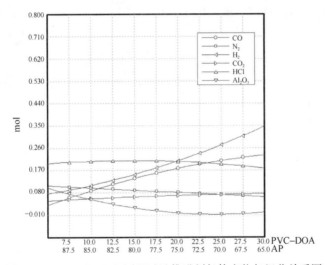

图 2.2 - 6　PVC - DOA/AP/Al 推进剂气体产物与组分关系图

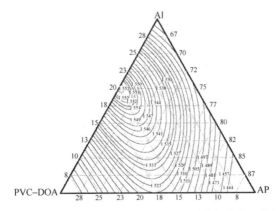

图 2.2 - 7　PVC - DOA/AP/Al 推进剂特征速度三角图

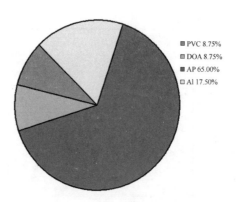

图 2.2 - 8　PVC - DOA/AP/Al 推进剂特征速度最大值圆饼图

　　由等比冲三角图(图 2.2 - 1)可以直观地看出较高比冲的组分范围。由直方图(图 2.2 - 2)可以看出压力对比冲的影响。由比冲 3D 图(图 2.2 - 4)和最大值圆饼图(图 2.2 - 3)可看出最高比冲值及其配方,最高比冲为 2 560 N·s/kg,其具体配比 PVC 8.75%,DOA 8.75%,AP 65%,Al 17.5%。由二维等高综合图及燃气产物图(图 2.2 - 5～图 2.2 - 6)可以看出组分变化对比冲、特征速度、燃烧温度、燃气产物平均分子量及燃气成分的影响。同理,由特征速度三角图(图 2.2 - 7)和二维等高线图可以形象地看出较高特征速度的组分范围。由特征速度 3D 图及最大值圆饼图(图 2.2 - 8～图 2.2 - 9)可看出最高特征速度值及其配方,最高特征速度值 1 933 m/s,其具体配比 PVC 8.75%,DOA 8.75%,AP 65%,Al 17.5%。图 2.2 - 11～图 2.2 - 12 绘出燃烧温度和密度比冲的 3D 图,其最高燃烧温度为 4 759 K,最高密度比冲为 5 173 N·s/m³。

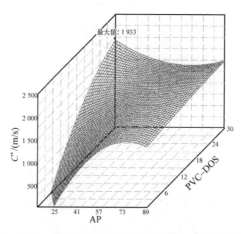

图 2.2 - 9　PVC - DOA/AP/Al 推进剂特征速度最大值曲线 3D 图

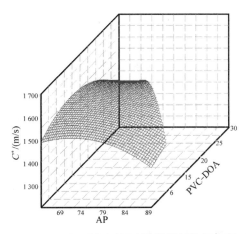

图 2.2 - 10　PVC - DOA/AP/Al 推进剂特征速度 3D 图

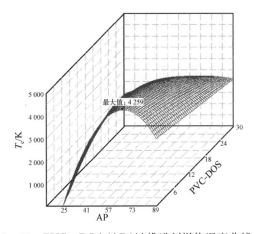

图 2.2 - 11　PVC - DOA/AP/Al 推进剂燃烧温度曲线 3D 图

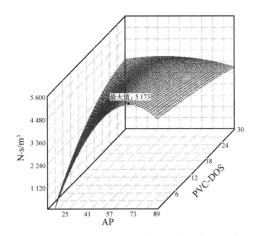

图 2.2 - 12　PVC - DOA/AP/Al 推进剂密度比冲曲线 3D 图

### 2.2.2　聚硫橡胶推进剂[1-6,28]

聚硫橡胶推进剂是第一个以部分聚合的液体橡胶为粘合剂，以化学交联为基础的现代复合固体推进剂。它使壳体粘结技术得到应用，为研究和发展复合固体推进剂提供了经验，在复合固体推进剂的发展过程中具有重要的历史地位。在 20 世纪 50 年代，它在中小型火箭上得到广泛的应用。如美国空空导弹猎鹰、核猎鹰（AIM-26A）、地空导弹奈克 2 的主发动机等都是用的聚硫橡胶推进剂。

聚硫橡胶推进剂具有良好的机械性能与粘结性能、制造工艺简单、加工性能良好、聚合收缩率低、一级工艺比较成熟等优点。

聚硫橡胶推进剂的缺点是含硫多、平均分子量高、比冲较低，用金属氧化物作固化剂时，反应生成水，妨碍了金属粉和金属氢化物的应用。它的固化度及玻璃化温度都高，这就限制了它在大型火箭和使用温度范围宽的战术导弹上的应用。其典型配方见表 2.2-1。

表 2.2-1　聚硫橡胶推进剂的典型配方

| 组分名称 | 作用 | 占质量% |
|---|---|---|
| 聚硫橡胶 | 粘合剂 | 100 |
| 环氧树脂 | 粘合剂 | 1.5～5.5 |
| 对苯醌二肟 | 固化剂 | 2～5 |
| 顺丁烯二酸酐 | 固化剂 | 1.6～3 |
| 硫粉 | 固化促进剂 | |
| 苯二甲酸二丁酯 | 增塑剂 | |
| 苯乙烯 | 烯化剂 | 20～30 |
| 亚铬酸铜 | 燃速催化剂 | 0～4.0 |
| 铝粉 | 金属燃料 | 60～80 |
| 过氯酸铵 | 氧化剂 | 300～500 |

（1）美国 TRX-135 聚硫橡胶推进剂

配方质量分数：

| | |
|---|---|
| LP-33 聚硫橡胶 | 16.93% |
| LP-3 聚硫橡胶 | 1.88% |
| 高氯酸铵 | 74% |
| $Fe_2O_3$ | 2.0% |
| 苄硫醇 | 0～10% |
| TP-90B | 2.09% |
| 硫/氧化镁等 | 3.1% |

主要性能：

| | |
|---|---|
| 比冲 $I_{sp}$/(N·s/kg) | 2 224.6(227 s) |
| 密度/(g/cm³) | 1.74 |
| 燃速/(mm/s) | 22.2 |
| 压力指数 | 0.28 |
| 危险等级 | B/2 |

　　能量特性热力学计算结果

|  |  |
|---|---|
| 理论比冲 $I_{sp}$/(N・s/kg) | 2 341.4 |
| 特征速度 $C^*$/(m/s) | 1 451.8 |
| 燃烧温度 $T$/K | 2 987.5 |
| 燃烧产物平均分子量/(g/mol) | 27.569 |

应用：猎鹰空空导弹。

(2)美国 TP－L－8006 聚硫橡胶推进剂

配方质量分数：

|  |  |
|---|---|
| LP－205 聚硫橡胶 | 8.97% |
| LP－207 聚硫橡胶 | 5.99% |
| 高氯酸铵 | 78% |
| 铝粉 | 2.0% |
| $Fe_2O_3$ | 1.0% |
| 苄硫醇 | 0.06% |
| TP－90B | 1.67% |
| 硫/氧化镁等 | 2.21% |

主要性能：

|  |  |
|---|---|
| 理论比冲/(N・s/kg) | 2 326.52 |
| 密度/(g/cm³) | 1.73 |
| 燃速/(mm/s) | 14.88 |
| 压力指数 | 0.40 |
| 危险等级 | B/2 |

　　能量特性热力学计算结果

|  |  |
|---|---|
| 理论比冲 $I_{sp}$/(N・s/kg) | 2 417.7 |
| 特征速度 $C^*$/(m/s) | 1 489.8 |
| 燃烧温度 $T$/K | 3 125.2 |
| 燃烧产物平均分子量/(g/mol) | 28.871 |

应用：中士导弹助推器，猎鹰空空导弹。

(3)中国 815A 聚硫复合推进剂

配方质量分数：

|  |  |
|---|---|
| 乙基聚硫橡胶 | 19.0% |
| 环氧树脂 | 1.0% |
| 苯二甲酸二丁酯(DBP) | 2.0% |
| 高氯酸铵 | 65.0% |
| 铝粉 | 8.0% |
| 弹道改良剂 | 2.0% |
| 其他 | 3.0% |

主要性能：

| | |
|---|---|
| 比冲(理论值)$I_{sp}$/(N·s/kg) | 2 399.04(244.8 s) |
| 实测比冲/(N·s/kg) | 2 107(215 s) |
| 密度/(g/cm³) | 1.76 |
| 燃速/(mm/s) | 6.0 |
| 压力指数 | 0.10 |
| 弹性模量/MPa | 8.0 |
| 冲击感度/% | 4 |
| 摩擦感度/% | 36 |
| 危险等级(货运一组) | 7 级 |

应用：舰舰导弹。

(4)假设的聚硫橡胶复合固体推进剂图形，PS-AP-Al(1：1：1)

用创新程序对假设的聚硫橡胶推进剂进行计算、绘制出部分图形，形象直观地表征出组分与性能的关系图，如图 2.2-13～图 2.2-18 所示。

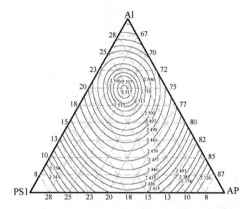

图 2.2-13　PS-AP-Al 推进剂等比冲三角图

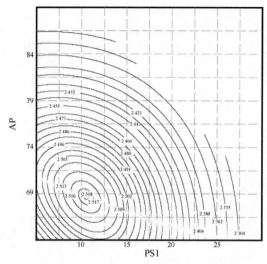

图 2.2-14　PS-AP-Al 推进剂比冲等高线图

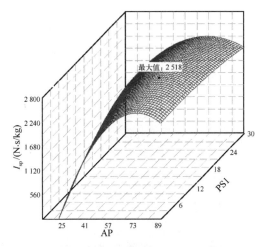

图 2.2 - 15　PS - AP - Al 推进剂比冲最大值曲线 3D 图

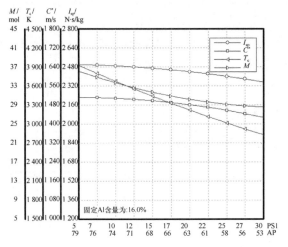

图 2.2 - 16　PS - AP - Al 推进剂二维综合图

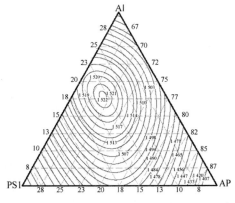

图 2.2 - 17　PS - AP - Al 推进剂特征速度三角图

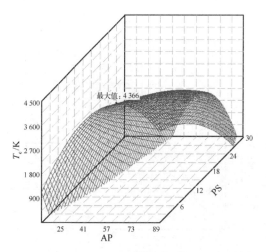

图 2.2－18　PS－AP－Al 推进剂燃烧温度最大值曲线 3D 图

　　以液态聚硫橡胶(含固化剂)为粘合剂，高氯酸铵为氧化剂，铝粉为添加剂所组成的复合固体推进剂，虽是较古老的复合推进剂，但用图形的方法表征组分与性能的关系还是首次。图 2.2－13～图 2.2－15 反映了聚硫推进剂比冲与组分的关系，可直观地看出较高比冲的组分配比及最高比冲值。图 2.2－17～图 2.2－18 反映了聚硫推进剂特征速度与组分的关系，直观地看出较高特征速度、燃烧温度的组分配比及最高比冲值。图 2.2－16 展示了聚硫推进剂比冲、特征速度、燃烧温度等性能与组分关系的二维综合图。

### 2.2.3　聚氨酯推进剂及典型配方图形表征[2,30,31]

　　以二官能度或三官能度的端羟基的预聚体与二元或多元异氰酸酯交联反应，形成网络结构，生成聚氨酯弹性体粘合剂，加入氧化剂等固体添加剂等，制成聚氨酯推进剂，由于多元醇和异氰酸酯品种不同，形成聚氨酯推进剂品种多，性能各(异)有特色，广泛应用于战术、战略导弹。

　　(1)美国聚氨酯推进剂 1

　　配方质量分数：

　　　　聚氨酯　　　　　　　　　　　　　　　　17.5%
　　　　高氯酸铵　　　　　　　　　　　　　　　78%
　　　　高氯酸钾　　　　　　　　　　　　　　　12.3%
　　　　燃速催化剂　　　　　　　　　　　　　　0.5%

　　应用：用于妖怪空空导弹，小斗犬空空导弹，天师星 1 和 2 的助推器。

　　(2)美国聚丁二酸-丙烯酸复合推进剂 1

　　配方质量分数：

　　　　聚丁二烯-丙烯酸酯粘合剂 PBAA　　　　15%
　　　　高氯酸铵(AP)　　　　　　　　　　　　68%

　　铁催化剂　　　　　　　　　　　　　　　　　1%

　　铝粉(Al)　　　　　　　　　　　　　　　　16%

主要性能：

　　比冲/(N·s/kg)　　　　　　　　　　　　2 550

　　燃速/(mm/s)　　　　　　　　　　　　　17.0

　　压力指数　　　　　　　　　　　　　　　　0.20

　　燃速系数　　　　　　　　　　　　　　　　0.14

　　能量特性热力学计算结果

　　　　理论比冲 $I_{sp}$/(N·s/kg)　　　　　　　2 587.1

　　　　特征速度 $C^*$/(m/s)　　　　　　　　1 585

　　　　燃烧温度 $T$/K　　　　　　　　　　　3 373.9

　　　　燃烧产物平均分子量/(g/mol)　　　　27.489

(3)美国聚丁二酸-丙烯酸复合固体推进剂 PBAA2

配方质量分数：

　　聚丁二烯-丙烯酸酯粘合剂(PBAA)

　　环氧树脂　　　　　　　　　　　　　　　　13%

　　高氯酸铵(AP)　　　　　　　　　　　　　70%

　　铝粉(Al)　　　　　　　　　　　　　　　17%

主要性能：

　　比冲(理论值)/(N·s/kg)　　　　　　　2 548～2 597

　　燃速/(mm/s)　　　　　　　　　　　　　8.13

　　压力指数　　　　　　　　　　　　　　　　0.35

　　抗张强度/MPa　　　　　　　　　　　　　0.53

　　延伸率/%　　　　　　　　　　　　　　　33

　　危险等级　　　　　　　　　　　　　　　　B/2

工艺方法：浇铸成型。

应用：民兵Ⅰ地地战略导弹第一级发动机。

(4)假设聚丁二烯-丙烯酸复合推进剂图形，PBAA－AP－Al 推进剂

　　用创新程序对假设的聚丁二烯-丙烯酸酯(属聚氨酯)复合推进剂进行了计算，绘制出部分图形，直观地表征出组分与性能的关系图，如图 2.2－19～图 2.2－30 所示。聚丁二烯-丙烯酸酯为粘合剂，高氯酸铵为氧化剂，铝粉为添加剂组成的 PBAA－AP－Al 推进剂。

　　图 2.2－19～图 2.2－23 展示了聚丁二烯-丙烯酸复合推进剂比冲、燃气成分与组分关系，显视了较高比冲的范围，最高比冲值及燃气成分含量与推进剂组分的关系。图 2.2－24～图 2.2－27 展示了聚丁二烯-丙烯酸复合推进剂特征速度与组分关系，显视了较高特征速度的范围，最高特征速度值与推进剂组分的关系。图 2.2－28～图 2.2－30 展示了聚丁二

烯-丙烯酸复合推进剂燃烧温度与组分关系，显视了较高燃烧温度的范围，最高燃烧温度值与推进剂组分的关系。

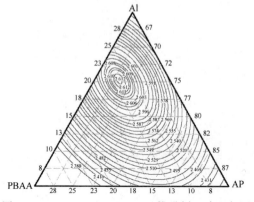

图 2.2 - 19　PBAA - AP - Al 推进剂比冲三角图

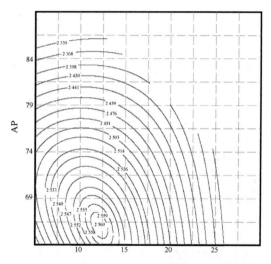

图 2.2 - 20　PBAA - AP - Al 推进剂比冲等高线图

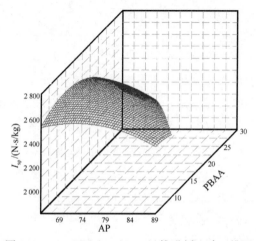

图 2.2 - 21　PBAA - AP - Al 推进剂比冲三维图

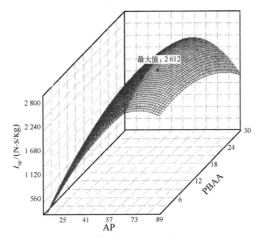

图 2.2 - 22　PBAA - AP - Al 推进剂比冲曲线 3D 图

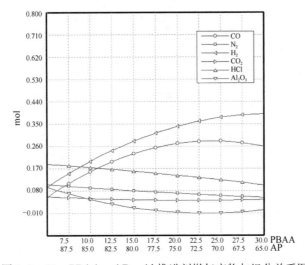

图 2.2 - 23　PBAA - AP - Al 推进剂燃气产物与组分关系图

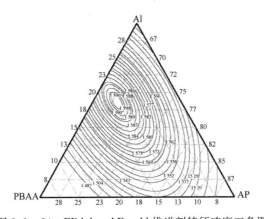

图 2.2 - 24　PBAA - AP - Al 推进剂特征速度三角图

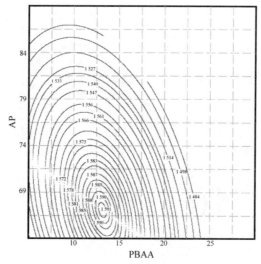

图 2.2 - 25　PBAA - AP - Al 推进剂特征速度等高线图

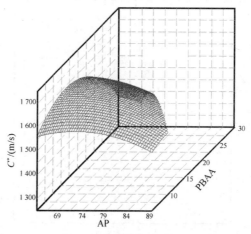

图 2.2 - 26　PBAA - AP - Al 推进剂特征速度 3D 图

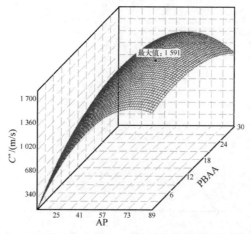

图 2.2 - 27　PBAA - AP - Al 推进剂特征速度曲线 3D 图

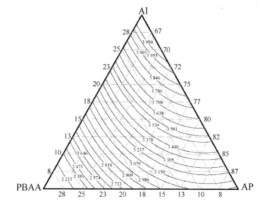

图 2.2 - 28　PBAA - AP - Al 推进剂燃烧温度三角图

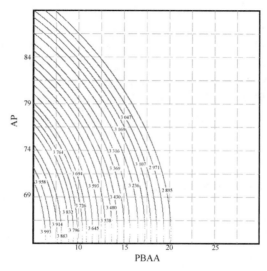

图 2.2 - 29　PBAA - AP - Al 推进剂燃烧温度等高线图

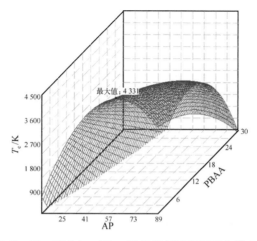

图 2.2 - 30　PBAA - AP - Al 推进剂燃烧温度曲线 3D 图

### 2.2.4　聚丁二烯-丙烯腈推进剂

(1)美国聚丁二烯-丙烯腈推进剂

配方质量分数：

| | |
|---|---|
| 聚丁二烯-丙烯腈共聚物(PBAN) | 11％ |
| 高氯酸铵(AP) | 69％ |
| 铁催化剂 | 1％ |
| 铝粉 | 16％ |
| 己二酸二辛酯 | 4％ |

主要性能：

| | |
|---|---|
| 比冲/(N·s/kg) | 2 599 |
| 燃速/(mm/s) | 13.7 |
| 压力指数 | 0.33 |
| 燃速系数 | 0.06 |
| 能量特性热力学计算结果 | |
| 　理论比冲 $I_{sp}$/(N·s/kg) | 2 637.2 |
| 　特征速度 $C^*$/(m/s) | 1 610.1 |
| 　燃烧温度 $T$/K | 3 657.5 |
| 　燃烧产物平均分子量/(g/mol) | 29.169 |

(2)美国 TP-H1011 复合推进剂[28]

配方质量分数：

| | |
|---|---|
| 聚丁二烯-丙烯腈共聚物(PBAN) | 12％ |
| 环氧树脂(EP) | 2％ |
| 高氯酸铵(AP) | 70％ |
| 铝粉(Al) | 16％ |

主要性能：

| | |
|---|---|
| 理论比冲/(N·s/kg) | 2 574.5(262.7 s) |
| 密度/(g/cm³) | 1.77 |
| 燃速/(mm/s) | 13.97 |
| 压力指数 | 0.33 |
| 抗张强度/MPa　(kg/cm²) | 0.75(7.6) |
| 危险等级 | B/2 |
| 贮存期限 | 较长 |

工艺方法：浇铸成型。

应用：海神潜地战略导弹第一级发动机，民兵 2 和民兵 3 地地战略导弹第一级发动机等。

（3）中国聚丁二烯-丙烯腈复合推进剂

配方质量分数：

| | |
|---|---|
| 聚丁二烯-丙烯腈共聚物（PBAN） | 10％ |
| 高氯酸铵（AP） | 70％ |
| 催化剂 | 2.0％ |
| 铝粉（Al） | 12％ |
| 癸二酸二丁酯 | 3％ |
| 其他 | 3％ |

主要性能：

| | |
|---|---|
| 特征速度/（m/s） | 1 599.49 |
| 燃速/（mm/s） | 13.3 |
| 压力指数 | 0.25 |
| 燃速系数/（％1/℃）　（−40～+50 ℃） | 0.22 |

不同温度下的力学性能见表 2.2 - 2。

表 2.2 - 2　不同温度下的力学性能

| 温度/℃ | 50 | 20 | −40 |
|---|---|---|---|
| 抗张强度/MPa | 1.67～1.96 | 2.26～2.55 | 4.41～4.71 |
| 延伸率/％ | 14～16 | 15～17 | 15～16 |

工艺方法：浇铸成型。

应用：地空导弹。

（4）PBAN - AP - Al 复合推进剂[29]

配方质量分数：

| | |
|---|---|
| 粘合剂聚丁二烯-丙烯腈共聚物（PBAN） | 14％ |
| 氧化剂（AP） | 70％ |
| 铝粉（Al） | 16％ |

主要性能：

| | |
|---|---|
| 氧燃比（O/F） | 1.264 |
| 比冲 $I_{sp}$/（N·s/kg） | 2 569.36（262 s） |
| 密度/（g/cm³）　（磅/吋³） | 1.74（0.063） |
| 密度比冲/（N·s/dm³）　（lb - sec/in³） | 4 470.69 （16.63） |

（5）假设聚丁二烯-丙烯腈推进剂图形，PBAN - AP - Al

以 PBAN 为粘合剂，AP 为氧化剂，Al 为添加剂组成的假设推进剂，用创新程序对其进行了计算，绘制出部分图形，形象、直观地表征出组分与性能的关系图，如图 2.2 - 31～图 2.2 - 41 所示。

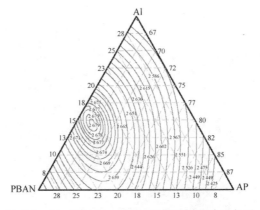

图 2.2 - 31　PBAN - AP - Al 推进剂比冲三角图

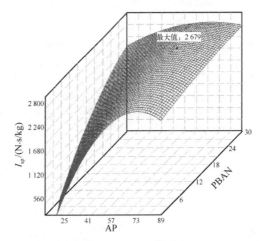

图 2.2 - 32　PBAN - AP - Al 推进剂比冲曲线 3D 图

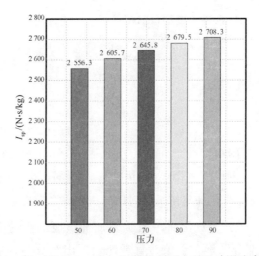

图 2.2 - 33　PBAN - AP - Al 推进剂压力对比冲影响直方图

图 2.2－31～图 2.2－34 展示了聚丁二烯-丙烯腈复合推进剂比冲与组分关系，展示了较高比冲的范围与推进剂组分的关系，最高比冲值及具体配方。图 2.2－35～图 2.2－37 展示了聚丁二烯-丙烯腈复合推进剂特征速度与组分关系，显视了较高特征速度的范围，最高特征速度值与推进剂组分的关系。图 2.2－38～图 2.2－39 展示了聚丁二烯-丙烯腈复合推进剂密度比冲与组分关系，显示了较高密度比冲的范围，最高密度比冲值与推进剂组分的关系。

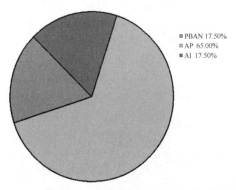

图 2.2－34　PBAN－AP－Al 推进剂比冲最大值圆饼图

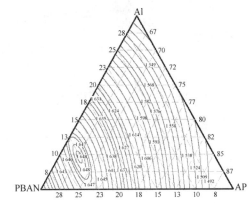

图 2.2－35　PBAN－AP－Al 推进剂特征速度三角图

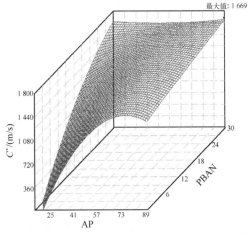

图 2.2－36　PBAN－AP－Al 推进剂特征速度最大值曲线 3D 图

图 2.2－40～图 2.2－41 展示了聚丁二烯-丙烯腈复合推进剂燃烧温度与组分关系，显示了较高燃烧温度的范围，最高燃烧温度值与推进剂组分的关系。图 2.2－42 显示了聚丁二烯-丙烯腈复合推进剂燃气产物与组分关系图。

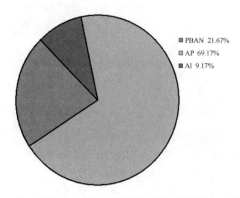

图 2.2－37　PBAN－AP－Al 推进剂特征速度最大值圆饼图

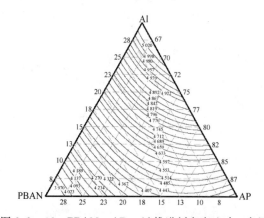

图 2.2－38　PBAN－AP－Al 推进剂密度比冲三角图

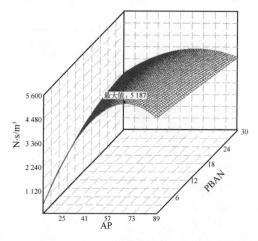

图 2.2－39　PBAN－AP－Al 推进剂密度比冲最大值曲线 3D 图

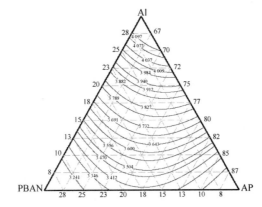

图 2.2－40　PBAN－AP－Al 推进剂燃烧温度三角图

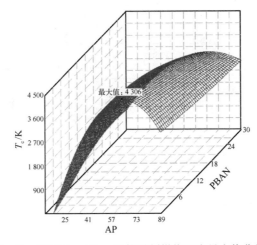

图 2.2－41　PBAN－AP－Al 推进剂燃烧温度最大值曲线 3D 图

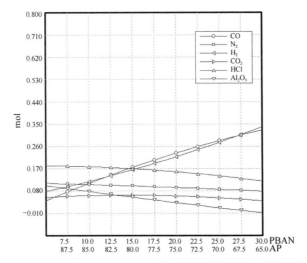

图 2.2－42　PBAN－AP－Al 推进剂气体产物与组分关系图

(6)假设聚丁二烯-丙烯腈复合固体推进剂图形，PBAN－DOA－AP－Al＝3：1：1：1

以聚丁二烯-丙烯腈共聚物 PBAN 与已二酸二辛酯 DOA 组成粘合剂，高氯酸铵（AP）为氧化剂，铝粉（Al）为添加剂组成的复合固体推进剂，其比例为 PBAN－DOA－AP－Al＝3：1：1：1。用创新软件[3]绘制了复合固体推进剂（PBAN－DOA－AP－Al）配方组分与性能关系图，如图 2.2－43～图 2.2－58 所示。

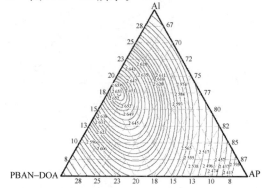

图 2.2－43　PBAN－DOA－AP－Al 燃气发生剂推进剂等比冲三角图

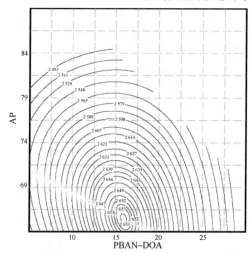

图 2.2－44　PBAN－DOA－AP－Al 燃气发生剂推进剂比冲等高线图

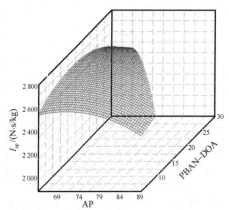

图 2.2－45　PBAN－DOA－AP－Al 燃气发生剂推进剂比冲 3D 图

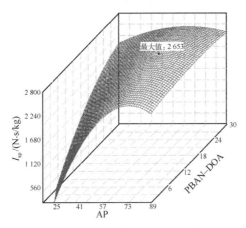

图 2.2-46　PBAN-DOA-AP-Al 燃气发生剂推进剂比冲最大值曲线 3D 图

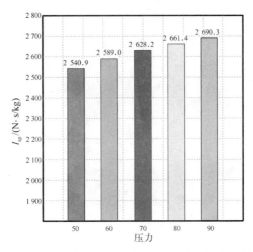

图 2.2-47　PBAN-DOA-AP-Al 燃气发生剂压力对比冲影响的直方图

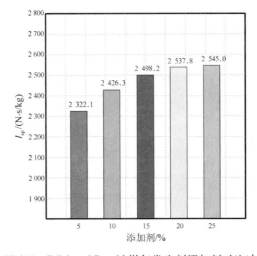

图 2.2-48　PBAN-DOA-AP-Al 燃气发生剂添加剂对比冲影响的直方图

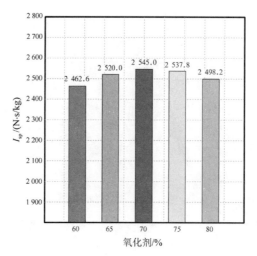

图 2.2 - 49　PBAN - DOA - AP - Al 燃气发生剂氧化剂对比冲影响的直方图

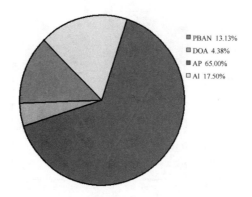

图 2.2 - 50　PBAN - AP - Al 燃气发生剂推进剂等比冲最大值圆饼图

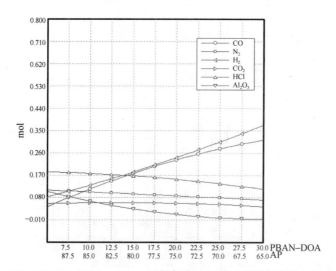

图 2.2 - 51　PBAN - DOA - AP - Al 燃气发生剂推进剂燃气产物与组分关系图

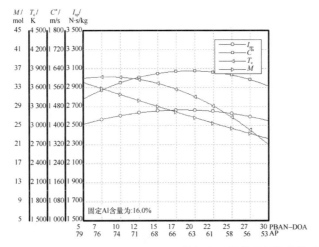

图 2.2 - 52　PBAN - DOA - AP - Al 燃气发生剂推进剂性能综合图

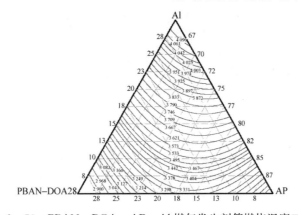

图 2.2 - 53　PBAN - DOA - AP - Al 燃气发生剂等燃烧温度三角图

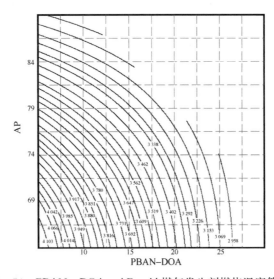

图 2.2 - 54　PBAN - DOA - AP - Al 燃气发生剂燃烧温度等高线图

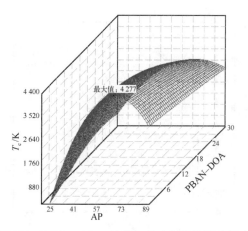

图 2.2 - 55　PBAN - DOA - AP - Al 燃气发生剂燃烧温度最大值曲线 3D 图

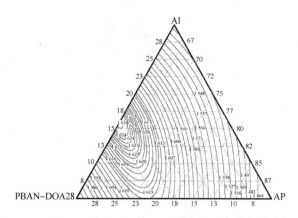

图 2.2 - 56　PBAN - DOA - AP - Al 燃气发生剂特征速度三角图

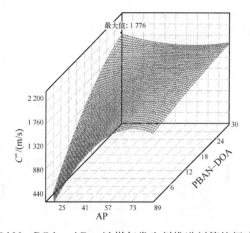

图 2.2 - 57　PBAN - DOA - AP - Al 燃气发生剂推进剂等特征速度最大值 3D 图

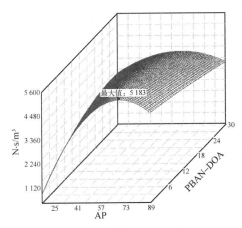

图 2.2 - 58　PBAN - AP - Al 燃气发生剂密度比冲最大值曲线 3D 图

### 2.2.5　聚己酸内酯推进剂[2,4,12,31]

聚己酸内酯(PCP)可作为高能推进剂的粘合剂,PCP 与硝酸酯增塑剂溶混性很好,具有一般粘合剂的热力学性能。过去 PCP 分子量较低,力学性能不够好,现已制成高分子量的 PCP,分子量范围在 4 000～20 000,官能度为 1～6。分子量为 6 000 的 PCP 是蜡状固体,熔点为 56～58 ℃,分子量为 10 000 的 PCP 也是蜡状固体,熔点为 52～54 ℃。高分子量的 PCP 制成的推进剂有很好的力学性能。

(1)美国聚己酸内酯推进剂 A[31]

配方质量分数:

| | |
|---|---|
| 聚己酸内酯(PCP 10000) | 6.311% |
| 1,2,4 -丁三醇三硝酸酯(BTTN) | 12.7% |
| 三羟甲基乙烷三硝酸酯(TMETN) | 4.23% |
| N -甲基- 2 -硝基苯胺 | 0.25% |
| 铝粉 60 $\mu m$ | 19.0% |
| 奥克托今(HMX, 20 $\mu m$) | 31.4% |
| 奥克托今(HMX, 3.2 $\mu m$) | 11.6% |
| 高氯酸铵(AP, 200 $\mu m$) | 7.0% |
| 高氯酸铵(AP, 5 $\mu m$) | 7.0% |
| 异佛尔酮二异氰酸酯(IPDI) | 0.465% |
| 三苯基铋(TP) | 0.01% |
| 醋酸丁酯纤维素 | 0.025% |

主要性能:

| | |
|---|---|
| $E^{27}$/MPa(25 ℃) | 2.13 |
| $\sigma_m$/MPa(25 ℃) | 0.47 |

| | |
|---|---|
| $\sigma_b/\text{MPa}(25\ ℃)$ | 2.72 |
| $\varepsilon_m/\%(25\ ℃)$ | 497 |
| $\varepsilon_f/\%(25\ ℃)$ | 481 |
| $\varepsilon_m/\%(-54\ ℃)$ | 14 |
| $\varepsilon_f/\%(-54\ ℃)$ | 71 |
| 黏度 $n_{\text{EOM}}/\text{Pa}\cdot\text{s}$ | 11.2 |

应用：用于三叉戟Ⅱ、侏儒战略导弹第一级、第二级、第三级，MX 战略导弹第三级。

(2)美国聚己酸内酯推进剂 B

配方质量分数：

| | |
|---|---|
| 聚己酸内酯(PCP 10000) | 6.408% |
| 1，2，4-丁三醇三硝酸酯(BTTN) | 12.7% |
| 三羟甲基乙烷三硝酸酯(TMETN) | 4.23% |
| N-甲基-2-硝基苯胺 | 0.25% |
| 铝粉(60 $\mu$m) | 19.0% |
| 奥克托今(HMX，20 $\mu$m) | 31.4% |
| 奥克托今(HMX，3.2 $\mu$m) | 11.6% |
| 高氯酸铵(AP，200 $\mu$m) | 7.0% |
| 高氯酸铵(AP，5 $\mu$m) | 7.0% |
| 甲苯二异氰酸酯(TDI) | 0.368% |
| 三苯基铋 | 0.01% |
| 醋酸丁酯纤维素 | 0.025% |

主要性能：

| | |
|---|---|
| $E^{27}/\text{MPa}$    25 ℃ | 2.21 |
| $\sigma_m/\text{MPa}$    25 ℃ | 0.60 |
| $\sigma_b/\text{MPa}$    25 ℃ | 3.4 |
| $\varepsilon_m/\%$    25 ℃ | 468 |
| $\varepsilon_f/\%$    25 ℃ | 468 |
| $\varepsilon_m/\%$    -54 ℃ | 17 |
| $\varepsilon_f/\%$    -54 ℃ | 54 |
| 黏度    $n_{\text{EOM}}/\text{Pa}\cdot\text{s}$ | 14.4 |

应用：用于三叉戟Ⅱ、侏儒战略导弹第一级、第二级、第三级，MX 战略导弹第三级。

(3)假设的聚己酸内酯复合推进剂图形，PCP-BTTN-TMETN-HMX-AP-Al(1:2:1:3:1:1)

以聚己酸内酯为粘合剂，1，2，4-丁三醇三硝酸酯及三羟甲基乙烷三硝酸酯为含能增塑剂，以奥克托今及高氯酸铵为氧化剂，以铝粉为添加剂组成假设的聚己酸内酯复合推进剂，绘制了一系列组分与性能关系的图形，如图 2.2－59～图 2.2－75所示。

图 2.2－59～图 2.2－65 展示了聚己酸内酯复合推进剂比冲与组分关系图，显示了较高比冲的范围，最高比冲值及具体配方，压力对推进剂比冲的影响，燃气产物与组分关系。图 2.2－66 展示了聚己酸内酯复合推进剂比冲、特征速度等性能与组分的综合关系。图 2.2－67～图 2.2－70 显示了聚己酸内酯复合推进剂特征速度与组分关系，显示了较高特征速度的范围，最高特征速度值及其配方值。图 2.2－71～图 2.2－74 展示了聚己酸内酯复合推进剂燃烧温度与组分关系，显示了较高燃烧温度的范围，最高燃烧温度值与推进剂组分的关系。图 2.2－75 展示了聚己酸内酯复合推进剂密度比冲与组分关系，显示了较高密度比冲的范围、最高密度比冲值。

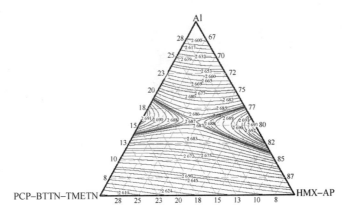

图 2.2－59　PCP－BTTN－TMETN－HMX－AP－Al 推进剂等比冲三角图

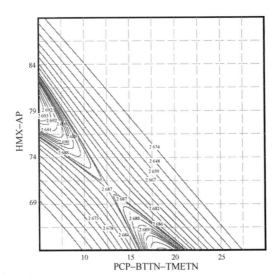

图 2.2－60　PCP－BTTN－TMETN－HMX－AP－Al 推进剂比冲等高线图

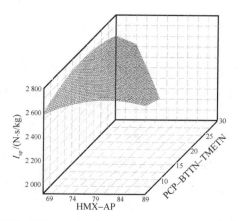

图 2.2 - 61　PCP - BTTN - TMETN - HMX - AP - Al 推进剂比冲 3D 图

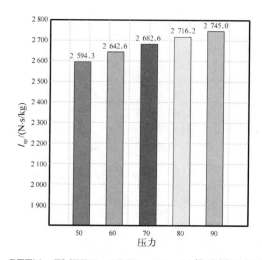

图 2.2 - 62　PCP - BTTN - TMETN - HMX - AP - Al 推进剂压力对比冲影响的直方图

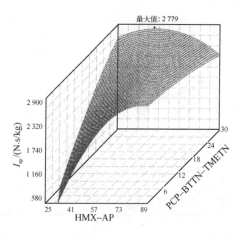

图 2.2 - 63　PCP - BTTN - TMETN - HMX - AP - Al 推进剂比冲曲线 3D 图

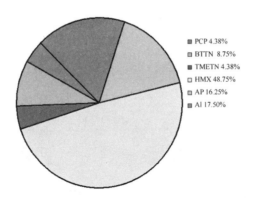

图 2.2 - 64　PCP - BTTN - TMETN - HMX - AP - Al 推进剂比冲最大值圆饼图

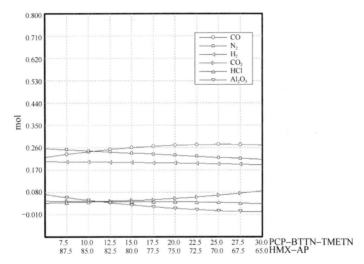

图 2.2 - 65　PCP - BTTN - TMETN - HMX - AP - Al 推进剂燃气产物与组分关系图

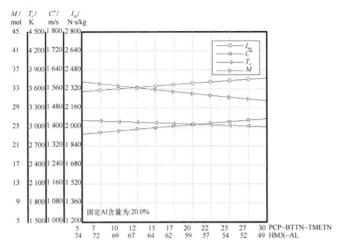

图 2.2 - 66　PCP - BTTN - TMETN - HMX - AP - Al 推进剂二维等高综合图

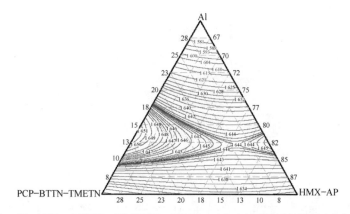

图 2.2 - 67　PCP - BTTN - TMETN - HMX - AP - Al 推进剂等特征速度三角图

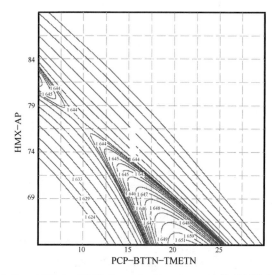

图 2.2 - 68　PCP - BTTN - TMETN - HMX - AP - Al 推进剂特征速度等高线图

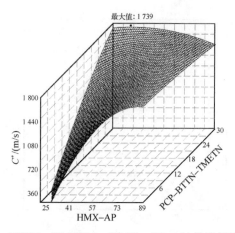

图 2.2 - 69　PCP - BTTN - TMETN - HMX - AP - Al 推进剂特征速度曲线 3D 图

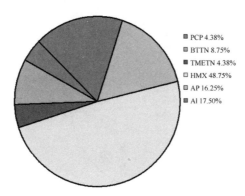

图 2.2 - 70 PCP - BTTN - TMETN - HMX - AP - Al 推进剂等特征速度最大值圆饼图

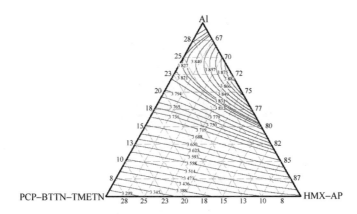

图 2.2 - 71 PCP - BTTN - TMETN - HMX - AP - Al 推进剂等燃烧温度三角图

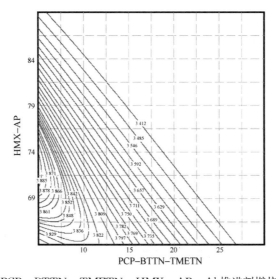

图 2.2 - 72 PCP - BTTN - TMETN - HMX - AP - Al 推进剂燃烧温度等高线图

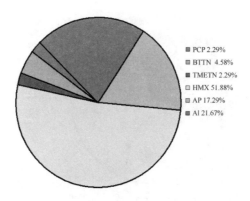

图 2.2 - 73　PCP - BTTN - TMETN - HMX - AP - Al 推进剂燃烧温度最大值圆饼图

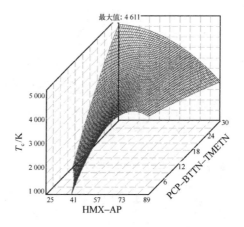

图 2.2 - 74　PCP - BTTN - TMETN - HMX - AP - Al 推进剂燃烧温度曲线 3D 图

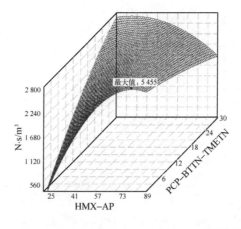

图 2.2 - 75　PCP - BTTN - TMETN - HMX - AP - Al 推进剂密度比冲曲线 3D 图

### 2.2.6　端羧基聚丁二烯推进剂[2,12,13]

（1）美国端羧基聚丁二烯推进剂（CTPB）

配方质量分数：

| | |
|---|---|
| 端羧基聚丁二烯 | 12% |
| 高氯酸铵（AP） | 73% |
| 铝粉（Al） | 15.9% |

主要性能：

| | |
|---|---|
| 比冲/(N·s/kg) | 2 599 |
| 燃速/(mm/s) | 9.8 |
| 压力指数 $n$ | 0.3 |
| 燃速系数 | 0.06 |
| 能量特性热力学计算结果 | |
| 　理论比冲 $I_{sp}$/(N·s/kg) | 2 586.5 |
| 　特征速度 $C^*$/(m/s) | 1 582 |
| 　燃烧温度 $T$/K | 3 483.9 |
| 　燃烧产物平均分子量/(g/mol) | 28.176 |

（2）美国端羧基聚丁二烯推进剂（CTPB）

配方质量分数：

| | |
|---|---|
| 端羧基聚丁二烯 | 10% |
| 高氯酸铵（AP） | 63% |
| HMX | 10% |
| 铝粉（Al） | 17% |

主要性能：

| | |
|---|---|
| 比冲/(N·s/kg) | 2 599 |
| 燃速/(mm/s) | 7.5 |
| 压力指数 $n$ | 0.3 |
| 燃速系数 | 0.03 |
| 能量特性热力学计算结果 | |
| 　理论比冲 $I_{sp}$/(N·s/kg) | 2 604.6 |
| 　特征速度 $C^*$/(m/s) | 1 592.2 |
| 　燃烧温度 $T$/K | 3 571.7 |
| 　燃烧产物平均分子量/(g/mol) | 29.075 |

（3）假设的端羧基聚丁二烯复合推进剂图形，CTPB - AP - Al(1∶1∶1)

以端羧基聚丁二烯为粘合剂，高氯酸铵为氧化剂，铝粉为添加剂组成的复合推进剂。用创新程序对假想的端羧基聚丁二烯推进剂配方进行计算，并绘制出各种图形，形象、直观地表征出组分与性能的关系图，如图 2.2 - 76～图 2.2 - 86 所示，该类推进剂目前仍广泛使用。

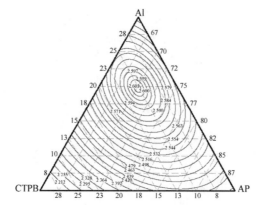

图 2.2 - 76　CTPB - AP - Al 推进剂等比冲三角图

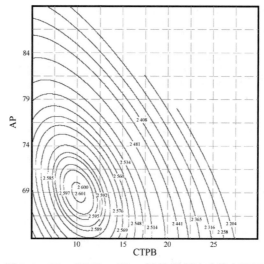

图 2.2 - 77　CTPB - AP - Al 推进剂比冲等高线图

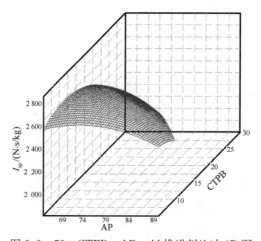

图 2.2 - 78　CTPB - AP - Al 推进剂比冲 3D 图

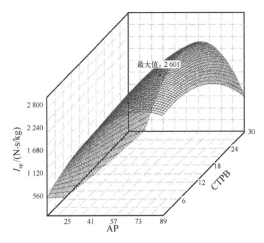

图 2.2 - 79　CTPB - AP - Al 推进剂比冲最大值曲线 3D 图

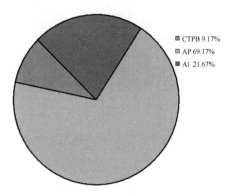

图 2.2 - 80　CTPB - AP - Al 推进剂比冲最大值圆饼图

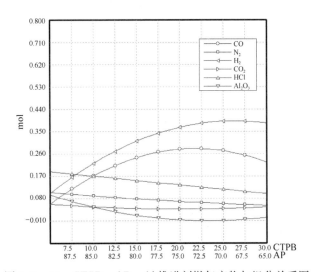

图 2.2 - 81　CTPB - AP - Al 推进剂燃气产物与组分关系图

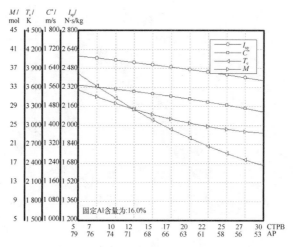

图 2.2 - 82　CTPB - AP - Al 推进剂比冲二维综合图

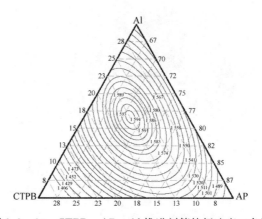

图 2.2 - 83　CTPB - AP - Al 推进剂等特征速度三角图

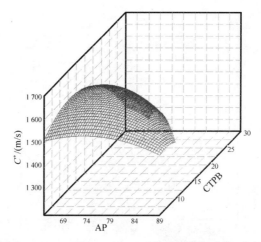

图 2.2 - 84　CTPB - AP - Al 推进剂特征速度 3D 图

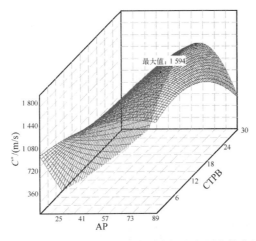

图 2.2-85　CTPB-AP-Al 推进剂特征速度最大值曲线 3D 图

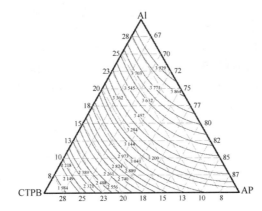

图 2.2-86　CTPB-AP-Al 推进剂等燃烧温度三角图

图 2.2-77~图 2.2-81 展示了端羧基聚丁二烯复合推进剂比冲与组分关系，显示了较高比冲的范围，最高比冲值及具体配方，燃气产物与组分关系。图 2.2-82 展示了端羧基聚丁二烯复合推进剂比冲、特征速度等性能与组分的综合关系。图 2.2-83~图 2.2-85 显示了端羧基聚丁二烯复合推进剂特征速度与组分关系，显示了较高特征速度的范围，最高特征速度值及其配方值。图 2.2-86 展示了端羧基聚丁二烯复合推进剂燃烧温度与组分关系，显示了较高燃烧温度的范围，最高燃烧温度值与推进剂组分的关系。

### 2.2.7　丁羟复合推进剂及典型配方图形表征[2,10-14,27-31]

丁羟复合推进剂是以端羟聚丁二烯为粘合剂的复合固体推进剂，简称丁羟推进剂（HTPB）。端羟聚丁二烯预聚体为半流动性的黏稠液体，工艺与力学性能等均很好，可加入较多的固体填充剂，加入氧化剂、添加剂和固化剂后，混合均匀可真空浇注到各类发动机中，在一定的温度下固化成型。随着加入的氧化剂和添加剂不同，可形成有烟或无烟的固体推进剂，使用非常广泛。

### 2.2.7.1　HTPB‐AP‐Al 推进剂

(1)美国 TP‐H‐1139 推进剂[28]

配方质量分数：

| | |
|---|---|
| HTPB(R45M) | 12% |
| 固化剂 IPDI 和键合剂 HX‐752 | |
| NCO(IPDI)/OH | 0.805% |
| 高氯酸铵(AP，5/90/200 μm) | 68.0% |
| 铝粉(Al) | 20.0% |

主要性能：

| | |
|---|---|
| 混合体终了时黏度/(千泊/℃) | 5.1/57 |
| 能量特性热力学计算结果 | |
| 　理论比冲 $I_{sp}$/(N·s/kg) | 2 606.4 |
| 　特征速度 $C^*$/(m/s) | 1 589.5 |
| 　燃烧温度 $T$/K | 3 561.4 |
| 　燃烧产物平均分子量/(g/mol) | 29.191 |
| 计算密度/(g/cm³) | 1.812 2 |
| 真空理论比冲 $I_{sp}$/(N·s/kg) | 3 159.72(322.2 s) |
| 真空实测比冲 $I_{sp}$/(N·s/kg) | 2 912.59(297.0 s) |
| 实测密度/(g/cm³) | 1.802 |
| 药浆初始黏度(62 ℃)/千泊 | 2.1 |
| 20 h 黏度/千泊 | 10.2 |
| 燃速(15.5 ℃，140 kg/cm²)/(mm/s) | 61.7 |
| 压力指数 $n$ | 0.31 |
| 温度系数/(%/℃) | 0.232 |
| $E$/(kg/cm²) | 66.4 |
| 最大抗拉强度 $\sigma_m$/(kg/cm²) | 12.4 |
| 最大延伸率 $\varepsilon_m$/% | 46 |
| 破坏延伸率 $\varepsilon_b$/% | 48 |

(2)美国 TP‐H‐1172 推进剂

配方质量分数：

| | |
|---|---|
| HTPB 及固化剂 | 9.75% |
| 己二酸二辛酯 | 2.0% |
| HX‐752 | 0.15% |
| 卡托辛(BEFP) | 2.5% |
| NCO(IPDI)/OH | 0.86 |
| 高氯酸铵(AP) | 70.0% |

　　　铝粉(Al)　　　　　　　　　　　　　　　15.75%

主要性能：

　　能量特性热力学计算结果

　　　　理论比冲 $I_{sp}$/(N·s/kg)　　　　　　2 592.8

　　　　特征速度 $C^*$/(m/s)　　　　　　　　1 588.5

　　　　燃烧温度 $T$/K　　　　　　　　　　　3 413.6

　　　　燃烧产物平均分子量/(g/mol)　　　27.75

　　计算密度/(g/cm³)　　　　　　　　　　1.775 3

　　真空理论比冲 $I_{sp}$/(N·s/kg)　　　　　3 159.72(322.2 s)

　　真空实测比冲 $I_{sp}$/(N·s/kg)　　　　　2 912.59(297.0 s)

　　实测密度/(g/cm²)　　　　　　　　　　1.802

　　药浆初始黏度(62 ℃)/千泊　　　　　　2.1

　　20 h 黏度/千泊　　　　　　　　　　　10.2

　　燃速(15.5 ℃，140 kg/cm²)/(mm/s)　　61.7

　　压力指数 $n$　　　　　　　　　　　　　0.31

　　温度系数/(%/℃)　　　　　　　　　　0.232

力学性能见表 2.2 - 3。

**表 2.2 - 3　力学性能**

| 温度/℃ | 24 | -54 |
|---|---|---|
| $E$/(kg/cm²) | 19.3 | 704 |
| 最大抗拉强度 $\sigma_m$/(kg/cm²) | 11.5 | 97.8 |
| 最大延伸率 $\varepsilon_m$/% | 53 | 29 |
| 破坏延伸率 $\varepsilon_b$/% | 53 | 29 |

(3)美国 TP - H - 3340 推进剂

配方质量分数：

　　HTPB 及固化剂　　　　　　　　　　　10.85%

　　高氯酸铵(AP)　　　　　　　　　　　　71.0%

　　铝粉(Al)　　　　　　　　　　　　　　18.0%

主要性能：

　　真空理论比冲 $I_{sp}$/(N·s/kg)　　　　　3 159.72(322.2 s)

　　真空实测比冲 $I_{sp}$/(N·s/kg)　　　　　2 912.59(297.0 s)

　　实测密度/(g/cm³)　　　　　　　　　　1.802

　　燃速(15.5 ℃，70 kg/cm²)/(mm/s)　　　7.16

　　压力指数 $n$　　　　　　　　　　　　　0.3

　　平均压力/(kg/cm²)　　　　　　　　　　43

膨胀比　　　　　　　　　　　　　　　64.5

能量特性热力学计算结果

　　理论比冲 $I_{sp}$/(N・s/kg)　　　　　2 600.4

　　特征速度 $C^*$/(m/s)　　　　　　　1 586.7

　　燃烧温度 $T$/K　　　　　　　　　　3 607.4

　　燃烧产物平均分子量/(g/mol)　　　　29.653

推进剂量/吨　　　　　　　　　　　　　1.070

验证发动机　　　　　　　　　　　　　STAR 37X

应用：正式应用发动机 STAR31(侦察兵第三级)。

(4)HTPB-AP-Al 复合推进剂[29]

配方质量分数：

　　粘合剂(HTPB)　　　　　　　　　　12%

　　氧化剂(AP)　　　　　　　　　　　68%

　　铝粉(Al)　　　　　　　　　　　　20%

主要性能：

　　氧燃比(O/F)　　　　　　　　　　　1.188

　　比冲 $I_{sp}$/(N・s/kg)　　　　　　　2 601.72(265.3 s)

　　密度/(g/cm³)　(磅/吋³)　　　　　1.80(0.065)

　　密度比冲/(N・s/dm³)　(lb-sec/in³)　4 683.09(17.30)

(5)中国典型 HTPB 推进剂[13,14,31]

配方质量分数：

　　HTPB 及固化剂　　　　　　　　　　8.0%

　　高氯酸铵(AP)　　　　　　　　　　69.5%

　　铝粉(Al)　　　　　　　　　　　　18.5%

　　增塑剂　　　　　　　　　　　　　3.2%~3.4%

　　催化剂　　　　　　　　　　　　　0.5%~0.7%

　　键合剂　　　　　　　　　　　　　0.05%

　　工艺助剂　　　　　　　　　　　　0.15%

主要性能：

　　理论比冲($P_c/P$=70/1)　　　　　　2 591

　　测试值[①]　　　　　　　　　　　　2 367

　　实测密度/(g/cm²)　　　　　　　　1.80

---

① BSFΦ315 发动机实测数据，$P_c$=6 MPa。

燃速/(mm/s)　6.86 MPa　药条测试[①]　　　　　10.67

发动机测试[②]　　　　　11.50

压力指数 $n$　药条测试(3~9 MPa)　　　　　$<$0.40

发动机测试　　　　　0.33

力学性能见表 2.2－4。

表 2.2－4　力学性能

| 温度/℃ | 70 | 25 | −40 |
|---|---|---|---|
| $E$/(kg/cm²) | 45 | 38 | 46 |
| 最大抗拉强度 $\sigma_m$/(kg/cm²) | | 0.73 | 1.21 |
| MPa | | 2.64 | 5.7 |

(6)美国含 IPDI 丁羟推进剂

配方质量分数：

　　HTPB 及固化剂　　　　　6.67%

　　异佛尔酮二异氰酸酯(IPDI)　　　　　0.48%

　　高氯酸铵(AP)　　　　　69.0%

　　铝粉(Al)　　　　　21.0%

　　键合剂(HX－752)　　　　　0.15%

　　壬酸异癸酯(壬二酸二辛酯，DOAZ)　　　　　2.6%

　　防老剂 Pro－Tech 2705　　　　　0.10%

主要性能：

　　实测密度/(g/cm²)　　　　　1.844

　　燃速(21 ℃，70 kg/cm²)/(mm/s)　　　　　10.4

　　压力指数 $n$(≤77 kg/cm²)　　　　　0.37

　　能量特性热力学计算结果

　　　　理论比冲 $I_{sp}$/(N·s/kg)　　　　　2 595.9

　　　　特征速度 $C^*$/(m/s)　　　　　1 573.2

　　　　燃烧温度 $T$/K　　　　　3 753.7

　　　　燃烧产物平均分子量/(g/mol)　　　　　31.583

应用：验证发动机 84 吋 CHAR。

(7)美国 UTP－19360 推进剂

配方质量分数：

　　HTPB 及固化剂　　　　　12.94%

---

① BSFΦ65 发动机实测数据，$P_c$＝6.86 MPa。

② BSFΦ65 发动机实测数据，$P_c$＝5.7 MPa。

异佛尔酮二异氰酸酯（IPDI） 0.81%

高氯酸铵（AP） 67.94%

铝粉（Al） 18.0%

键合剂（HX-752） 0.15%

三氧化二铁（$Fe_2O_3$） 0.06%

防老剂 Pro-Tech 2705 0.10%

主要性能：

实测密度/（g/cm³） 1.844

燃速（21 ℃，70 kg/cm²）/（mm/s） 10.4

压力指数 $n$（<77 kg/cm²） 0.37

燃烧室压力（最大/平均） 61/45

喷管膨胀比（最大/平均） 173.6/160

真空实测比冲 $I_{sp}$/（N·s/kg） 3 002.81（306.2 s）

能量特性热力学计算结果

    理论比冲 $I_{sp}$/（N·s/kg） 2 605.6

    特征速度 $C^*$/（m/s） 1 592.4

    燃烧温度 $T$/K 3 473.3

    燃烧产物平均分子量/（g/mol） 28.231

应用：验证发动 SRM-3，装药量 9.7 吨。

（8）美国 TP-H-3363 推进剂

配方质量分数：

HTPB 及固化剂 10.3%

高氯酸铵（AP） 55.5%

铝粉（Al） 18.0%

奥克托今（HMX） 16.2%

主要性能：

真空理论比冲 $I_{sp}$/（N·s/kg） 3 194.04（325.7 s）

真空实测比冲 $I_{sp}$/（N·s/kg） 2 904.74（296.2 s）

实测密度/（g/cm³） 1.817

燃速（15.5 ℃，70 kg/cm²）/（mm/s） 7.24

压力指数 $n$ 0.34

平均压力/（kg/cm²） 32

推进剂量/吨 0.463

能量特性热力学计算结果

    理论比冲 $I_{sp}$/（N·s/kg） 2 626.2

    特征速度 $C^*$/（m/s） 1 605.8

    燃烧温度 $T$/K 3 540.9

　　　　燃烧产物平均分子量/(g/mol)　　　　　　28.318

应用：验证发动机 STAR 30A。

(9)美国 TP－H－3384 推进剂

配方质量分数：

|  |  |
|---|---|
| HTPB 及固化剂 | 11.0% |
| 高氯酸铵(AP) | 59.0% |
| 铝粉(Al) | 20.0% |
| 奥克托今(HMX) | 10.0% |

主要性能：

| 真空理论比冲 $I_{sp}$/(N·s/kg) | 3 185.22(324.8 s) |
|---|---|
| 真空实测比冲 $I_{sp}$/(N·s/kg) | 2 924.36(298.2 s) |
| 实测密度/(g/cm$^{23}$) | 1.80 |
| 燃速(15.5 ℃，70 kg/cm$^2$)/(mm/s) | 6.94 |
| 压力指数 $n$ | 0.32 |
| 平均压力/(kg/cm$^2$) | 43 |
| 膨胀比 | 74.6 |
| 推进剂量/吨 | 1.074 |

能量特性热力学计算结果

| 理论比冲 $I_{sp}$/(N·s/kg) | 2 619.7 |
|---|---|
| 特征速度 $C^*$/(m/s) | 1 598.1 |
| 燃烧温度 $T$/K | 3 553.3 |
| 燃烧产物平均分子量/(g/mol) | 28.788 |

应用：验证发动机 STAR 37Y。

(10)美国 UTP－19687 推进剂

配方质量分数：

|  |  |
|---|---|
| HTPB 及固化剂 | 10.0% |
| 高氯酸铵(AP) | 58.0% |
| 铝粉(Al) | 20.0% |
| 奥克托今(HMX) | 12.0% |

主要性能：

能量特性热力学计算结果

| 理论比冲 $I_{sp}$/(N·s/kg) | 2 621.9 |
|---|---|
| 特征速度 $C^*$/(m/s) | 1 598.6 |
| 燃烧温度 $T$/K | 3 612.3 |
| 燃烧产物平均分子量/(g/mol) | 29.281 |
| 计算密度/(g/cm$^3$) | 1.844 7 |
| 实测密度/(g/cm$^3$) | 1.844 |

| 装药量/吨 | 0.346 |
| 燃烧室压力（最大/平均） | 42/— |
| 喷管膨胀比（最大/平均） | 149.4/132.9 |
| 真空实测比冲 $I_{sp}$/(N·s/kg) | 2 970.45（302.9 s） |

应用：验证发动机为美法合作空间发动机。

（11）假设的端羟基聚丁二烯复合推进剂（丁羟复合推进剂）图形

现用创新软件——推进剂配方优化设计及图形表征软件，设计了假设的丁羟复合推进剂，进行大量计算，并绘制出各种图形，形象、直观地表征出组分与比冲、特征速度、燃烧温度等性能关系，可清晰形象地看出最高性能，如最高比冲、最高燃烧温度的配方范围，如图 2.2-87～图 2.2-102 所示。

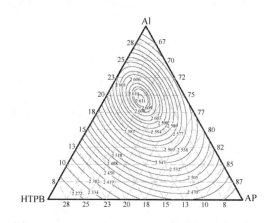

图 2.2-87　HTPB-AP-Al 推进剂比冲三角图

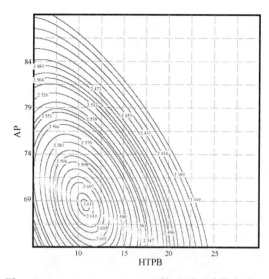

图 2.2-88　HTPB-AP-Al 推进剂比冲等高线图

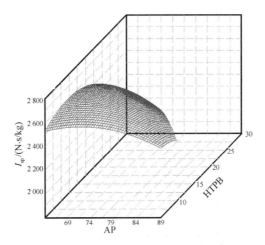

图 2.2 - 89　HTPB - AP - Al 推进剂比冲 3D 图

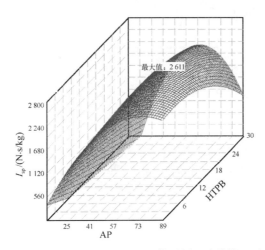

图 2.2 - 90　HTPB - AP - Al 推进剂比冲曲线 3D 图

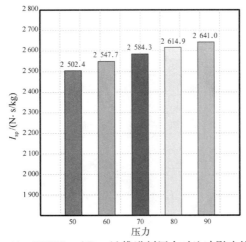

图 2.2 - 91　HTPB - AP - Al 推进剂压力对比冲影响的直方图

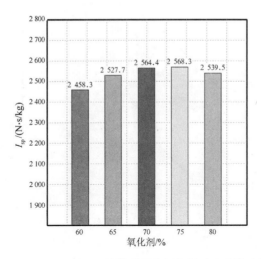

图 2.2 - 92   HTPB - AP - Al 推进剂中氧化剂对比冲影响的直方图

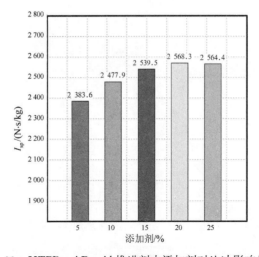

图 2.2 - 93   HTPB - AP - Al 推进剂中添加剂对比冲影响的直方图

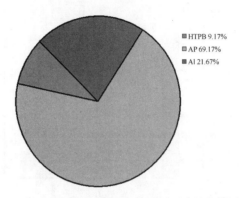

图 2.2 - 94   HTPB - AP - Al 推进剂比冲最大值圆饼图

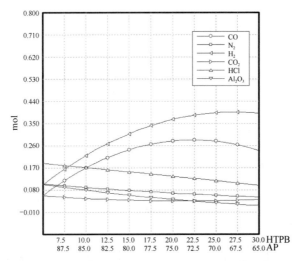

图 2.2 - 95　HTPB - AP - Al 推进剂燃气产物与组分关系图

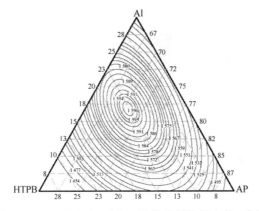

图 2.2 - 96　HTPB - AP - Al 推进剂特征速度三角图

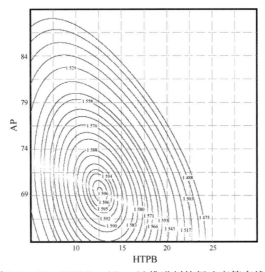

图 2.2 - 97　HTPB - AP - Al 推进剂特征速度等高线图

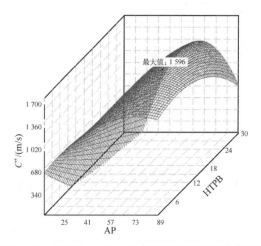

图 2.2 - 98　HTPB - AP - Al 推进剂特征速度曲线 3D 图

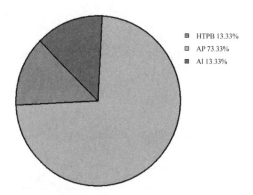

图 2.2 - 99　HTPB - AP - Al 推进剂特征速度最大值圆饼图

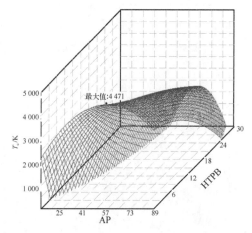

图 2.2 - 100　HTPB - AP - Al 推进剂燃烧温度曲线 3D 图

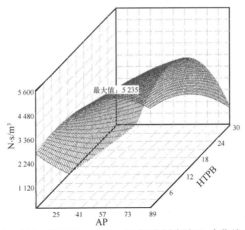

图 2.2-101　HTPB-AP-Al推进剂密度比冲曲线 3D 图

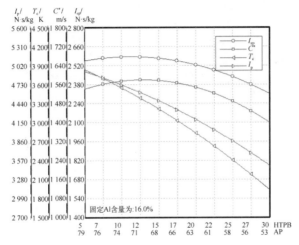

图 2.2-102　HTPB-AP-Al推进剂组分与性能关系综合图

　　图 2.2-87～图 2.2-95 展示了端羟聚丁二烯复合推进剂比冲与组分关系，显示了较高比冲的范围，最高比冲值及具体配方，并显示了推进剂燃气产物与组分关系。图 2.2-96～图 2.2-99 显示了端羟聚丁二烯复合推进剂特征速度与组分关系，显示了较高特征速度的范围，最高特征速度值及其配方值。图 2.2-100～图 2.2-101 展示了端羟聚丁二烯复合推进剂燃烧温度、密度比冲与组分关系，由三维立体图形象地显示了较高燃烧温度、较高密度比冲的范围，最高燃烧温度及最高密度比冲值。图 2.2-102 展示了比冲、特征速度、燃烧温度及密度比冲等性能与组分关系。从这些图形可清淅地看出推进剂性能与组分的关系。

## 2.2.7.2　HTPB-AP-HMX-Al(1∶1∶2∶1)推进剂

　　现用创新软件——推进剂配方优化设计及图形表征软件，设计了假设的含丁羟复合氧化剂的推进剂，进行大量计算，并绘制出各种图形，形象、直观地表征出组分与性能关系，可清晰形象地看出最高性能，如最高比冲、最高燃烧温度的配方范围如图 2.2-103～

图 2.2－116 所示。以丁羟聚丁二烯(含固化剂)为粘合剂，以高氯酸铵及奥克托今(按 1：2 的比例关系)为氧化剂，铝粉为添加剂组成推进剂。

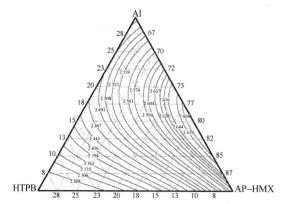

图 2.2－103　HTPB－AP－HMX－Al(1：1：2：1)推进剂等比冲三角图

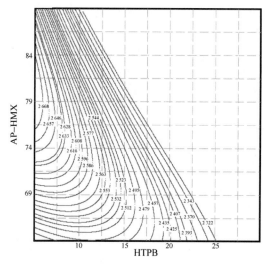

图 2.2－104　HTPB－AP－HMX－Al(1：1：2：1)推进剂比冲等高线图

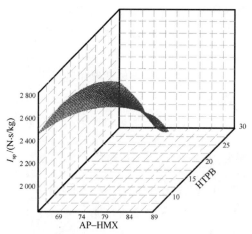

图 2.2－105　HTPB－AP－HMX－Al(1：1：2：1)推进剂比冲三维图

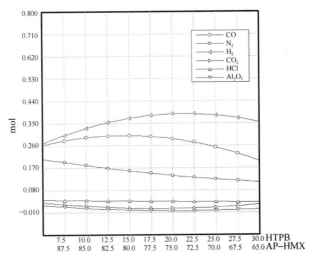

图 2.2 - 106　HTPB - AP - HMX - Al(1∶1∶2∶1)推进剂燃气产物与组分关系图

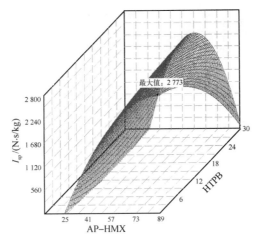

图 2.2 - 107　HTPB - AP - HMX - Al(1∶1∶2∶1)推进剂比冲曲线 3D 图

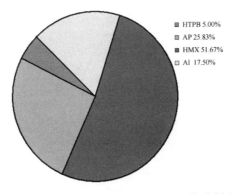

图 2.2 - 108　HTPB - AP - HMX - Al(1∶1∶2∶1)推进剂比冲最大值圆饼图

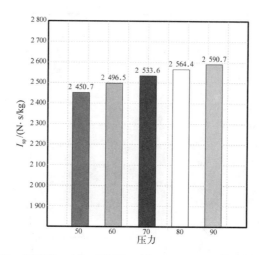

图 2.2-109　HTPB-AP-HMX-Al(1∶1∶2∶1)推进剂比冲直方图

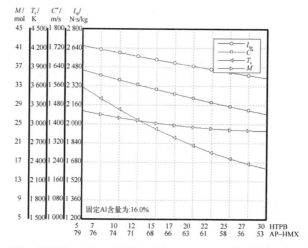

图 2.2-110　HTPB-AP-HMX-Al(1∶1∶2∶1)推进剂比冲二维综合图

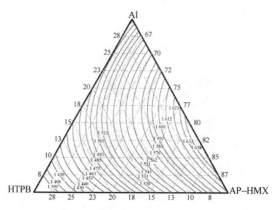

图 2.2-111　HTPB-AP-HMX-Al(1∶1∶2∶1)推进剂等特征速度三角图

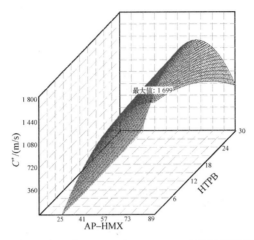

图 2.2 - 112　HTPB - AP - HMX - Al(1∶1∶2∶1)推进剂特征速度曲线 3D 图

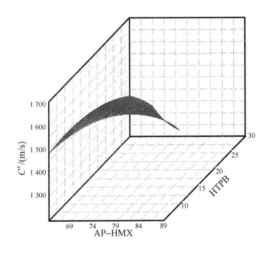

图 2.2 - 113　HTPB - AP - HMX - Al(1∶1∶2∶1)推进剂特征速度 3D 图

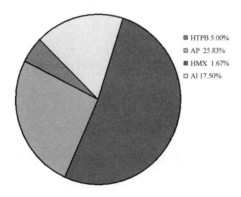

图 2.2 - 114　HTPB - AP - HMX - Al(1∶1∶2∶1)推进剂特征速度最大值圆饼图

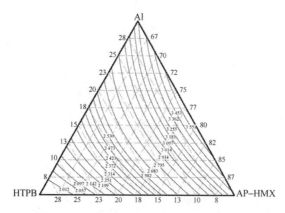

图 2.2 - 115　HTPB - AP - HMX - Al(1∶1∶2∶1)推进剂燃烧温度三角图

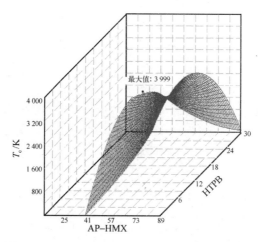

图 2.2 - 116　HTPB - AP - HMX - Al(1∶1∶2∶1)推进剂燃烧温度曲线 3D 图

　　图 2.2 - 103～图 2.2 - 109 展示了端羟聚丁二烯与混合氧化剂组成的复合推进剂比冲与组分关系，显示了较高比冲的范围，最高比冲值及具体配方，燃气产物与组分关系。图 2.2 - 110 显示了该复合推进剂比冲、特征速度等性能与组分的关系。图 2.2 - 111～图 2.2 - 114 显示了该复合推进剂特征速度与组分关系，显示了较高特征速度的范围，最高特征速度值及其配方值。图 2.2 - 115～图 2.2 - 116 展示了该复合推进剂燃烧温度与组分关系，显示了较高燃烧温度的范围，最高燃烧温度值与推进剂组分的关系。

## 2.3　高能推进剂及典型配方图形表征[2-4,12,18]

　　NEPE 推进剂是目前实际使用能量最高的推进剂之一，其比冲约为 2 450 N·s/kg (250 s)以上，属于高能推进剂的范畴。其特点是能量高、射程远，力学、安定等性能满足火箭导弹的要求，能承受发射时的各种冲击力，有较长的安全使用期。目前世界各国加紧研究，积极推广使用，现将在公开文献中收集的部分配方与性能数据列出。

### 2.3.1　NEPE 高能推进剂[12-14,17,18]

(1)中国 NEPE 高能推进剂 1[13,14]

配方质量分数：

| | |
|---|---|
| PEG 粘合剂系统 | 7.0% |
| 高氯酸铵(AP) | 15.0% |
| 铝粉(Al) | 17.0% |
| 奥克托今(HMX) | 42.0% |
| 硝化甘油/1，2，4-丁三醇三硝酸酯(NG/BTTN) | 18.0% |
| 附加剂(工艺助剂、催化剂、键合剂等) | 1.0% |

主要性能：

| | | |
|---|---|---|
| 实测比冲 $I_{sp}$/(N·s/kg) | | 2 465 |
| 燃速/(mm/s)　药条测试，$P_c=6.86$ MPa[①] | | 7.0~14.0 |
| 　　　　　　发动机测试 | | 11.26 |
| 压力指数　药条测试(3~9 MPa) | | 0.62 |
| 　　　　发动机测试 | | 0.60 |

力学性能见表 2.3-1。

表 2.3-1　力学性能

| 温度/℃ | $\sigma$/MPa | $\varepsilon$/% |
|---|---|---|
| +25 | 0.53 | 140 |
| +70 | 0.33 | 120 |
| -40 | 5.99 | 12~18 |

| | |
|---|---|
| 实测密度/($10^3$ kg/m³) | 1.82 |
| 玻璃化温度 $T_g$/℃ | -52 |
| 能量特性热力学计算结果 | |
| 　理论比冲 $I_{sp}$/(N·s/kg) | 2 659 |
| 　特征速度 $C^*$/(m/s) | 1 629.8 |
| 　燃烧温度 $T$/K | 3 674 |
| 　燃烧产物平均分子量/(g/mol) | 28.474 |

(2)中国 NEPE 高能推进剂 2[14]

配方质量分数：

| | |
|---|---|
| PEG 粘合剂系统 | 7.0% |

---

① 　BSFΦ65 发动机实测数据 $P_c=6.86$ MPa。

| | |
|---|---|
| 高氯酸铵（AP） | 10.0% |
| 铝粉（Al） | 18.0% |
| 奥克托今（HMX） | 47.0% |
| 硝化甘油/1，2，4-丁三醇三硝酸酯（NG/BTTN） | 18.0% |
| 附加剂（工艺助剂、催化剂、键合剂等） | 1.0% |

主要性能：

| | |
|---|---|
| 实测比冲 $I_{sp}$/(N·s/kg) | 2 465 |
| 燃速/(mm/s)　药条测试，$P_c$=6.86 MPa | 7.84 |
| 　　　　　　　发动机测试 | 11.26 |
| 压力指数　药条测试(3～9 MPa) | 0.79 |
| 　　　　　发动机测试 | 0.60 |
| 最大伸长率/%　25 ℃ | 109.3 |
| 最大抗拉强度/MPa　25 ℃ | 0.67 |

能量特性热力学计算结果

| | |
|---|---|
| 理论比冲 $I_{sp}$/(N·s/kg) | 2 668.2 |
| 特征速度 $C^*$/(m/s) | 1 635.5 |
| 燃烧温度 $T$/K | 3 649.7 |
| 燃烧产物平均分子量/(g/mol) | 28.106 |
| 计算密度/(g/cm³) | 1.841 |

（3）中国 NEPE 高能推进剂 3 [14]

配方质量分数：

| | |
|---|---|
| PEG 粘合剂系统 | 7.0% |
| 高氯酸铵（AP） | 20.0% |
| 铝粉（Al） | 18.0% |
| 奥克托今（HMX） | 37.0% |
| 硝化甘油/1，2，4-丁三醇三硝酸酯（NG/BTTN） | 18.0% |
| 附加剂（工艺助剂、催化剂、键合剂等） | 1.0% |

主要性能：

| | |
|---|---|
| 实测比冲 $I_{sp}$/(N·s/kg) | 2 465 |
| 燃速/(mm/s)　药条测试，$P_c$=6.86 MPa | 10.22 |
| 　　　　　　　发动机测试 | 11.26 |
| 压力指数　药条测试(3～9 MPa) | 0.67 |
| 　　　　　发动机测试 | 0.60 |
| 最大伸长率/%　25 ℃ | 85.2 |
| 最大抗拉强度/MPa　25 ℃ | 1.12 |

能量特性热力学计算结果

| 标准理论比冲 $I_{sp}$/(N·s/kg) | 2 652.9 |
| 特征速度 $C^*$/(m/s) | 1 622.1 |
| 燃烧温度 $T$/K | 3 722.2 |
| 燃烧产物平均分子量/(g/mol) | 29.208 |

(4)中国 NEPE 高能推进剂 4

配方质量分数：

| PEG 粘合剂系统 | 7.0% |
| 高氯酸铵(AP) | 25.0% |
| 铝粉(Al) | 18.0% |
| 奥克托今(HMX) | 32.0% |
| 硝化甘油/1，2，4‑丁三醇三硝酸酯(NG/BTTN) | 18.0% |
| 附加剂(工艺助剂、催化剂、键合剂等) | 1.0% |

主要性能：

| 实测比冲 $I_{sp}$/(N·s/kg) | 2 465 |
| 燃速/(mm/s)　药条测试，$P_c$=6.86 MPa | 12.30 |
| 　　　　　　　发动机测试 | 11.26 |
| 压力指数　药条测试(3~9 MPa) | 0.61 |
| 　　　　　发动机测试 | 0.60 |
| 最大伸长率/%　25 ℃ | 85.5 |
| 最大抗拉强度/MPa　25 ℃ | 0.98 |

能量特性热力学计算结果

| 标准理论比冲 $I_{sp}$/(N·s/kg) | 2 652.9 |
| 特征速度 $C^*$/(m/s) | 1 622.1 |
| 燃烧温度 $T$/K | 3 722.2 |
| 燃烧产物平均分子量/(g/mol) | 29.208 |

(5)中国 NEPE 高能推进剂 5[14]

配方质量分数：

| PEG 粘合剂系统 | 7.0% |
| 高氯酸铵(Ⅲ/Ⅳ=10/15) | 18.0% |
| 铝粉(Al) | 18.0% |
| 奥克托今(HMX) | 42.0% |
| 硝化甘油/1，2，4‑丁三醇三硝酸酯( NG/BTTN) | 18.0% |
| 附加剂(工艺助剂、催化剂、键合剂等) | 1.0% |

主要性能：

| 燃速/(mm/s)　药条测试，$P_c$=6.86 MPa | 9.15 |

　　压力指数　药条测试(3~9 MPa)　　　　　　　　　　　0.68
　　能量特性热力学计算结果
　　　　标准理论比冲 $I_{sp}$/(N·s/kg)　　　　　　　　　2 652.9
　　　　特征速度 $C^*$/(m/s)　　　　　　　　　　　　1 622.1
　　　　燃烧温度 $T$/K　　　　　　　　　　　　　　3 722.2
　　　　燃烧产物平均分子量/(g/mol)　　　　　　　29.208

- 假设 NEPE 推进剂图形，PEG-NG/AP-HMX/Al(1∶2/1∶3/1)

使用创新软件对 NEPE 高能推进剂主要成分进行计算[2]，绘制出各种图形，如图 2.3-1~图 2.3-24 所示。假设推进剂：粘合剂为 PEG-NG(1∶2)，氧化剂为 AP-HMX(1∶3)，添加剂为 Al。

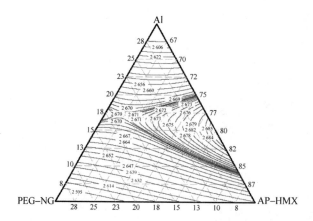

图 2.3-1　PEG-NG(1∶2)/AP-HMX(1∶3)/Al 固体推进剂等比冲三角图

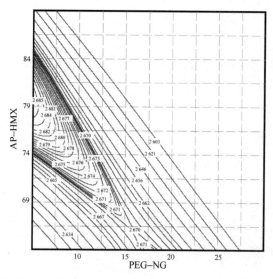

图 2.3-2　PEG-NG(1∶2)/AP-HMX(1∶3)/Al 固体推进剂比冲等高线图

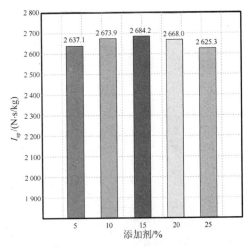

图 2.3－3　PEG－NG(1∶2)/AP－HMX(1∶3)/Al 固体推进剂添加剂对比冲影响的直方图

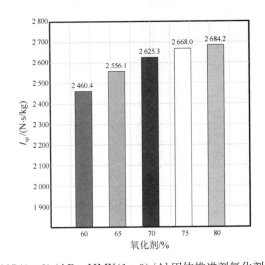

图 2.3－4　PEG－NG(1∶2)/AP－HMX(1∶3)/Al 固体推进剂氧化剂对比冲影响的直方图

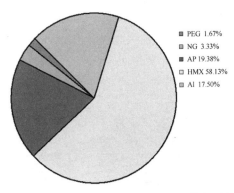

图 2.3－5　PEG－NG(1∶2)/AP－HMX(1∶3)/Al 固体推进剂比冲最大值圆饼图

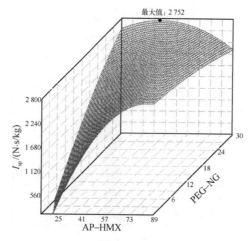

图 2.3 - 6　PEG - NG(1：2)/AP - HMX(1：3)/Al 固体推进剂比冲最大值曲线 3D 图

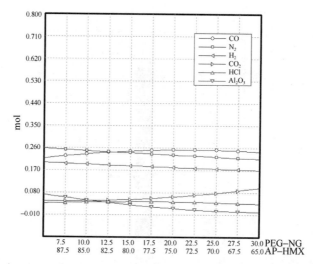

图 2.3 - 7　PEG - NG(1：2)/AP - HMX(1：3)/Al 固体推进剂燃气产物与组分关系图

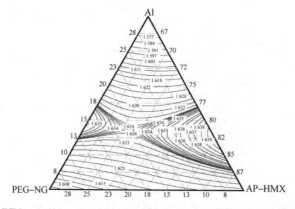

图 2.3 - 8　PEG - NG(1：2)/AP - HMX(1：3)/Al 固体推进剂等特征速度三角图

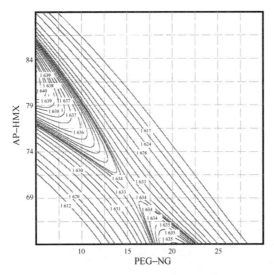

图 2.3 - 9　PEG - NG(1∶2)/AP - HMX(1∶3)/Al 固体推进剂特征速度等高线图

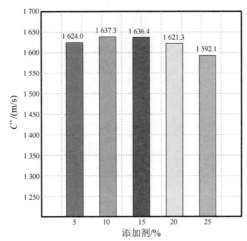

图 2.3 - 10　PEG - NG(1∶2)/AP - HMX(1∶3)/Al 推进剂中添加剂对特征速度影响的直方图

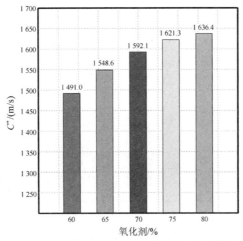

图 2.3 - 11　PEG - NG(1∶2)/AP - HMX(1∶3)/Al 推进剂中氧化剂对特征速度影响的直方图

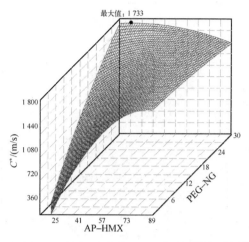

图 2.3 - 12　PEG - NG(1∶2)/AP - HMX(1∶3)/Al 固体推进剂特征速度曲线 3D 图

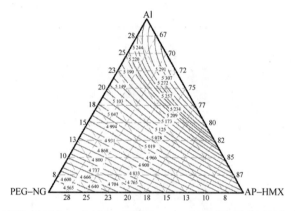

图 2.3 - 13　PEG - NG(1∶2)/AP - HMX(1∶3)/Al 固体推进剂等密度比冲三角图

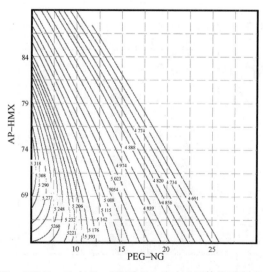

图 2.3 - 14　PEG - NG(1∶2)/AP - HMX(1∶3)/Al 固体推进剂密度比冲等高线图

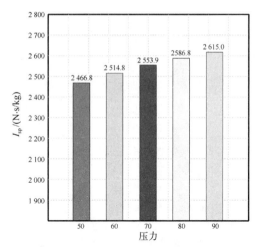

图 2.3 - 15 PEG - NG(1 : 2)/AP - HMX(1 : 3)/Al 固体推进剂压力对比冲影响的直方图

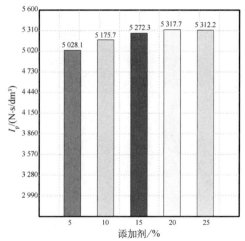

图 2.3 - 16 PEG - NG(1 : 2)/AP - HMX(1 : 3)/Al 推进剂添加剂对密度比冲影响的直方图

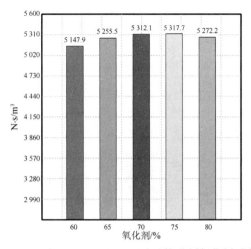

图 2.3 - 17 PEG - NG(1 : 2)/AP - HMX(1 : 3)/Al 推进剂氧化剂对密度比冲影响的直方图

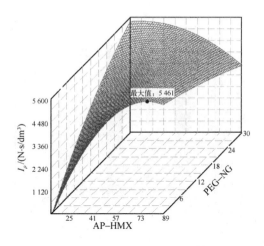

图 2.3 - 18　PEG - NG(1∶2)/AP - HMX(1∶3)/Al 固体推进剂等密度比冲曲线 3D 图

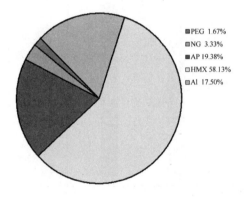

图 2.3 - 19　PEG - NG(1∶2)/AP - HMX(1∶3)/Al 固体推进剂密度比冲最大值圆饼图

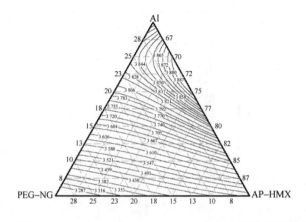

图 2.3 - 20　PEG - NG(1∶2)/AP - HMX(1∶3)/Al 固体推进剂等燃烧温度三角图

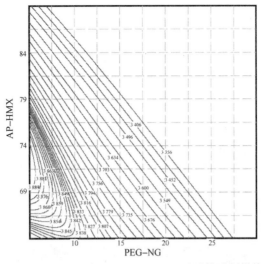

图 2.3 - 21 PEG - NG(1∶2)/AP - HMX(1∶3)/Al 推进剂燃烧温度等高线图

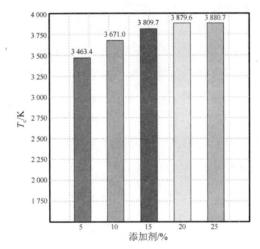

图 2.3 - 22 PEG - NG(1∶2)/AP - HMX(1∶3)/Al 推进剂中添加剂对燃烧温度影响的直方图

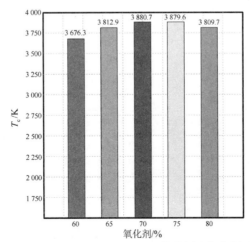

图 2.3 - 23 PEG - NG(1∶2)/AP - HMX(1∶3)/Al 推进剂中氧化剂对燃烧温度影响的直方图

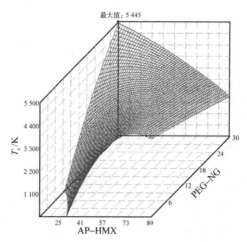

图 2.3 - 24　PEG - NG(1∶2)/AP - HMX(1∶3)/Al 固体推进剂燃烧温度最大曲线 3D 图

　　图 2.3 - 1~图 2.3 - 7 展示了 PEG - NG(1∶2)/AP - HMX(1∶3)/Al 组成的 NEPE 推进剂比冲与组分关系，显示了较高比冲的范围，最高比冲值及具体配方，最高比冲可达 2 752 N·s/kg，显示了燃气产物与组分关系。图 2.3 - 8~图 2.3 - 12 显示了该推进剂特征速度等性能与组分的关系，最高特征速度为 1 733 m/s。图 2.3 - 13~图 2.3 - 19 显示了该推进剂密度比冲与组分关系，显示了较高密度比冲的范围，最高密度比冲及其配方值，最高密度比冲可达 5 461 N·s/dm³；图 2.3 - 20~图 2.3 - 24 展示了该推进剂燃烧温度与组分关系，显示了较高燃烧温度的范围，最高燃烧温度值与推进剂组分的关系。

　　(6)美国 NEPE 高能推进剂 6[15,16]

　　配方质量分数：

| | |
|---|---|
| 硝化棉(NC) | 0.18% |
| 2 -硝基二苯胺(2 - NDPA) | 0.17% |
| 硝化甘油(NG) | 17.24% |
| 聚乙二醇(PEG 4500) | 6.16% |
| N -甲基- 4 -硝基苯胺(MNA) | 0.56% |
| 总预混物 | 24.31% |
| 高氯酸铵(AP) | 15% |
| 奥克托今(HMX) | 42% |
| 铝粉(Al) | 18% |
| 总固体物 | 75% |
| N - 100(液态) | 0.69% |
| 附加物(外加)三苯基(TPB) | 0.02% |

　　能量特性热力学计算结果：

| | |
|---|---|
| 理论比冲 $I_{sp}$/(N·s/kg) | 2 661.7 |

| 特征速度 $C^*$/(m/s) | 1 628 |
| 燃烧温度 $T$/K | 3 734.3 |
| 燃烧产物平均分子量/(g/mol) | 29.086 |

(7) 美国 NEPE 高能推进剂 7

配方质量分数：

| 硝化棉(NC) | 0.18% |
| 2-硝基二苯胺(2-NDPA) | 0.17% |
| 硝化甘油(NG) | 17.24% |
| 聚乙二醇(PEG 4500) | 6.16% |
| N-甲基-4-硝基苯胺(MNA) | 0.56% |
| 总预混物 | 24.31% |
| 高氯酸铵(AP) | 15% |
| 奥克托今(HMX) | 41.44% |
| 铝粉(Al) | 18% |
| N-甲基-4-硝基苯胺(MNA，固) | 0.56% |
| 总固体物 | 75.0% |
| N-100(液态) | 0.69% |
| 附加物(外加)三苯基铋(TPB) | 0.02% |

能量特性热力学计算结果：

| 理论比冲 $I_{sp}$/(N·s/kg) | 2 661.4 |
| 特征速度 $C^*$/(m/s) | 1 627.6 |
| 燃烧温度 $T$/K | 3 735.9 |
| 燃烧产物平均分子量/(g/mol) | 29.118 |

(8) 美国 NEPE 高能推进剂 8

配方质量分数：

| 硝化棉(NC) | 0.18% |
| 2-硝基二苯胺(2-NDPA) | 0.17% |
| 硝化甘油(NG) | 17.28% |
| 聚乙二醇(PEG 4500) | 6.18% |
| N-甲基-4-硝基苯胺(MNA) | 0.56% |
| 总预混物 | 24.37% |
| 高氯酸铵(AP) | 15.0% |
| 奥克托今(HMX) | 42.0% |
| 铝粉(Al) | 18.0% |
| 总固体物 | 75.0% |

| N-100(液态) | 0.63% |
|---|---|
| 附加物(外加)三苯基铋(TPB) | 0.02% |

能量特性热力学计算结果：

| 理论比冲 $I_{sp}$/(N·s/kg) | 2 661.7 |
|---|---|
| 特征速度 $C^*$/(m/s) | 1 628.1 |
| 燃烧温度 $T$/K | 3 734 |
| 燃烧产物平均分子量/(g/mol) | 29.083 |

(9)美国 NEPE 高能推进剂 9

配方质量分数：

| 硝化棉(NC) | 0.18% |
|---|---|
| 2-硝基二苯胺(2-NDPA) | 0.17% |
| 硝化甘油(NG) | 17.24% |
| 聚乙二醇(PEG 4500) | 6.16% |
| N-甲基-4-硝基苯胺(MNA) | 0.56% |
| 总预混物 | 24.31% |
| 高氯酸铵(AP) | 15.0% |
| 奥克托今(HMX) | 40.88% |
| 铝粉(Al) | 18.0% |
| N-甲基-4-硝基苯胺(MNA) | 1.12% |
| 总固体物 | 75.0% |
| N-100(液态) | 0.69% |
| 附加物(外加)三苯基铋(TPB) | 0.02% |

能量特性热力学计算结果：

| 理论比冲 $I_{sp}$/(N·s/kg) | 2 658.6 |
|---|---|
| 特征速度 $C^*$/(m/s) | 1 627.6 |
| 燃烧温度 $T$/K | 3 700.5 |
| 燃烧产物平均分子量/(g/mol) | 28.815 |

(10)美国 NEPE 高能推进剂 10

配方质量分数：

| 硝化棉(NC) | 0.18% |
|---|---|
| 2-硝基二苯胺(2-NDPA) | 0.17% |
| 硝化甘油(NG) | 17.24% |
| 聚乙二醇(PEG 4500) | 6.16% |
| N-甲基-4-硝基苯胺(MNA) | 0.56% |
| 总预混物 | 24.31% |

| | |
|---|---|
| 高氯酸铵(AP) | 15.0% |
| 奥克托今(HMX) | 40.32% |
| 铝粉(Al) | 18.0% |
| N-甲基-4-硝基苯胺(MNA) | 1.68% |
| 总固体物 | 75.0% |
| N-100(液态) | 0.69% |
| 附加物(外加)三苯基铋(TPB) | 0.02% |

能量特性热力学计算结果：

| | |
|---|---|
| 理论比冲 $I_{sp}$/(N·s/kg) | 2 657.1 |
| 特征速度 $C^*$/(m/s) | 1 627.2 |
| 燃烧温度 $T$/K | 3 684.7 |
| 燃烧产物平均分子量/(g/mol) | 28.695 |

(11)美国 NEPE 高能推进剂 11

配方质量分数：

| | |
|---|---|
| 硝化棉(NC) | 0.07% |
| 2-硝基二苯胺(2-NDPA) | 0.18% |
| 硝化甘油(NG) | 12.13% |
| 聚乙二醇(PEG 4500) | 6.18% |
| N-甲基-4-硝基苯胺(MNA) | 0.56% |
| BTTN | 5.20% |
| 总预混物 | 24.32% |
| 高氯酸铵(AP) | 10.0% |
| 奥克托今(HMX) | 47.0% |
| 铝粉(Al) | 18.0% |
| 总固体物 | 75.0% |
| N-100(液态) | 0.68% |
| 附加物(外加)三苯基铋(TPB) | 0.05% |

能量特性热力学计算结果：

| | |
|---|---|
| 理论比冲 $I_{sp}$/(N·s/kg) | 2 668.6 |
| 特征速度 $C^*$/(m/s) | 1 635.3 |
| 燃烧温度 $T$/K | 3 676.6 |
| 燃烧产物平均分子量/(g/mol) | 28.339 |

(12)美国 NEPE 高能推进剂 12

配方质量分数：

| | |
|---|---|
| 硝化棉(NC) | 0.18% |

| | |
|---|---|
| 2-硝基二苯胺(2-NDPA) | 0.17% |
| 硝化甘油(NG) | 10.21% |
| 聚乙二醇(PEG 4500) | 6.15% |
| N-甲基-4-硝基苯胺(MNA) | 0.56% |
| 甘油三醋酸酯(TA) | 6.98% |
| 总预混物 | 24.25% |
| 高氯酸铵(AP) | 15.0% |
| 奥克托今(HMX) | 42.0% |
| 铝粉(Al) | 18.0% |
| 总固体物 | 75.0% |
| N-100(液态) | 0.75% |
| 附加物(外加)三苯基铋(TPB) | 0.05% |

能量特性热力学计算结果：

| | |
|---|---|
| 理论比冲 $I_{sp}$/(N·s/kg) | 2 619.8 |
| 特征速度 $C^*$/(m/s) | 1 605.5 |
| 燃烧温度 $T$/K | 3 437.6 |
| 燃烧产物平均分子量/(g/mol) | 27.347 |

(13) 美国 NEPE 高能推进剂 13

配方质量分数：

| | |
|---|---|
| 硝化棉(NC) | 0.06% |
| 2-硝基二苯胺(2-NDPA) | 0.22% |
| 硝化甘油(NG) | 21.34% |
| N-甲基-4-硝基苯胺(MNA) | 0.62% |
| PGA | 6.14% |
| 总预混物 | 28.38% |
| 高氯酸铵(AP) | 10.0% |
| 奥克托今(HMX) | 40.5% |
| 铝粉(Al) | 19.5% |
| 总固体物 | 70.0% |
| N-100(液态) | 1.62% |
| 附加物(外加)三苯基铋(TPB) | 0.01% |

能量特性热力学计算结果：

| | |
|---|---|
| 理论比冲 $I_{sp}$/(N·s/kg) | 2 678.9 |
| 特征速度 $C^*$/(m/s) | 1 632.6 |
| 燃烧温度 $T$/K | 3 806 |
| 燃烧产物平均分子量/(g/mol) | 29.579 |

（14）美国 NEPE 高能推进剂 14

配方质量分数：

| | |
|---|---|
| 硝化棉（NC） | 0.18% |
| 2-硝基二苯胺（2-NDPA） | 0.17% |
| 硝化甘油（NG） | 17.28% |
| 聚乙二醇（PEG 4500） | 6.18% |
| N-甲基-4-硝基苯胺（MNA） | 0.56% |
| 总预混物 | 24.37% |
| 高氯酸铵（AP） | 15.0% |
| 奥克托今（HMX） | 42.0% |
| 铝粉（Al） | 18.0% |
| 总固体物 | 75.0% |
| N-100（液态） | 0.63% |
| 附加物（外加）三苯基铋（TPB） | 0.02% |

能量特性热力学计算结果：

| | |
|---|---|
| 理论比冲 $I_{sp}$/(N·s/kg) | 2 661.7 |
| 特征速度 $C^*$/(m/s) | 1 628.1 |
| 燃烧温度 $T$/K | 3 734 |
| 燃烧产物平均分子量/(g/mol) | 29.083 |

（15）美国 NEPE 高能推进剂 15

配方质量分数：

| | |
|---|---|
| 硝化棉（NC） | 0.07% |
| 2-硝基二苯胺（2-NDPA） | 0.18% |
| 硝化甘油（NG） | 12.13% |
| 聚乙二醇（PEG 4500） | 6.18% |
| N-甲基-4-硝基苯胺（MNA） | 0.56% |
| BTTN | 5.20% |
| 总预混物 | 24.32% |
| 高氯酸铵（AP） | 10.0% |
| 奥克托今（HMX） | 45.88% |
| 铝粉（Al） | 18.0% |
| N-甲基-4-硝基苯胺（MNA） | 1.12% |
| 总固体物 | 75.0% |
| N-100（液态） | 0.68% |
| 附加物（外加）三苯基铋（TPB） | 0.05% |

能量特性热力学计算结果：

| | |
|---|---|
| 理论比冲 $I_{sp}$/(N·s/kg) | 2 665.5 |
| 特征速度 $C^*$/(m/s) | 1 633.8 |
| 燃烧温度 $T$/K | 3 637.5 |
| 燃烧产物平均分子量/(g/mol) | 28.06 |

(16)美国 NEPE 高能推进剂 16[24]

配方质量分数：

| | |
|---|---|
| PEG 粘合剂 | 6.25% |
| 纤维素丁酸乙脂(CAB) | 0.06% |
| 硝化甘油(NG) | 19.02% |
| N-100 | 0.88% |
| 2-硝基二苯胺(2-NDPA) | 0.19% |
| N-甲基-4-硝基苯胺(MNA) | 0.60% |
| 三苯基铋(TPB) | 0.02% |
| 高氯酸铵(AP，粒径 20 $\mu$：50 $\mu$ =1：1) | 8.0% |
| 铝粉(Al) | 18.0% |
| HMX 粒径(2 $\mu$：11 $\mu$ =1：1) | 47.0% |

主要性能：

| | |
|---|---|
| 比冲 $I_{sp}$/(N·s/kg) | 2 662.52(271.5 s) |
| 密度/(g/cm³) | 1.840 7 |
| 燃速压力指数 | 0.42 |
| 模量/MPa | 3.0 |
| 最大抗拉强度 $\sigma_m$/MPa | 0.647 |
| 延伸率 $\varepsilon_m$/% | 270 |

(17)美国 NEPE 高能推进剂 17[24]

配方质量分数：

| | |
|---|---|
| PEG 粘合剂 | 6.25% |
| 纤维素丁酸乙脂(CAB) | 0.06% |
| 硝化甘油(NG) | 19.02% |
| N-100 | 0.88% |
| 2-硝基二苯胺(2-NDPA) | 0.19% |
| N-甲基-4-硝基苯胺(MNA) | 0.60% |
| 三苯基铋(TPB) | 0.02% |
| 高氯酸铵(AP，粒径 5 $\mu$：20 $\mu$ =1：1) | 9.0% |
| 铝粉(Al) | 18.0% |

| HMX(粒径 2 $\mu$ : 11 $\mu$ = 1 : 1) | 46.0% |
|---|---|

主要性能:

| 比冲 $I_{sp}$/(N·s/kg) | 271.4 |
|---|---|
| 密度/(g/cm³) | 1.840 7 |
| 燃速压力指数 | 0.49 |
| 模量/MPa | 3.823 |
| 最大抗拉强度 $\sigma_m$/MPa | 0.696 |
| 延伸率 $\varepsilon_m$/% | 273 |

(18) 美国 NEPE 高能推进剂 18[24]

配方质量分数:

| PEG 粘合剂 | 11.65% |
|---|---|
| 硝化甘油(NG) | 8.06% |
| N-100 | 1.74% |
| 2-硝基二苯胺(2-NDPA) | 0.08% |
| N-甲基-4-硝基苯胺(MNA) | 0.47% |
| 三苯基铋(TPB) | 0.02% |
| 高氯酸铵(AP,粒径 200 $\mu$) | 42.0% |
| 铝粉(Al) | 24.0% |
| HMX(粒径 2 $\mu$) | 12.0% |

(19) 美国 NEPE 高能推进剂 19[24]

配方质量分数:

| PEG 粘合剂 | 5.02% |
|---|---|
| 纤维素丁酸乙脂(CAB) | 0.2% |
| 硝化甘油(NG) | 20.18% |
| N-100 | 0.08% |
| 2-硝基二苯胺(2-NDPA) | 0.2% |
| N-甲基-4-硝基苯胺(MNA) | 0.6% |
| 三苯基铋(TPB) | 0.02% |
| 高氯酸铵(AP,粒径 200 $\mu$) | 42.0% |
| 铝粉(Al) | 16.0% |
| HMX(粒径 57 $\mu$ : 2 $\mu$ = 34 : 23) | 57.0% |

(20) 假设高能推进剂 PEG-NG-BTTN/AP-HMX/Al 的图形

以 PEG-NG-BTTN(1:1:1)为粘合剂、AP-HMX(1:1)为氧化剂、Al 为添加剂组成的假设高能推进剂,用创新软件[3]绘制组分与性能关系的一系列图形如图 2.3-25~图 2.3-33 所示。

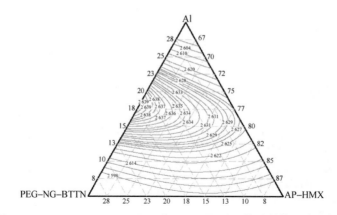

图 2.3 - 25 PEG - NG - BTTN/AP - HMX/Al 推进剂等比冲三角图

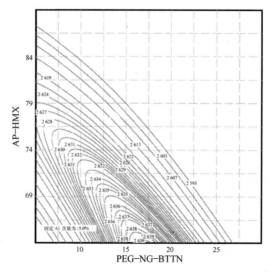

图 2.3 - 26 PEG - NG - BTTN/AP - HMX/Al 推进剂比冲等高线图

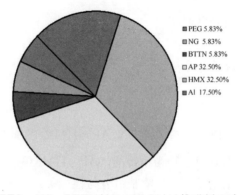

图 2.3 - 27 PEG - NG - BTTN/AP - HMX/Al 推进剂比冲最大值圆饼图

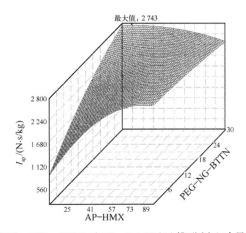

图 2.3 - 28　PEG - NG - BTTN/AP - HMX/Al 推进剂比冲最大值曲线 3D 图

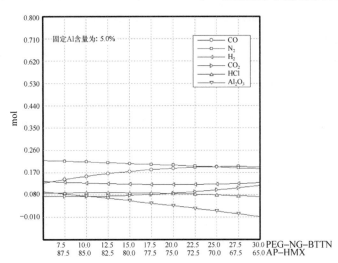

图 2.3 - 29　PEG - NG - BTTN/AP - HMX/Al 推进剂燃气产物与组分关系图

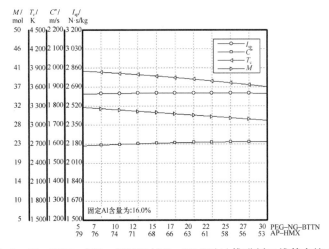

图 2.3 - 30　PEG - NG - BTTN/AP - HMX/Al 推进剂二维等高综合图

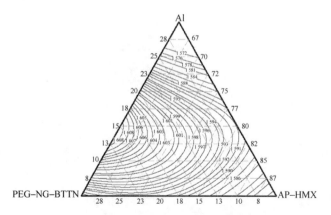

图 2.3 - 31　PEG - NG - BTTN/AP - HMX/Al 推进剂等特征速度三角图

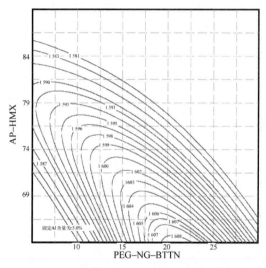

图 2.3 - 32　PEG - NG - BTTN/AP - HMX/Al 推进剂特征速度等高线图

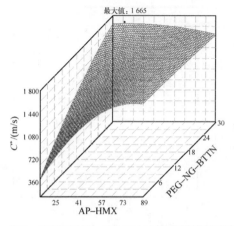

图 2.3 - 33　PEG - NG - BTTN/AP - HMX/Al 推进剂特征速度最大值曲线 3D 图

　　图 2.3 - 25～图 2.3 - 29 展示了 PEG - NG - BTTN/AP - HMX/Al 组成的 NEPE 推进剂比冲与组分关系，显示了较高比冲的范围，最高比冲值及具体配方，最高比冲可达 2 743 N·s/kg，显示了燃气产物与组分关系。图 2.3 - 31～图 2.3 - 33 显示了该推进剂特征速度等性能与组分的关系，最高特征速度值。图 2.3 - 30 显示了该推进剂比冲、特征速度、密度比冲等性能与组分关系的二维综合图。

## 2.3.2　含 ADN 的高能推进剂[16]

（1）ADN - V127 高能推进剂

配方质量分数：

| | |
|---|---|
| ADN 颗粒（106 $\mu$m） | 56.0% |
| Al（8 $\mu$m） | 10.0% |
| GAP - diol | 18.58% |
| GAP - triol | 3.625% |
| 重（2，2 - 二硝基丙醇）缩乙醛 - 缩甲醛（BDNPA - F） | 8.1% |
| 安定剂 | 1.6% |
| 固化剂（BPS） | 2.095% |
| 固体填充物 | 66.0% |
| 粘合剂的增塑剂 | 33.33% |

主要性能：

| | |
|---|---|
| Req（NCO/OH） | 1.1 |
| OB | −15.35% |

（2）意大利 ADN - V142 高能推进剂[26]

配方质量分数：

| | |
|---|---|
| ADN 颗粒（106 $\mu$m） | 56.0% |
| HMX（5 $\mu$m） | 10.0% |
| D2200 | 17.42% |
| TMETN＋0.5%2 - NDPA | 10.8% |
| 安定剂 | 1.6% |
| HX - 880 | 0.14% |
| N - 3400 | 4.04% |
| 固体填充物 | 66.0% |
| 粘合剂的增塑剂 | 33.33% |

主要性能：

| | |
|---|---|
| Req（NCO/OH） | 1.0 |
| O. B. | −30.89% |

| 密度/(g/cm³) | 1.589 |

(3)意大利 ADN - V144 高能推进剂[26]

配方质量分数：

| ADN 颗粒(106 μm) | 6.0% |
| Al(8 μm) | 10% |
| D2200 | 17.42% |
| TMETN+0.5%2 - NDPA | 10.8% |
| 安定剂 | 1.6% |
| HX - 880 | 0.14% |
| N - 3400 | 4.04% |
| 固体填充物 | 66.0% |
| 粘合剂的增塑剂 | 33.33% |

主要性能：

| Req(NCO/OH) | 1.0 |
| O. B. | -37.63% |
| 密度/(g/cm³) | 1.628 |

(4)假设高能推进剂 GAP - BDNPF/ADN/Al 的图形

用创新软件对重(2，2-二硝基丙醇)缩甲醛(GAP - BDNPA - F)为粘合剂，ADN 为氧化剂，Al 为添加剂的推进剂进行计算并绘制出各种图形，如图 2.3 - 34～图 2.3 - 51 所示。假设高能推进剂 GAP - BDNPF/ADN/Al 的比例关系为 2.5：1/1/1。

图 2.3 - 34～图 2.3 - 40 展示了 GAP - BDNPF/ADN/Al 组成的 NEPE 推进剂比冲与组分关系，显示了较高比冲的范围，最高比冲值及具体配方，最高比冲可达 2 855 N·s/kg，显示了燃气产物与组分关系。图 2.3 - 41 展示了该推进剂比冲、特征速度、密度比冲等性能与组分关系的二维综合图。图 2.3 - 42～图 2.3 - 47 展示了该推进剂特征速度等性能与组分的关系，显示了较高特征速度的范围，最高特征速度及其配方值，最高特征速度可达

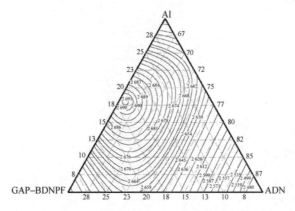

图 2.3 - 34　GAP - BDNPF/ADN/Al 高能推进剂等比冲三角图

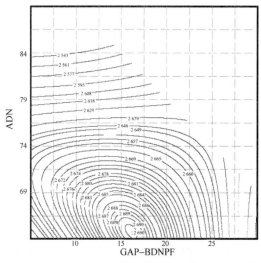

图 2.3 - 35　GAP - BDNPF/ADN/Al 高能推进剂比冲等高线图

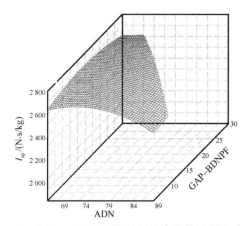

图 2.3 - 36　GAP - BDNPF/ADN/Al 高能推进剂比冲 3D 维图

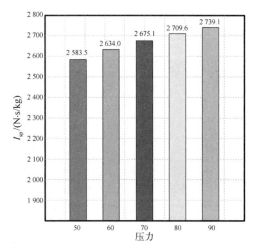

图 2.3 - 37　GAP - BDNPF/ADN/Al 高能推进剂比冲直方图

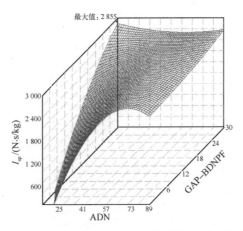

图 2.3 - 38　GAP - BDNPF/ADN/Al 高能推进剂比冲曲线 3D 图

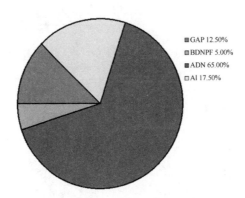

图 2.3 - 39　GAP - BDNPF/ADN/Al 高能推进剂比冲最大值圆饼图

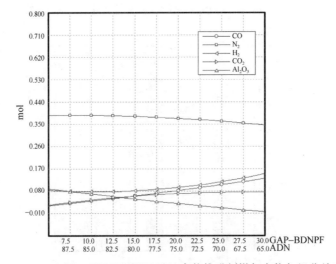

图 2.3 - 40　GAP - BDNPF/ADN/Al 高能推进剂燃气产物与组分关系图

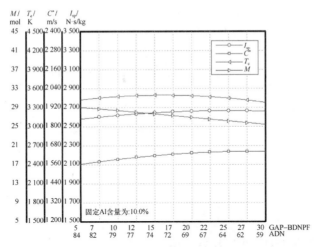

图 2.3 - 41　GAP - BDNPF/ADN/Al 高能推进剂二维综合图

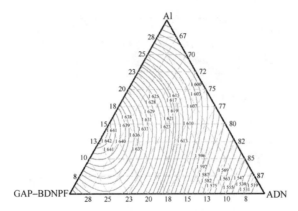

图 2.3 - 42　GAP - BDNPF/ADN/Al 高能推进剂特征速度三角图

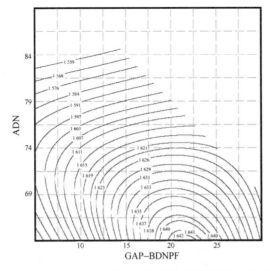

图 2.3 - 43　GAP - BDNPF/ADN/Al 高能推进剂特征速度等高线图

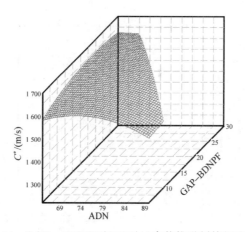

图 2.3 - 44　GAP - BDNPF/ADN/Al 高能推进剂特征速度 3D 图

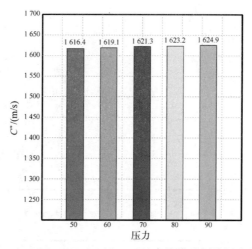

图 2.3 - 45　GAP - BDNPF/ADN/Al 高能推进剂特征速度直方图

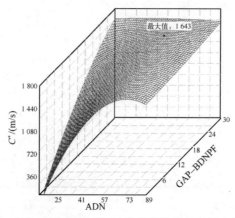

图 2.3 - 46　GAP - BDNPF/ADN/Al 高能推进剂特征速度曲线 3D 图

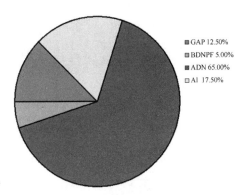

图 2.3 - 47 GAP - BDNPF/ADN/Al 高能推进剂特征速度最大值圆饼图

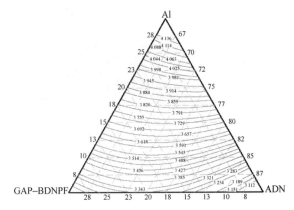

图 2.3 - 48 GAP - BDNPF/ADN/Al 高能推进剂等燃烧温度三角图

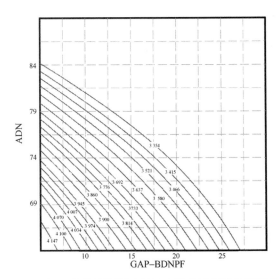

图 2.3 - 49 GAP - BDNPF/ADN/Al 高能推进剂燃烧温度等高线图

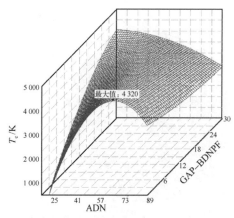

图 2.3 - 50　GAP - BDNPF/ADN/Al 高能推进剂燃烧温度最大值曲线 3D 图

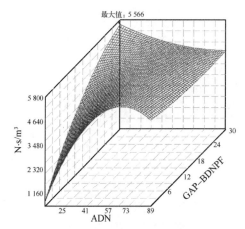

图 2.3 - 51　GAP - BDNPF/ADN/Al 高能推进剂密度比冲最大值曲线 3D 图

1 643 m/s。图 2.3 - 48~图 2.3 - 50 显示了该推进剂燃烧温度与组分关系,显示了较高燃烧温度的范围,最高燃烧温度及其配方值。图 2.3 - 51 展示了该推进剂密度比冲与组分关系,显示了较高密度比冲的范围、最高密度比冲值,最高密度比冲可达 5 566 N·s/m$^3$。

### 2.3.3　含 CL20 的高能推进剂[2]

用新的优化设计软件对含 CL20 的高能推进剂进行优化设计,具体过程如下。配方优化结果见表 2.3 - 2。

表 2.3 - 2　配方优化结果

| 组分 | PEG | NG | BTTN | RDX | CL20 | Al | Fe$_2$O$_3$ |
|---|---|---|---|---|---|---|---|
| 设定范围 | 5~12 | 5~12 | 5~12 | 35~45 | 10~20 | 10~20 | 1~2 |
| 优化配方 | 5.03 | 7.46 | 7.2 | 42.58 | 19.26 | 17.26 | 1.2 |
| 最优性能 | 比冲 2 684.90 N·s/kg | | | | 特征速度 $C^*$ =1 632.50 m/s | | |

这是接近实际的配方,若以 0.95 的系数计算热损失,其真实比冲可达 260 s,是目前最高比冲之一。含 CL20 的假设高能推进剂图形,PEG - NG - BTTN/RDX - CL20/Al

(1∶1∶1/2∶1/1)，如图 2.3-52～图 2.3-64 所示。

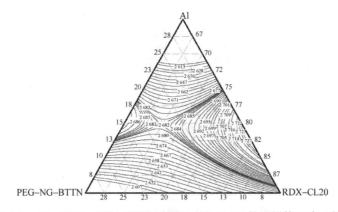

图 2.3-52　PEG-NG-BTTN/RDX-CL20/Al 推进剂等比冲三角图

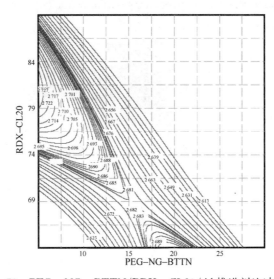

图 2.3-53　PEG-NG-BTTN/RDX-CL20/Al 推进剂比冲等高线图

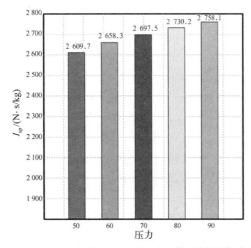

图 2.3-54　PEG-NG-BTTN/RDX-CL20/Al 推进剂压力对比冲影响的直方图

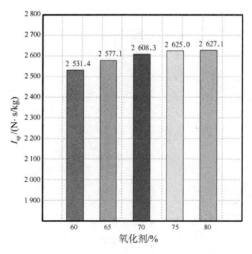

图 2.3 - 55　PEG - NG - BTTN/RDX - CL20/Al 推进剂氧化剂对比冲影响的直方图

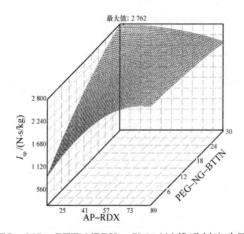

图 2.3 - 56　PEG - NG - BTTN/RDX - CL20/Al 推进剂比冲最大值曲线 3D 图

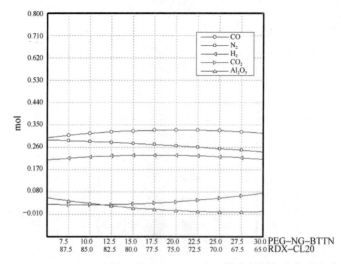

图 2.3 - 57　PEG - NG - BTTN/RDX - CL20/Al 推进剂燃气产物与组分关系图

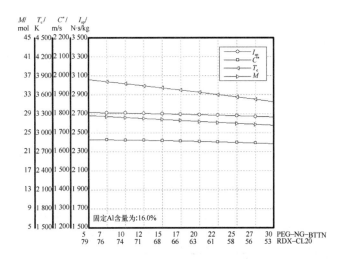

图 2.3 - 58 PEG - NG - BTTN/RDX - CL20/Al 推进剂性能二维综合图

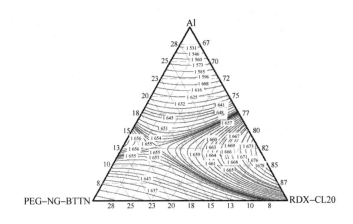

图 2.3 - 59 PEG - NG - BTTN/RDX - CL20/Al 推进剂等特征速度三角图

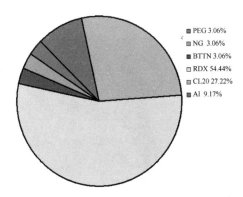

图 2.3 - 60 PEG - NG - BTTN/RDX - CL20/Al 推进剂特征速度最大值圆饼图

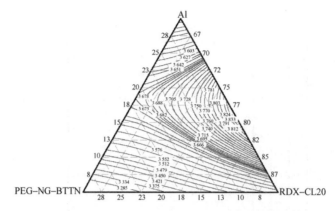

图 2.3 - 61　PEG - NG - BTTN/RDX - CL20/Al 推进剂等燃烧温度三角图

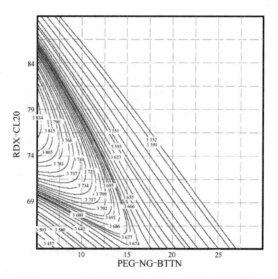

图 2.3 - 62　PEG - NG - BTTN/RDX - CL20/Al 推进剂燃烧温度等高线图

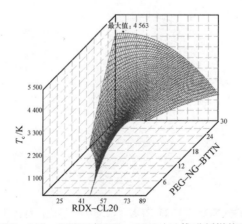

图 2.3 - 63　PEG - NG - BTTN/RDX - CL20/Al 推进剂燃烧温度曲线 3D 图

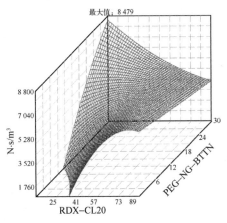

图 2.3 - 64　PEG - NG - BTTN/RDX - CL20/Al 推进剂密度比冲曲线 3D 图

## 2.4　无烟推进剂[15-20]

### 2.4.1　复合无烟推进剂[18]

(1) 美国 BLX - Ⅰ 无烟推进剂[18]

配方质量分数：

| | |
|---|---|
| HTPB(R45M) | 23.2% |
| 异佛尔酮二异氰酸酯(IPDI) | 1.74% |
| 三苯基铋(TPB) | 0.03% |
| 草酸(OXA) | 0.03% |
| 黑索今(RDX，A 级) | 22.56% |
| 黑索今(RDX，E 级) | 52.5% |

主要性能：

| | |
|---|---|
| 比冲/(N·s/kg) | 2 097.2 |
| 冲击感度（50%落高)/N·m | 46 |
| $E$/MPa | 12.8 |
| 最大抗拉强度 $\sigma_m$/MPa | 0.86 |
| 破坏延伸率 $\varepsilon_b$/% | 13 |
| 软化温度 $T_g$/℃ | −72 |
| 肖氏硬度 | 58 |

(2) 美国 BLX - Ⅱ 无烟推进剂[17,18]

配方质量分数：

| | |
|---|---|
| HTPB(R45M) | 18.55% |

异佛尔酮二异氰酸酯（IPDI）　　　　　　　　　　　　1.39%

三苯基铋（TPB）　　　　　　　　　　　　　　　　　0.03%

草酸　　　　　　　　　　　　　　　　　　　　　　　0.03%

黑索今（RDX，A 级）　　　　　　　　　　　　　　　32.0%

黑索今（RDX，E 级）　　　　　　　　　　　　　　　48.0%

主要性能：

比冲/（N·s/kg）　　　　　　　　　　　　　　　　　2 140

冲击感度（50%落高）/N·m　　　　　　　　　　　　37

$E$/MPa　　　　　　　　　　　　　　　　　　　　　22.4

最大抗拉强度 $\sigma_m$/MPa　　　　　　　　　　　　　1.12

破坏延伸率 $\varepsilon_b$/%　　　　　　　　　　　　　　9

软化点 $T_g$/℃　　　　　　　　　　　　　　　　　　—75

肖氏硬度　　　　　　　　　　　　　　　　　　　　　65

（3）美国 BLX-Ⅲ 无烟推进剂[17,18]

配方质量分数：

缩水甘油叠氮聚醚（GAP）　　　　　　　　　　　　　26.72%

N-100　　　　　　　　　　　　　　　　　　　　　　4.68%

DBTDL　　　　　　　　　　　　　　　　　　　　　0.005%

草酸　　　　　　　　　　　　　　　　　　　　　　　0.05%

黑索今（RDX，A 级）　　　　　　　　　　　　　　　27.43%

黑索今（RDX，E 级）　　　　　　　　　　　　　　　41.15%

主要性能：

比冲/（N·s/kg）　　　　　　　　　　　　　　　　　2 293

冲击感度（50%落高）/（N·m）　　　　　　　　　　　37

$E$/MPa　　　　　　　　　　　　　　　　　　　　　40.6

最大抗拉强度 $\sigma_m$/MPa　　　　　　　　　　　　　0.90

破坏延伸率 $\varepsilon_b$/%　　　　　　　　　　　　　　5

软化点 $T_g$/℃　　　　　　　　　　　　　　　　　　—40

肖氏硬度

能量特性热力学计算结果

理论比冲 $I_{sp}$/（N·s/kg）　　　　　　　　　　　　2 370.1

特征速度 $C^*$/（m/s）　　　　　　　　　　　　　　1 522.9

燃烧温度 $T$/K　　　　　　　　　　　　　　　　　　2 545.5

燃烧产物平均分子量/（g/mol）　　　　　　　　　　　20.86

（4）美国 BLX-Ⅳ 无烟推进剂[17,18]

配方质量分数：

| | |
|---|---|
| GAP | 4.95% |
| N-100 | 1.30% |
| TMETN | 18.7% |
| DBTDL | 0.005% |
| 黑索今(RDX，A 级) | 44.91% |
| 黑索今(RDX，E 级) | 29.94% |

主要性能：

| | |
|---|---|
| 比冲/(N·s/kg) | 2 528 |
| 冲击感度（50%落高)/(N·m) | 24 |
| $E$/MPa | 1.5 |
| 最大抗拉强度 $\sigma_m$/MPa | 0.18 |
| 破坏延伸率 $\varepsilon_b$/% | 22 |
| 软化点 $T_g$/℃ | −58 |
| 肖氏硬度 | 12 |

(5)美国 BLX-V 无烟推进剂[17,18]

配方质量分数：

| | |
|---|---|
| GAP | 9.81% |
| N-100 | 2.0% |
| BTTN | 22.63% |
| NC | 0.2% |
| DBTDL | 0.005% |
| 黑索今(RDX，A 级) | 39.54% |
| 黑索今(RDX，E 级) | 26.36% |

主要性能：

| | |
|---|---|
| 比冲/(N·s/kg) | 2 509 |
| 冲击感度（50%落高)/(N·m) | 25 |
| $E$/MPa | 8.2 |
| 最大抗拉强度 $\sigma_m$/MPa | 0.40 |
| 破坏延伸率 $\varepsilon_b$/% | 10 |
| 软化点 $T_g$/℃ | −65 |
| 肖氏硬度 | 48 |
| 能量特性热力学计算结果 | |
| 　标准理论比冲 $I_{sp}$/(N·s/kg) | 2 535.2 |
| 　特征速度 $C^*$/(m/s) | 1 609.1 |
| 　燃烧温度 $T$/K | 3 076.3 |
| 　燃烧产物平均分子量/(g/mol) | 23.37 |

### 2.4.2　GAP 无烟推进剂[19]

(1)美国 GAP 高能无烟推进剂 1

配方质量分数：

|  |  |
|---|---|
| 缩水甘油叠氮聚醚(GAP) | 20.0% |
| 重二硝基甲酸丙酯/乙酯(BDNPF/A) | 10.0% |
| 奥克托今(HMX) | 70.0% |

主要性能：

|  |  |
|---|---|
| 摩擦感度/(kg/in$^2$) | 18 |
| 冲击感度/(N·m) | 5.5 |
| Holland 试验 8~72 h/105 ℃质量损失% | 0.14 |
| 真空稳定性/(ml/g)　0~40 h/100 ℃ | 0.28 |
| 爆燃温度/℃(20 ℃/min) | 230 |
| 燃速(10 MPa)/mm/s | 7.2 |
| 燃速压力指数 $n$ (7~18 MPa) | 0.8 |

(2)美国 GAP 高能无烟推进剂 2

配方质量分数：

|  |  |
|---|---|
| 缩水甘油叠氮聚醚(GAP) | 17.0% |
| 重二硝基甲酸丙酯/乙酯(BDNPF/A) | 10.0% |
| 奥克托今(HMX) | 70.0% |
| 碳黑 | 0.75% |
| 柠檬酸铅 | 2.25% |

主要性能：

|  |  |
|---|---|
| 磨擦感度/(kg/in$^2$) | 14 |
| 冲击感度/(N·m) | 6.5 |
| Holland 试验 8~72 h/105 ℃质量损失% | 0.06 |
| 真空稳定性/(ml/g)　0~40 h/100 ℃ | 0.16 |
| 爆燃温度/℃(20 ℃/min) | 233 |
| 爆速(10 MPa)/(mm/s) | 13.2 |
| 燃速压力指数 $n$ (7~25 MPa) | 0.36 |

(3)美国叠氮高能无烟推进剂

配方质量分数：

|  |  |
|---|---|
| 缩水甘油叠氮聚醚(GAP) | 17.0% |
| 重二硝基甲酸丙酯/乙酯(BDNPF/A) | 10.0% |
| 奥克托今(HMX) | 70.0% |

　　　碳黑　　　　　　　　　　　　　　　　　　　　　　　　0.75%
　　　二羟基苯甲酸铅　　　　　　　　　　　　　　　　　　　2.25%
　　主要性能：
　　　摩擦感度/(kg/in²)　　　　　　　　　　　　　　　　　16
　　　冲击感度/(N·m)　　　　　　　　　　　　　　　　　　7.5
　　　Holland 试验 8~72 h/105 ℃质量损失%　　　　　　　　1.20
　　　真空稳定性/(ml/g)　0~40 h/100 ℃　　　　　　　　　0.72
　　　爆燃温度/℃(20 ℃/min)　　　　　　　　　　　　　　229
　　　燃速(10 MPa)/(mm/s)　　　　　　　　　　　　　　　12.4
　　　燃速压力指数 $n$(7~25 MPa)　　　　　　　　　　　　0.29

## 2.4.3　低特征信号推进剂[8,9,15-20]

(1)美国低特征信号推进剂 1A-1

配方质量分数：

　　　二硝酰胺铵(ADN，20~60 $\mu$m)　　　　　　　　　　55%~68%(60%)
　　　聚己酸内酯(PCP 6000)　　　　　　　　　　　　　　6.0%~9.2%
　　　1，2，4-丁三醇三硝酸酯(BTTN)　　　　　　　　　　4%~6%
　　　硝化棉(NC)　　　　　　　　　　　　　　　　　　　0.7%~1.2%
　　　三羟甲基乙烷三硝酸酯(TMETN)　　　　　　　　　　10%~13%
　　　正丁基2-乙基硝酸酯硝胺(Bu-NEPE)　　　　　　　　7%~9%
　　　三苯基铋(TBP)　　　　　　　　　　　　　　　　　0.03%~0.1%
　　　碳黑　　　　　　　　　　　　　　　　　　　　　　1.0%~1.5%
　　　N-甲基-4-硝基苯胺(MNA)　　　　　　　　　　　　0.4%~0.6%
　　　DNSA　　　　　　　　　　　　　　　　　　　　　0.03%~0.05%
　　　N-100　　　　　　　　　　　　　　　　　　　　　1.0%~1.2%
　　主要性能：
　　　燃速(6.895 MPa)/(mm/s)　　　　　　　　　　　　　18.034
　　　燃速压力指数 $n$(6.895~55.158 MPa)　　　　　　　　0.65
　　　冲击感度 50%爆炸点/cm　　　　　　　　　　　　　　10.0
　　　ABL 摩擦感度 50%爆炸点/lb　　　　　　　　　　　　759
　　　静电荷，0.25 J　　　　　　　　　　　　　　　　　　10/10 NF
　　　DSC 突变点/℃　　　　　　　　　　　　　　　　　　132
　　　TGA 放热温度/℃　　　　　　　　　　　　　　　　　170
　　　真空热稳定性 VTS 80 ℃/(cm³/g/48 hr)　　　　　　　0.17

(2)美国低特征信号推进剂 1A-2

配方质量分数：

二硝酰胺铵（ADN，20～60 $\mu$m）　　　　　　　　　　　17％～25％（22％）

二硝酰胺铵（ADN prills，100～200 $\mu$m）　　　　　　　35％～45％（40％）

聚己酸内酯（PCP 6000）　　　　　　　　　　　　　　　　6.0％～9.2％

硝化棉（NC）　　　　　　　　　　　　　　　　　　　　　0.7％～1.2％

2，4-丁三醇三硝酸酯（BTTN）　　　　　　　　　　　　　4％～6％

三羟甲基乙烷三硝酸酯（TMETN）　　　　　　　　　　　10％～13％

正丁基 2-乙基硝酸酯硝胺（Bu-NEPE）　　　　　　　　7％～9％

三苯基铋（TBP）　　　　　　　　　　　　　　　　　　　0.03％～0.1％

碳黑　　　　　　　　　　　　　　　　　　　　　　　　　1.0％～1.5％

N-甲基-4-硝基苯胺（MNA）　　　　　　　　　　　　　0.4％～0.6％

DNSA　　　　　　　　　　　　　　　　　　　　　　　　0.03％～0.5％

N-100　　　　　　　　　　　　　　　　　　　　　　　　1.0％～2.0％

主要性能：

　　燃速（6.895 MPa）/（mm/s）　　　　　　　　　　　　18.796（0.74 in/s）

　　燃速压力指数 $n$（6.895～55.158 MPa）　　　　　　　0.68

(3)美国低特征信号推进剂 1A-3[8,9]

配方质量分数：

　　二硝酰胺铵（ADN prills，100～200 $\mu$m）　　　　　25％～45％（37％）

　　聚己酸内酯（PCP 6000）　　　　　　　　　　　　　　6.0％～9.2％

　　硝化棉（NC）　　　　　　　　　　　　　　　　　　　0.7％～1.2％

　　CL20　　　　　　　　　　　　　　　　　　　　　　　15％～25％（25％）

　　1，2，4-丁三醇三硝酸酯（BTTN）　　　　　　　　　4％～6％

　　三羟甲基乙烷三硝酸酯（TMETN）　　　　　　　　　10％～13％

　　正丁基 2-乙基硝酸酯硝胺（Bu-NEPE）　　　　　　7％～9％

　　三苯基铋（TBP）　　　　　　　　　　　　　　　　　0.03％～0.1％

　　碳黑　　　　　　　　　　　　　　　　　　　　　　　1.0％～1.5％

　　N-甲基-4-硝基苯胺（MNA）　　　　　　　　　　　0.4％～0.6％

　　DNSA　　　　　　　　　　　　　　　　　　　　　　0.03％～0.05％

　　N-100　　　　　　　　　　　　　　　　　　　　　　1.0％～2.0％

主要性能：

　　燃速（6.895 MPa）/（mm/s）　　　　　　　　　　　　16.51（0.65 in/s）

　　燃速压力指数 $n$（6.895～55.158 MPa）　　　　　　　0.68

　　冲击感度 50％爆炸点/cm　　　　　　　　　　　　　　16.0

　　ABL 摩擦感度 50％爆炸点/kg　　　　　　　　　　　　286

　　静电荷，0.25 J　　　　　　　　　　　　　　　　　　10/10 NF

　　DSC 突变点/℃　　　　　　　　　　　　　　　　　　138

　　TGA 放热温度/℃　　　　　　　　　　　　　　　　　172 和 218

真空热稳定性 VTS 80 ℃/(cm$^3$/g/48 hr)　　　　　　　0.1

(4)美国低特征信号推进剂 1B - 1[8,9]

配方质量分数：

　　二硝酰胺铵(ADN，20～60 μm)　　　　　　　　　50%～65%（60%）

　　ORP - 2A[①]　　　　　　　　　　　　　　　　　6.0%～9.0%

　　硝化棉(NC)　　　　　　　　　　　　　　　　　0.7%～1.2%

　　1，2，4 -丁三醇三硝酸酯(BTTN)　　　　　　　　5%～12%

　　三羟甲基乙烷三硝酸酯(TMETN)　　　　　　　　15%～22%

　　三苯基铋(TBP)　　　　　　　　　　　　　　　　0.03%～0.1%

　　碳黑　　　　　　　　　　　　　　　　　　　　1.0%～1.5%

　　N -甲基- 4 -硝基苯胺(MNA)　　　　　　　　　0.4%～0.6%

　　DNSA　　　　　　　　　　　　　　　　　　　　0.03%～0.05%

　　N - 100　　　　　　　　　　　　　　　　　　　1.0%～2.0%

主要性能：

　　燃速(6.895 MPa)/(mm/s)　　　　　　　　　　　20.828(0.82 in/s)

　　燃速压力指数 $n$(6.895～55.158 MPa)　　　　　　0.69

　　冲击感度 50%爆炸点/cm　　　　　　　　　　　　10.0

　　ABL 摩擦感度 50%爆炸点/kg　　　　　　　　　　349

　　静电荷，0.25 J　　　　　　　　　　　　　　　　10/10 NF

　　DSC 突变点/℃　　　　　　　　　　　　　　　　104

　　TGA 放热温度/℃　　　　　　　　　　　　　　　159

　　真空热稳定性 VTS 80 ℃/(cm$^3$/g/48 hr)　　　　　0.126

(5)美国低特征信号推进剂 1B - 2[8,9]

配方质量分数：

　　二硝酰胺铵(ADN，20～60 μm)　　　　　　　　　17%～25%（22%）

　　二硝酰胺铵(ADN prills，100～200 μm)　　　　　35%～45%（40%）

　　聚己酸内酯(PCP 6000)　　　　　　　　　　　　6.0%～9.0%

　　硝化棉(NC)　　　　　　　　　　　　　　　　　0.7%～1.2%

　　1，2，4 -丁三醇三硝酸酯(BTTN)　　　　　　　　5%～12%

　　三羟甲基乙烷三硝酸酯(TMETN)　　　　　　　　15%～22%

　　正丁基 2 -乙基硝酸酯硝胺(Bu - NEPE)　　　　　7%～9%

　　三苯基铋(TBP)　　　　　　　　　　　　　　　　0.03%～0.1%

　　碳黑　　　　　　　　　　　　　　　　　　　　1.0%～1.5%

————————

①　ORP - 2A 为聚二乙二醇 4，8 -二硝基氮杂十一烷酸酯。

| N -甲基- 4 -硝基苯胺(MNA) | 0.4%~0.6% |
| DNSA | 0.03%~0.05% |
| N - 100 | 1.0%~2.0% |

主要性能：

| 燃速(6.895 MPa)/(mm/s) | 21.844 |
| 燃速压力指数 $n$(6.895~55.158 MPa) | 0.70 |

(6)美国低特征信号推进剂 1B - 3[8,9]

配方质量分数：

| 二硝酰胺铵(ADN prills，100~200 $\mu m$) | 25%~45%(37%) |
| ORP - 2A | 6.0%~9.0% |
| CL20 | 15%~25%(25%) |
| 硝化棉(NC) | 0.7%~1.2% |
| 1，2，4 -丁三醇三硝酸酯(BTTN) | 5%~12% |
| 三羟甲基乙烷三硝酸酯(TMETN) | 15%~22% |
| 三苯基铋(TBP) | 0.03%~0.1% |
| 碳黑 | 1.0%~1.5% |
| N -甲基- 4 -硝基苯胺(MNA) | 0.4%~0.6% |
| DNSA | 0.03%~0.05% |
| N - 100 | 1.0%~2.0% |

主要性能：

| 燃速(6.895 MPa)/(mm/s) | 20.574 |
| 燃速压力指数 $n$(6.895~55.158 MPa) | 0.68 |
| 冲击感度 50%爆炸点/cm | 17.0 |
| ABL 摩擦感度 50%爆炸点/kg | 296 |
| 静电荷，0.25 J | 10/10 NF |
| DSC 突变点/℃ | 104 |
| TGA 放热温度/℃ | 177 和 222 |

(7)美国低特征信号推进剂 1C - 1

配方质量分数：

| 二硝酰胺铵(ADN，20~60 $\mu m$) | 50%~60%(60%) |
| GAP(PolyGlyn) | 6.0%~10.5% |
| 硝化棉(NC) | 0.7%~1.2% |
| 1，2，4 -丁三醇三硝酸酯(BTTN) | 0%~7% |
| 三羟甲基乙烷三硝酸酯(TMETN) | 10%~15% |
| 正丁基 2 -乙基硝酸酯硝胺(Bu - NEPE) | 2%~10% |

  三苯基铋（TBP）             0.03%～0.1%

  碳黑                 1.0%～1.5%

  N-甲基-4-硝基苯胺（MNA）      0.4%～0.6%

  DNSA               0.03%～0.05%

  N-100              1.0%～2.0%

主要性能：

  燃速（6.895 MPa）/（mm/s）       22.86

  燃速压力指数 $n$（6.895～55.158 MPa）  0.62

  冲击感度 50%爆炸点/cm       12.0

  ABL 摩擦感度 50%爆炸点/kg     378

  静电荷，0.25 J          10/10 NF

  DSC 突变点/℃          149

  TGA 放热温度/℃         161

  真空热稳定性 VTS 80 ℃/（cm³/g/48 hr） 0.08

（8）美国低特征信号推进剂 1C-2[8,9]

配方质量分数：

  二硝酰胺铵（ADN prills，100～200 μm）  25%～45%（37%）

  PolyGlyn             6.0%～10.5%

  CL20              15%～25%（25%）

  硝化棉（NC）          0.7%～1.2%

  1，2，4-丁三醇三硝酸酯（BTTN）    0%～7%

  三羟甲基乙烷三硝酸酯（TMETN）   10%～15%

  正丁基 2-乙基硝酸酯硝胺（Bu-NEPE）  2%～10%

  三苯基铋（TBP）           0.03%～0.1%

  碳黑                 1.0%～1.5%

  N-甲基-4-硝基苯胺（MNA）      0.4%～0.6%

  DNSA               0.03%～0.05%

  N-100              1.0%～2.0%

主要性能：

  燃速（6.895 MPa）/（mm/s）       21.844

  燃速压力指数 $n$（6.895～55.158 MPa）  0.7

  冲击感度 50%爆炸点/cm       17.0

  ABL 摩擦感度 50%爆炸点/kg     329

  静电荷，0.25 J          10/10 NF

  DSC 突变点/℃          149

  TGA 放热温度/℃         161～199

真空热稳定性 VTS 80 ℃/(cm³/g/48 hr)　　　　　　　　0.14

## 2.5　高燃速推进剂[19-23]

### 2.5.1　叠氮基高燃速推进剂[22]

(1)美国含铝泊的叠氮基高燃速推进剂

配方质量分数：

| | |
|---|---|
| 三-1，2，3-[1，2-二氟氨基乙氧基]丙烷(TVOPA) | 27.54% |
| 丙烯酸乙酯(EA) | 3.06% |
| 4，5-环氧环己甲基-4'，5'-环氧环己甲基羧酸酯 | 1.4% |
| 丙酸羰基甲酯 | 4.0% |
| 石墨纤维(100 μm) | 2.0% |
| 铝粉(AlcoAl 123) | 11.0% |
| 铝泊(IRECO 2010) | 1.0% |
| 高氯酸铵(0.9 μm) | 50.0% |
| 卵磷脂($C_{24}H_{84}O_9PN$) | 0.1% |

主要性能：

| | |
|---|---|
| 密度/(g/cm³) | 1.771 5 |
| 理论比冲 $I_{sp}$/(N·s/kg) | 2 588.97(264 s) |
| 药条燃速 | mm/s(时/秒) |
| 　　68.057 atm (1 000 psia) | 374.98(13.7) |
| 　　136.091 atm (2 000 psia) | 548.64(21.6) |
| 燃速压力指数 | 0.68 |
| 最终混合物黏度(kP@132F) | 17 |

(2)美国叠氮基超高燃速推进剂

配方质量分数：

| | |
|---|---|
| 三-1，2，3-[1，2-二氟氨基乙氧基]丙烷(TVOPA ) | 27.54% |
| 丙烯酸2-迭氮乙酯-丙烯酸共聚物 | 4.25% |
| 4，5-环氧环己甲基-4'，5'-环氧环己甲基羧酸酯 | 1.4% |
| 丙酸羰基甲酯 | 4.0% |
| 石墨纤维(100 μm) | 2.0% |
| 铝粉(Alcoal 123) | 11.0% |
| 铝泊(IRECO 2010) | 1.0% |
| 高氯酸铵(0.9 μm) | 48.8% |

卵磷脂($C_{24}H_{84}O_9PN$)　　　　　　　　　　　0.1%

主要性能:

密度/(g/cm³)　　　　　　　　　　　　　　1.826 85

理论比冲 $I_{sp}$/(N·s/kg)　　　　　　　　　2 696.84(275 s)

药条燃速　　　　　　　　　　　　　　　mm/s(吋/秒)

　　68.057 atm　　(1 000 psia)　　　　502.42(19.8)

　　136.091 atm　(2 000 psia)　　　　641.17(30.2)

燃速压力指数　　　　　　　　　　　　　0.67

最终混合物黏度(kP@132F)　　　　　　12

## 2.5.2　高燃速偶氮推进剂[23]

(1)美国高燃速偶氮推进剂 1

配方质量分数:

偶氮甲酰胺二硝酸盐(酯)　　　　　　　68.66%

硝酸锶　　　　　　　　　　　　　　　　28.34%

聚碳酸亚烃酯粘合剂　　　　　　　　　　3.0%

主要性能:

气态燃烧产物　　　　　　　　　　　　　83.70

气体燃烧产物/(mol/100 g)　　　　　　　3.5

固体燃烧产物　　　　　　　　　　　　　16.3

燃速(6.895 MPa)/(mm/s)　　　　　　　20.32

燃速压力指数 $n$　　　　　　　　　　　　0.48

药条应力/MPa(pis)　　　　　　　　　　　27.22(3 948)

老化(107 ℃,400 hr)/MPa(pis)　　　　　21.42(3 107)

循环温度,200 次,40/107 ℃/MPa(pis)　36.25(5 258)

捶击极限绿色线

撞击感度　　　　　　　　　　　　　　　大于 45 kg·cm

(2)美国高燃速偶氮推进剂 2

配方质量分数:

偶氮甲酰胺二硝酸盐(酯)　　　　　　　60.15%

氧化铜　　　　　　　　　　　　　　　　39.85%

主要性能:

气态燃烧产物　　　　　　　　　　　　　72.3

气体/(mol/100 g)　　　　　　　　　　　2.7

固体燃烧产物　　　　　　　　　　　　　27.7

燃速(6.895 MPa)/(mm/s)　　　　　　　20.32

| | |
|---|---|
| 燃速压力指数 $n$ | 0.63 |
| 老化(107 ℃，400 hr)/MPa | 25.86 |
| 循环温度，200 次，40/107 ℃/MPa | 28.14 |
| 捶击极限绿色线 | |
| 撞击感度 | 大于 50 kg · cm |
| 静电感度阴电荷 | 大于 6 |

(3)美国偶氮基高燃速推进剂 3

配方质量分数：

| | |
|---|---|
| 偶氮甲酰胺二硝酸盐(酯) | 67.0% |
| 碱式硝酸铜 | 31.0% |
| 聚碳酸亚烃酯粘合剂 | 2.0% |

主要性能：

| | |
|---|---|
| 气态燃烧产物 | 83.0 |
| 气体燃烧产物/(mol/100 g) | 3.1 |
| 固体燃烧产物 | 16.3 |
| 燃速 (6.895 MPa)/(mm/s) | 16.26 |
| 燃速压力指数 $n$ | 0.51 |
| 药条应力/MPa | 26.39 |
| 捶击极限绿色线 | |
| 撞击感度 | 大于 45 kg · cm |

## 2.6 高性能大运载火箭固体推进剂[28,29]

### 2.6.1 含金属铝复合固体推进剂[29]

(1)PGN - AN - Al 固体推进剂

配方质量分数：

| | |
|---|---|
| 粘合剂 PGN 固化剂 N - 100/HMDI＝50/50 | 30% |
| NCO/OH | 1.0 |
| 氧化剂 AN (200$\mu$) | 50% |
| 铝粉(Al) | 20% |

主要性能：

| | |
|---|---|
| 应力/(磅/吋²) | 1 691 |
| 应变/(吋/吋) | 39 |
| 模量/psi | 710 |
| 燃速(6.895 MPa)/(mm/s) | 5.33 |

| | |
|---|---|
| 　　　　13.79 MPa | 8.4 |
| 燃速压力指数 | 0.72 |
| 最终混合黏度/kP | 14 |
| 比冲 $I_{sp}$/(N·s/kg)　68.05/1 | 2 542.49(259.26 s) |
| 密度/(g/cm³) | 1.731 |
| 密度比冲/(N·s/dm³) | 4 401.04 |

应用：用于高性能大运载火箭、冲压火箭发动机。

(2)PGN‑AN‑Al‑B 固体推进剂[29]

配方质量分数：

| | |
|---|---|
| 粘合剂 PGN(固化剂 N‑100/HMDI=50/50) | 30% |
| NCO/OH | 1.0 |
| 氧化剂(AN，200 μm) | 50% |
| 铝粉 | 18% |
| 硼粉 | 2.0% |

主要性能：

| | |
|---|---|
| 应力/(磅/吋²) | 206 |
| 应变/(吋/吋) | 30 |
| 模量/psi | 1 100 |
| 燃速(6.895 MPa)/(mm/s) | 6.35 |
| 　　　13.79 MPa | 10.41 |
| 燃速压力指数 | 0.62 |
| 最终混合(EOM)黏度/kP | 12 |
| 比冲 $I_{sp}$/(N·s/kg)　68.05/1 | 2 529.15(257.90 s) |
| 密度/(g/cm³) | 1.707 |
| 密度比冲/(N·s/dm³) | 4 317.26 |
| 燃速(6.895 MPa)/(mm/s) | 6.35 |
| 　　　13.79 MPa | 10.414 |
| 燃速压力指数 | 0.62 |
| 最终混合物黏度(132F)/kP | 17 |

应用：用于高性能大运载火箭、冲压火箭发动机。

(3)HTPB‑AP‑NaNO₃‑Al 推进剂

配方质量分数：

| | |
|---|---|
| 粘合剂(HTPB) | 12% |
| 氧化剂(AP) | 34% |
| 硝酸钠($NaNO_3$) | 34% |
| 铝粉(Al) | 20% |

主要性能：

    比冲 $I_{sp}/(\text{N} \cdot \text{s}/\text{kg})$　　　　　　　　　　2 412.45(246.0 s)

    密度/$(\text{g}/\text{cm}^3)$（磅/吋$^3$）　　　　　　　1.88(0.068)

    密度比冲/$(\text{N} \cdot \text{s}/\text{dm}^3)(\text{lb} - \text{sec}/\text{in}^3)$　　4 535.4(16.63)

应用：用于高性能大运载火箭、冲压火箭发动机。

· 假设含硝酸铵的固体推进剂[3,29]，HTPB - AP - NaNO₃ - Al(1∶1∶1∶1)

以丁羟聚丁二烯（含固化剂）为粘合剂，高氯酸铵和硝酸钠为氧化剂，铝粉为添加剂组成的假设推进剂，用创新软件绘制了 HTPB - AP - NaNO₃ - Al 推进剂配方组分与性能的关系图，如图 2.6 - 1～图 2.6 - 6 所示。

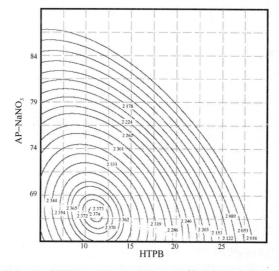

图 2.6 - 1　HTPB - AP - NaNO₃ - Al 推进剂比冲等高线图

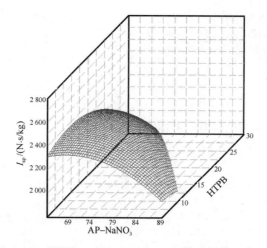

图 2.6 - 2　HTPB - AP - NaNO₃ - Al 推进剂等比冲 3D 图

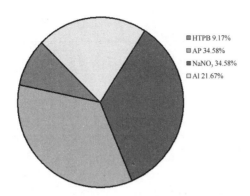

图 2.6 - 3　HTPB - AP - NaNO₃ - Al 推进剂比冲最大值圆饼图

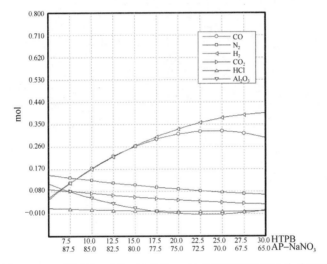

图 2.6 - 4　HTPB - AP - NaNO₃ - Al 推进剂燃气与组分关系图

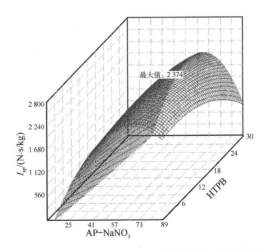

图 2.6 - 5　HTPB - AP - NaNO₃ - Al 推进剂比冲最大值曲线 3D 图

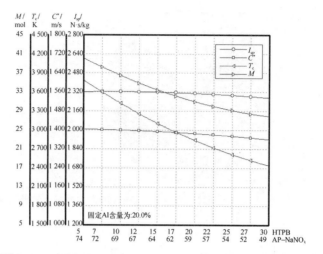

图 2.6 - 6　HTPB - AP - NaNO₃ - Al 推进剂二维等高综合图

(4)GAP - AN - Al 推进剂[29]

配方质量分数：

| | |
|---|---|
| 粘合剂(GAP) | 30% |
| 氧化剂(AN) | 50% |
| 铝粉(Al) | 20% |

主要性能：

| | |
|---|---|
| 氧燃比(O/F) | 1.037 |
| 比冲 $I_{sp}$/(N·s/kg) | 2 546.8(259.7 s) |
| 密度/(g/cm³)(磅/吋³) | 1.66(0.060) |
| 密度比冲/(N·s/dm³)(lb - sec/in³) | 4 227.69(15.63) |

应用：用于高性能大运载火箭、冲压火箭发动机。

• 假设含硝酸铵固体推进剂[29]，GAP - AN - Al(1∶1∶1)

用创新软件绘制了 GAP - AN - Al 推进剂配方组分与性能的关系图，如图 2.6 - 7～图 2.6 - 18 所示。

(5)PGN - AN - Al 推进剂[29]

配方质量分数：

| | |
|---|---|
| 粘合剂(PGN) | 30% |
| 氧化剂(AN) | 50% |
| 铝粉(Al) | 20% |

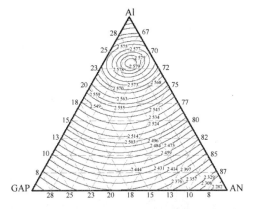

图 2.6-7  GAP-AN-Al 推进剂等比冲三角图

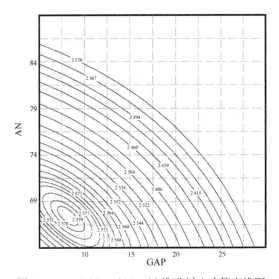

图 2.6-8  GAP-AN-Al 推进剂比冲等高线图

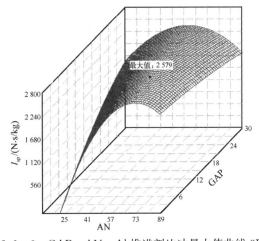

图 2.6-9  GAP-AN-Al 推进剂比冲最大值曲线 3D 图

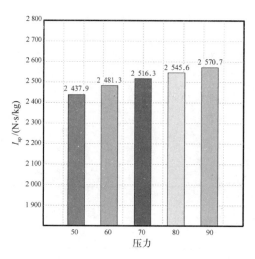

图 2.6 - 10　GAP - AN - Al 推进剂压力对比冲影响的直方图

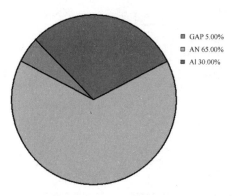

图 2.6 - 11　GAP - AN - Al 推进剂比冲最大值圆饼图

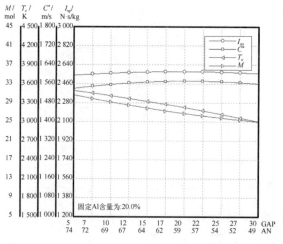

图 2.6 - 12　GAP - AN - Al 推进剂二维等高综合图

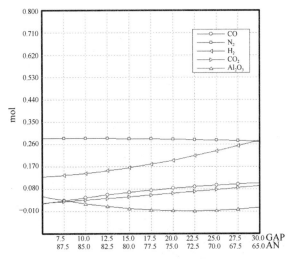

图 2.6 - 13 GAP - AN - Al 推进剂燃气与组分关系图

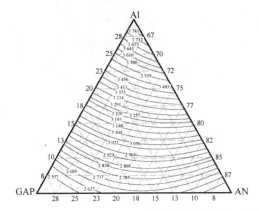

图 2.6 - 14 GAP - AN - Al 推进剂燃烧温度三角图

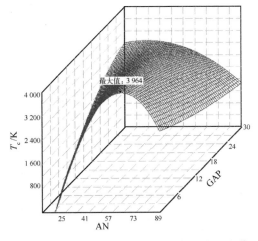

图 2.6 - 15 GAP - AN - Al 推进剂燃烧温度最大值 3D 图

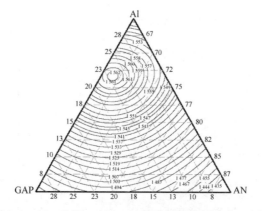

图 2.6-16　GAP-AN-Al 推进剂等特征速度三角图

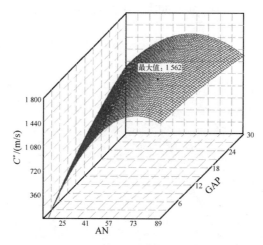

图 2.6-17　GAP-AN-Al 推进剂等特征速度最大值曲线 3D 图

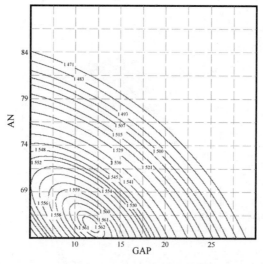

图 2.6-18　GAP-AN-Al 推进剂特征速度等高线图

主要性能：

氧燃比(O/F)　　　　　　　　　　　1.456

比冲 $I_{sp}$/(N·s/kg)　　　　　　　　2 545.82(259.6 s)

密度/(g/cm³)(磅/吋³)　　　　　　　1.74 (0.063)

密度比冲/(N·s/dm³)　(lb-sec/in³)　4 429.73(16.23)

应用：用于高性能大运载火箭、冲压火箭发动机。

(6)PGN-AN-Al 推进剂[29]

配方质量分数：

粘合剂(PGN)　　　　　　　　　　30％

氧化剂(AN)　　　　　　　　　　　50％

铝粉(Al)　　　　　　　　　　　　22％

主要性能：

氧燃比(O/F)　　　　　　　　　　　1.340

比冲 $I_{sp}$/(N·s/kg)　　　　　　　　2 556.61(260.7 s)

密度/(g/cm³)　(磅/吋³)　　　　　　1.74 (0.063)

密度比冲/(N·s/dm³)　(lb-sec/in³)　4 448.50 (16.40)

应用：用于高性能大运载火箭、冲压火箭发动机。

· 假设含硝酸铵固体推进剂[29]，PGN-AN-Al(1∶1∶1)

用创新软件绘制了 PGN-AN-Al 假设固体推进剂配方组分与性能的关系图，如图 2.6-19～图 2.6-27 所示。

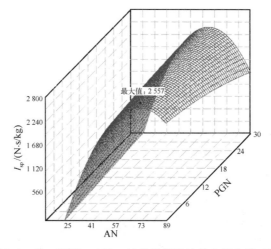

图 2.6-19　PGN-AN-Al 推进剂比冲最大值曲线 3D 图

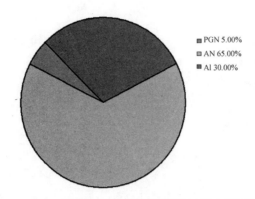

图 2.6 - 20　PGN - AN - Al 推进剂比冲最大值圆饼图

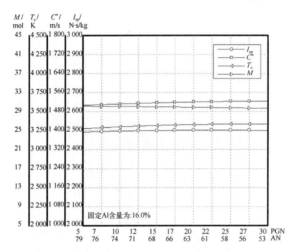

图 2.6 - 21　PGN - AN - Al 推进剂二维等高综合图

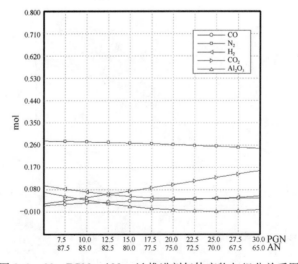

图 2.6 - 22　PGN - AN - Al 推进剂气体产物与组分关系图

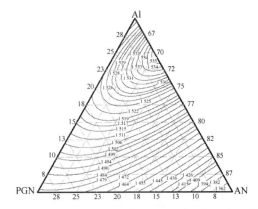

图 2.6 - 23 PGN - AN - Al 推进剂等特征速度三角图

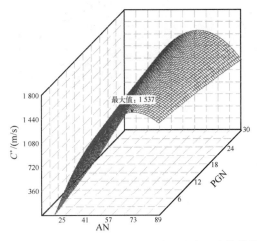

图 2.6 - 24 PGN - AN - Al 推进剂特征速度最大值曲线 3D 图

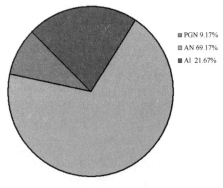

图 2.6 - 25 PGN - AN - Al 推进剂等特征速度最大值圆饼图

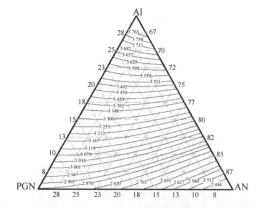

图 2.6 - 26　PGN - AN - Al 推进剂等燃烧温度三角图

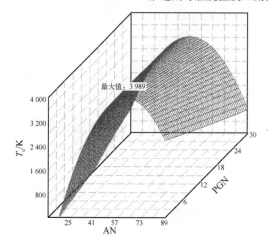

图 2.6 - 27　PGN - AN - Al 推进剂燃烧温度曲线 3D 图

(7)PGN - AN - HMX - Al 推进剂[29]

配方质量分数：

| | |
|---|---|
| 粘合剂(PGN) | 30% |
| 氧化剂(AN) | 36% |
| HMX | 12% |
| 铝粉(Al) | 22% |

主要性能：

| | |
|---|---|
| 氧燃比(O/F) | 1.177 |
| 比冲 $I_{sp}$/(N · s/kg) | 2 588.97(264.0 s) |
| 密度/(g/cm³) （磅/吋³） | 1.77 (0.064) |
| 密度比冲/(N · s/dm³) （lb - sec/in³） | 4 582.75 (16.90) |

应用：用于高性能大运载火箭、冲压火箭发动机。

(8)PGN - AN - HMX - Al 推进剂[29]

配方质量分数：

|  |  |
|---|---|
| 粘合剂(PGN) | 30％ |
| 氧化剂(AN) | 40％ |
| HMX | 10％ |
| 铝粉(Al) | 20％ |

主要性能：

|  |  |
|---|---|
| 氧燃比(O/F) | 1.301 |
| 比冲 $I_{sp}$/(N·s/kg) | 2 573.28(262.4 s) |
| 密度/(g/cm³)　（磅/吋³） | 1.74(0.063) |
| 密度比冲/(N·s/dm³)　（lb－sec/in³） | 4 477.5(16.53) |

应用：用于高性能大运载火箭、冲压火箭发动机。

(9)PGN－AN－HMX－Al 推进剂[29]

配方质量分数：

|  |  |
|---|---|
| 粘合剂(PGN) | 25％ |
| 氧化剂(AN) | 41％ |
| HMX | 12％ |
| 铝粉(Al) | 22％ |

主要性能：

|  |  |
|---|---|
| 氧燃比(O/F) | 1.269 |
| 比冲 $I_{sp}$/(N·s/kg) | 2 587.01(263.8 s) |
| 密度/(g/cm³)　（磅/吋³） | 1.798(0.065) |
| 密度比冲/(N·s/dm³)　（lb－sec/in³） | 4 651.44(17.15) |

应用：用于高性能大运载火箭、冲压火箭发动机。

· 假设含硝酸铵及奥克托今固体推进剂[29]，PGN－AN－HMX－Al(1∶3∶1∶1)

用创新软件绘制了 PGN－AN－HMX－Al 假设推进剂配方组分与性能的关系图，如图 2.6－28～图 2.6－37 所示。

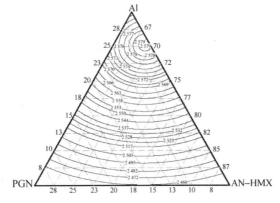

图 2.6－28　PGN－AN－HMX－Al 推进剂等比冲三角图

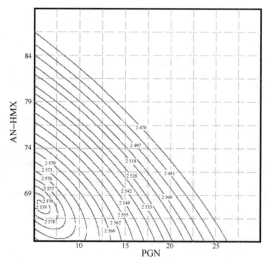

图 2.6 - 29　PGN - AN - HMX - Al 推进剂比冲等高线图

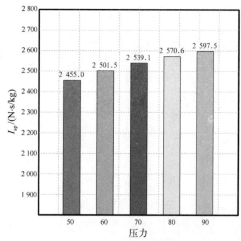

图 2.6 - 30　PGN - AN - HMX - Al 燃气发生剂比冲直方图

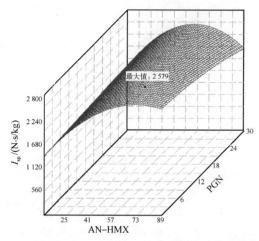

图 2.6 - 31　PGN - AN - HMX - Al 推进剂比冲最大值曲线 3D 图

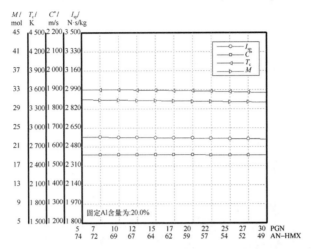

图 2.6 - 32　PGN - AN - HMX - Al 推进剂二维等高综合图

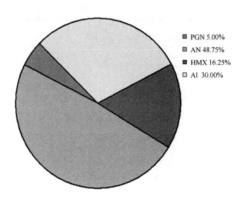

图 2.6 - 33　PGN - AN - HMX - Al 推进剂比冲最大值圆饼图

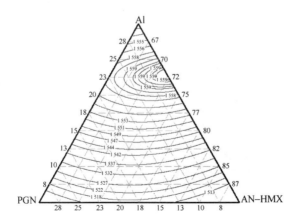

图 2.6 - 34　PGN - AN - HMX - Al 推进剂等特征速度三角图

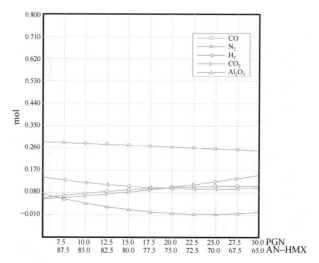

图 2.6－35　PGN－AN－HMX－Al 推进剂气体产物与组分关系图

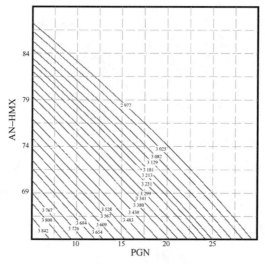

图 2.6－36　PGN－AN－HMX－Al 推进剂燃烧温度等高线图

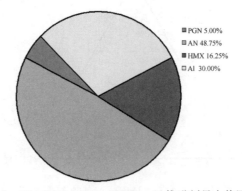

图 2.6－37　PGN－AN－HMX－Al 推进剂最大值圆饼图

（10）PGN－AN－CL20－Al 推进剂[29]

配方质量分数：

| | |
|---|---|
| 粘合剂（PGN） | 30% |
| 氧化剂（AN） | 36% |
| CL20 | 12% |
| 铝粉（Al） | 22% |

主要性能：

| | |
|---|---|
| 氧燃比（O/F） | 1.178 |
| 比冲 $I_{sp}$/（N·s/kg） | 2 587.99（263.9 s） |
| 密度/（g/cm³）　（磅/吋³） | 1.77（0.064） |
| 密度比冲/（N·s/dm³）　（lb－sec/in³） | 4 580.74（16.89） |

应用：用于高性能大运载火箭、冲压火箭发动机。

（11）PGN－AN－RDX－Al 推进剂[29]

配方质量分数：

| | |
|---|---|
| 粘合剂（PGN） | 30% |
| 氧化剂（AN） | 36% |
| RDX | 12% |
| 铝粉（Al） | 22% |

主要性能：

| | |
|---|---|
| 氧燃比（O/F） | 1.177 |
| 比冲 $I_{sp}$/（N·s/kg） | 2 587.99（264.0 s） |
| 密度/（g/cm³）　（磅/吋³） | 1.77（0.064） |
| 密度比冲/（N·s/dm³）　（1b－sec/in³） | 4 580.74（16.9） |

应用：用于高性能大运载火箭、冲压火箭发动机。

· 假设含硝酸铵及黑索今固体推进剂[29]，PGN－AN－RDX－Al（1∶3∶1∶1）

用创新软件绘制了 PGN－AN－RDX－Al 假设推进剂配方组分与性能的关系图，如图 2.6－38～图 2.6－49 所示。

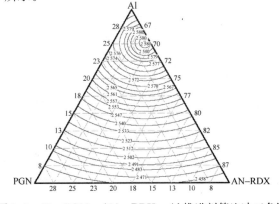

图 2.6－38　PGN－AN－RDX－Al 推进剂等比冲三角图

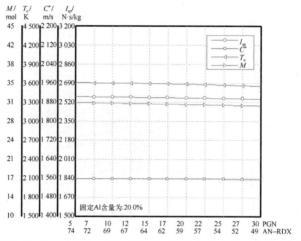

图 2.6 - 39　PGN - AN - RDX - Al 燃气发生剂二维综合图

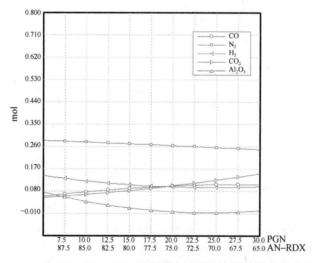

图 2.6 - 40　PGN - AN - RDX - Al 燃气发生剂气体产物与组分关系图

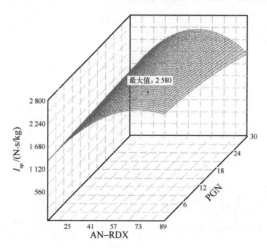

图 2.6 - 41　PGN - AN - RDX - Al 推进剂比冲最大值曲线 3D 图

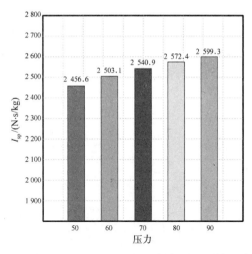

图 2.6 - 42 PGN - AN - RDX - Al 燃气发生剂等比冲直方图

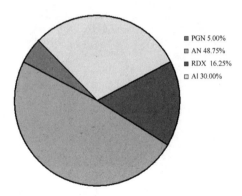

图 2.6 - 43 PGN - AN - RDX - Al 燃气发生剂等比冲最大值圆饼图

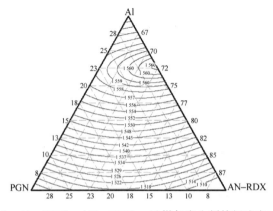

图 2.6 - 44 PGN - AN - RDX - Al 燃气发生剂特征速度三角图

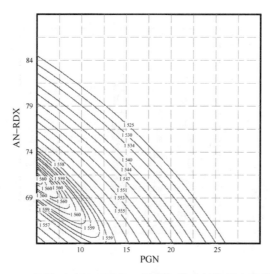

图 2.6 - 45　PGN - AN - RDX - Al 燃气发生剂特征速度等高线图

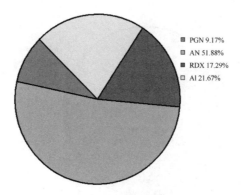

图 2.6 - 46　PGN - AN - RDX - Al 燃气发生剂特征速度最大值圆饼图

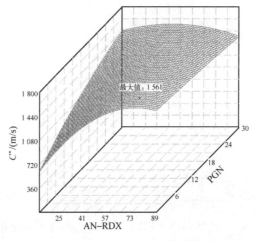

图 2.6 - 47　PGN - AN - RDX - Al 燃气发生剂特征速度最大值曲线 3D 图

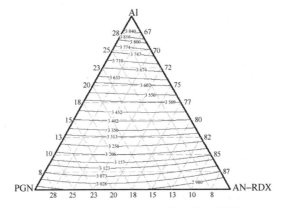

图 2.6－48　PGN－AN－RDX－Al 燃气发生剂燃烧温度三角图

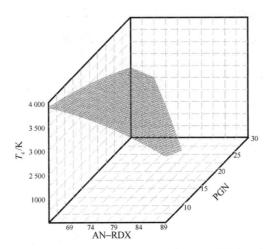

图 2.6－49　PGN－AN－RDX－Al 燃气发生剂燃烧温度 3D 图

(12)PGN－AN－HMX－Al 推进剂[29]

配方质量分数：

| | |
|---|---|
| 粘合剂(PGN) | 25% |
| 氧化剂(AN) | 41% |
| HMX | 12% |
| 铝粉(Al) | 22% |

主要性能：

| | |
|---|---|
| 氧燃比(O/F) | 1.269 |
| 比冲 $I_{sp}$/(N·s/kg) | 2 587.99(263.8 s) |
| 密度/(g/cm³)　(磅/吋³) | 1.80(0.065) |
| 密度比冲/(N·s/dm³)　(lb－sec/in³) | 4 658.38(17.15) |

应用：用于高性能大运载火箭、冲压火箭发动机。

• 假设含硝酸铵及 CL20 固体推进剂[29]，PGN－AN－CL20－Al(1∶3∶1∶1)

用创新软件绘制了 PGN/AN-CL20/Al(1∶3∶1∶1)假设固体推进剂配方组分与性能的关系图，如图 2.6-50～图 2.6-60 所示。

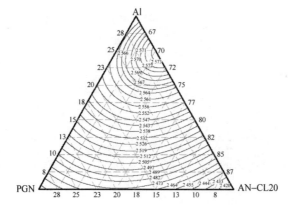

图 2.6-50 PGN-AN-CL20-Al 推进剂等比冲三角图

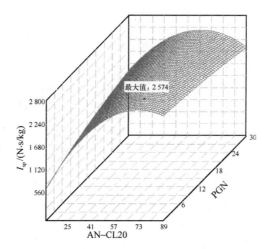

图 2.6-51 PGN-AN-CL20-Al 燃气发生剂等比冲最大值曲线 3D 图

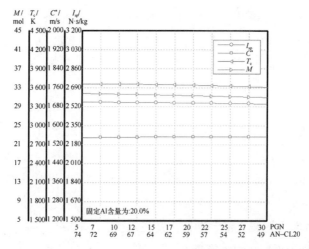

图 2.6-52 PGN-AN-CL20-Al 燃气发生剂二维综合图

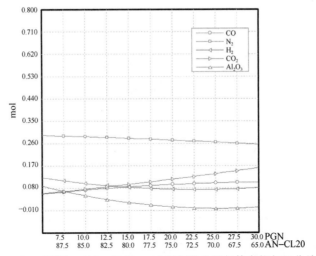

图 2.6 - 53　PGN - AN - CL20 - Al 燃气发生剂气体产物与组分关系图

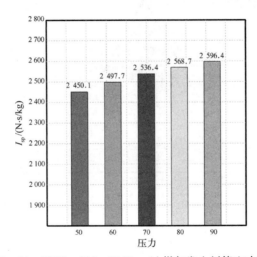

图 2.6 - 54　PGN - AN - CL20 - Al 燃气发生剂等比冲直方图

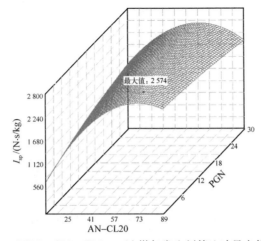

图 2.6 - 55　PGN - AN - CL20 - Al 燃气发生剂等比冲最大值曲线 3D 图

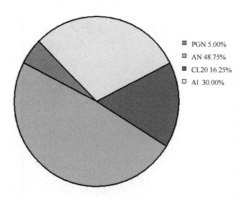

图 2.6 - 56　PGN - AN - CL20 - Al 燃气发生剂等比冲最大值圆饼图

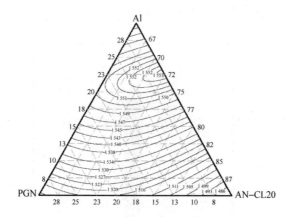

图 2.6 - 57　PGN - AN - CL20 - Al 燃气发生剂等特征速度三角图

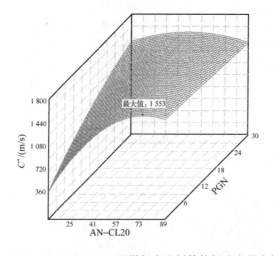

图 2.6 - 58　PGN - AN - CL20 - Al 燃气发生剂等特征速度最大值曲线 3D 图

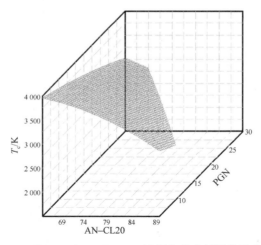

图 2.6－59　PGN－AN－CL20－Al 燃气发生剂燃烧温度三维图

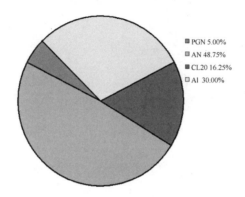

图 2.6－60　PGN－AN－CL20－Al 燃气发生剂燃烧温度最大值圆饼图

## 2.6.2　含金属镁复合固体推进剂[29]

（1）PGN－AN－Mg 推进剂[29]

配方质量分数：

| | |
|---|---|
| 粘合剂（PGN） | 30% |
| 氧化剂（AN，200 μ） | 50% |
| 镁粉（Mg） | 20% |

主要性能：

| | |
|---|---|
| 氧燃比（O/F） | 3.37 |
| 比冲 $I_{sp}$/(N·s/kg)　68.05/1 | 2 490.9(254.0 s) |
| 密度/(g/cm³) | 1.618 |
| 密度比冲/(N·s/dm³) | 4 030.28 |
| 燃速(6.895 MPa)/(mm/s) | 7.366 |
| 　　　　13.79 MPa | 10.414 |
| 　　　　27.58 MPa | 17.526 |

　　　　燃速压力指数　　　　　　　　　　　　　　0.75

　　应用：用于高性能大运载火箭、冲压火箭发动机。

　　(2)PGN - AN - Mg 推进剂[29]

　　配方质量分数：

　　　　粘合剂(PGN)　　　　　　　　　　　　　60%

　　　　氧化剂(AN，200 μ)　　　　　　　　　20%

　　　　镁粉(Mg)　　　　　　　　　　　　　　20%

　　主要性能：

　　　　氧燃比(O/F)　　　　　　　　　　　　　2.52

　　　　比冲 $I_{sp}$/(N·s/kg)　68.05/1　　　　2 492.86(254.2 s)

　　　　密度/(g/cm³)　　　　　　　　　　　　1.586

　　　　密度比冲/(N·s/dm³)　　　　　　　　3 953.68

　　　　燃速(6.895 MPa)/(mm/s)　　　　　7.366

　　　　　　13.79 MPa　　　　　　　　　　8.89

　　　　　　27.58 MPa　　　　　　　　　　14.478

　　　　燃速压力指数　　　　　　　　　　　　　0.73

　　应用：用于高性能大运载火箭、冲压火箭发动机。

　　(3)PGN - AN - Mg 推进剂[29]

　　配方质量分数：

　　　　粘合剂(PGN)　　　　　　　　　　　　　35%

　　　　氧化剂(AN，200 μ)　　　　　　　　　25%

　　　　　　　　AN，20 μ　　　　　　　　　20%

　　　　镁粉(Mg)　　　　　　　　　　　　　　20%

　　主要性能：

　　　　氧燃比(O/F)　　　　　　　　　　　　　2.82

　　　　比冲 $I_{sp}$/(N·s/kg)　68.05/1　　　　2 479.13(252.8 s)

　　　　密度/(g/cm³)　　　　　　　　　　　　1.601

　　　　密度比冲/(N·s/dm³)　　　　　　　　3 969.09

　　　　燃速(13.79 MPa)/(mm/s)　　　　　9.4

　　　　　　27.58 MPa　　　　　　　　　　15.49

　　　　燃速压力指数　　　　　　　　　　　　　0.72

　　应用：用于高性能大运载火箭、冲压火箭发动机。

　　(4)PGN - AN - Mg 推进剂[29]

　　配方质量分数：

　　　　粘合剂(PGN)　　　　　　　　　　　　　30%

　　　　氧化剂(AN，200 μ)　　　　　　　　　30%

　　　　　　　　AN，20 μ　　　　　　　　　20%

　　　镁粉(Mg)　　　　　　　　　　　　　　　　　　20%

　　主要性能:

　　　氧燃比(O/F)　　　　　　　　　　　　　　　　3.37

　　　比冲 $I_{sp}$/(N·s/kg)　68.05/1　　　　　　　　　2 490.09(254.0 s)

　　　密度/(g/cm³)　　　　　　　　　　　　　　　　1.618

　　　密度比冲/(N·s/dm³)　　　　　　　　　　　　4 030.28

　　　燃速(13.79 MPa)/(mm/s)　　　　　　　　　　9.652

　　　　　　27.58 MPa　　　　　　　　　　　　　　16.256

　　　燃速压力指数　　　　　　　　　　　　　　　　0.7

　　应用: 用于高性能大运载火箭、冲压火箭发动机。

　　(5)PGN‐AN‐Mg 推进剂[29]

　　配方质量分数:

　　　粘合剂(PGN)　　　　　　　　　　　　　　　　35%

　　　氧化剂(AN, 200 μ)　　　　　　　　　　　　　25%

　　　　　　AN, 20 μ　　　　　　　　　　　　　　　20%

　　　镁粉(Mg)　　　　　　　　　　　　　　　　　　19%

　　主要性能:

　　　氧燃比(O/F)　　　　　　　　　　　　　　　　2.60

　　　比冲 $I_{sp}$/(N·s/kg)　68.05/1　　　　　　　　　2 462.46(251.1 s)

　　　密度/(g/cm³)　　　　　　　　　　　　　　　　1.605

　　　密度比冲/(N·s/dm³)　　　　　　　　　　　　3 952.25

　　　燃速(13.79 MPa)/(mm/s)　　　　　　　　　　9.4

　　　　　　27.58 MPa　　　　　　　　　　　　　　15.494

　　　燃速压力指数　　　　　　　　　　　　　　　　0.72

　　应用: 用于高性能大运载火箭、冲压火箭发动机。

　　• 假设含硝酸铵及镁粉固体推进剂[29], PGN‐AN‐Mg(1:1:1)

　　用创新软件绘制了 PGN‐AN‐Mg 假设推进剂配方组分与性能的关系图, 如图2.6‐61~
2.6‐70 所示。

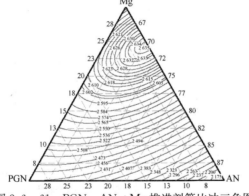

图 2.6‐61　PGN‐AN‐Mg 推进剂等比冲三角图

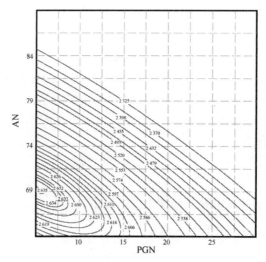

图 2.6-62　PGN-AN-Mg 推进剂比冲等高线图

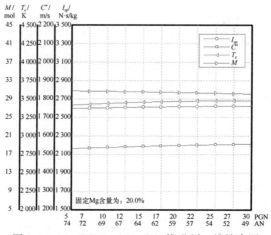

图 2.6-63　PGN-AN-Mg 推进剂二维综合图

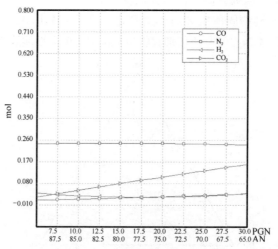

图 2.6-64　PGN-AN-Mg 推进剂气体产物与组分关系图

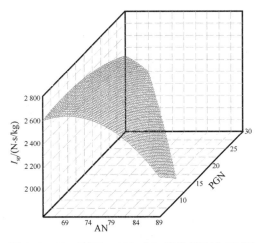

图 2.6－65　PGN－AN－Mg 推进剂比冲 3D 图

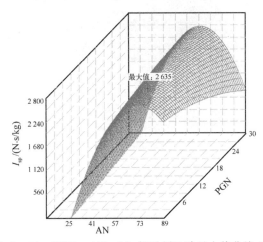

图 2.6－66　PGN－AN－Mg 推进剂比冲最大值曲线 3D 图

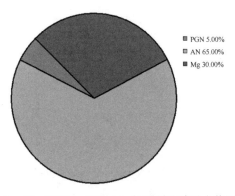

图 2.6－67　PGN－AN－Mg 推进剂比冲最大值圆饼图

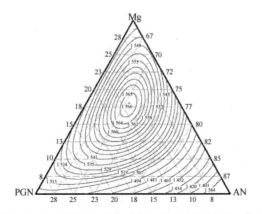

图 2.6-68　PGN-AN-Mg 推进剂特征速度三角图

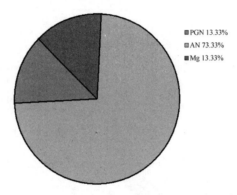

图 2.6-69　PGN-AN-Mg 推进剂特征速度最大值圆饼图

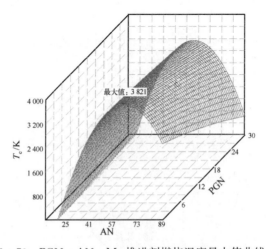

图 2.6-70　PGN-AN-Mg 推进剂燃烧温度最大值曲线 3D 图

# 参考文献

[1] T. Urbansk. 火炸药的化学与工艺学(第 111 卷)[M]. 欧育湘，秦保实，译. 北京：国防工业出版社，1976.

[2] 田德余. 固体推进剂配方优化设计方法及其软件系统[J]. 火炸药学报，2014，36(6)：1－6.

[3] 刘继华. 火药物理化学性能[M]. 北京：北京理工大学出版社，1997.

[4] 田德余. 固体推进剂配方优化设计[M]. 北京：国防工业出版社，2013.

[5] David C. Sayles, et al. US 4，707，199. Nov. 17，1987.

[6] US 4，944，816. 超高燃速复合改性双基推进剂，1990.

[7] Moser. Jr.，et al. US 8，778，103 B2. Jul. 15，2014.

[8] May L. Chan, et al. US 6，863，751 B1. Mar. 8，2005.

[9] May L. Chan, et al. US 6，783，614 B1.

[10] 鲁念惠. 丁羟推进剂的应用与性能研究评述[J]. 宇航学报，1981(4)：83－97.

[11] 田德余. 端羟聚丁二烯复合固体推进剂[J]. 推进技术，1982(3)：30－42.

[12] 火炸药枝术(国外篇)－推进剂部分(李一苇、赵凤起). 1995.

[13] 侯林发，等. 复合固体推进剂[M]. 北京：宇航出版社，1994.

[14] 郑剑. 高能固体推进剂性能及配方设计专家系统[M]. 北京：国防工业出版社，2014.

[15] Moser. Jr, et al. US 8，778，103 B2, Jul. 15，2014.

[16] Sara CerrI, et al. Propellants Explos[J]. PyroTech. 2013，35：1－13.

[17] 罗运军，等. 含能聚合物[M]. 北京：国防工业出版社，2011.

[18] 田德余，刘剑洪. 化学推进剂计算能量学[M]. 郑州：河南科技出版社，1999.

[19] Siegfried EiseleKarlsruhe；et al. US 4，938，813. Jul. 3，1990.

[20] May L. Chan, et al. US 6，863，751 B1. Mar. 8，2005.

[21] May L. Chan, et al. US 6，783，614 B1.

[22] David C. Sayles, Huntsville, Ala. US 4，655，859. Apr. 7，1987.

[23] Norman H. Lundstrom, et al. US 6，156，137. Dec. 5，2000.

[24] Charles W. Hughes, et al. US 000001341H. Aug. 2，1994.

[25] 李猛，赵凤起，等. 三种能量计算程序在推进剂配方设计中的比较[J]. 火炸药学报，2013，36(3)：73－77.

[26] Sara Cerri, Manfred A. Bohn, Klaus Menke and Luciano Galfetti, et al. Aging of ADN Rocket Propellant Formulations with Aging of ADN Rocket Propellant Formulations with Desmophen－Based Elastomer Binder Propellants Explos[J]. PyroTech. 2014，39：526－537.

[27] 张端庆，等. 固体火箭推进剂[M]. 北京：兵器工业出版社，1991.

[28] 《世界弹药手册》编辑部. 世界弹药手册[M]. 北京：兵器工业出版社，1990.

[29] Rodney L. Willer, et al. US 5，801，325，Sep. 1，1998.

[30] Richard C, Hatcher, et al. US 6，258，188 B1, Jul. 10. 10，2001.

[31] 张景春. 固体推进剂化学及工艺学[M]. 长沙：国防科技大学出版社，1987.

[32] 庞爱民. 固体火箭推进剂理论与工程[M]. 北京：中国宇航出版社，2014.

# 第 3 章　液体推进剂及图形表征

## 3.1　液体推进剂概述[1-6]

液体推进剂是液体火箭发动机的能源和工质，其性能的优劣直接影响发动机及火箭的性能。推进剂在通常条件下所呈现的物理状态为液态的称为液体推进剂，多用于航天领域。其特点是比冲较高，推力可调节，可多次点火启动，推力易控制，推进剂流量可调节，能准确控制关机时间等。但液体火箭发动机也有结构复杂的缺点，要有贮存液体推进剂的贮箱和增压、输送系统，还要有发动机喷注器和冷却系统等。因此，增加了地面设备，影响导弹的机动性。

早期的液体推进剂多用于中短程火箭和导弹，如第二次世界大战末期德国研制的V-2导弹。战后，苏联、美国、中国等先后研制了液体导弹。如美国的丘辟特、大力神和苏联的 SS-6、SS-18、SS-19 等导弹。这些初期的液体导弹使用的推进剂，有沸点低、不便贮存等缺点。从 20 世纪 60 年代开始，液体导弹广泛使用了可贮液体推进剂。20世纪 70 年代，美国的长矛导弹使用了预包装可贮液体推进剂。目前液体火箭发动机多用于发射卫星和空间飞行器，我国的长征 1 号、2 号、3 号、4 号火箭均使用液体推进剂。液体推进剂可分为单组元液体推进剂、双组元液体推进剂、三组元液体推进剂、多组元液体推进剂等。

## 3.2　单组元液体推进剂

通过分解或自身燃烧提供能量和工质的均相推进剂，称为单组元液体推进剂。其主要分为三类：1)分子中同时含有可燃性元素和助燃性元素的化合物或混合物，如硝酸异丙酯、鱼推-3 等；2)常温下互不反应的安定混合物，如过氧化氢-甲醇；3)分解时放出大量热和气态产物的吸热化合物或混合物，如肼、肼-70 等。单组元推进系统结构简单、使用方便，但能量偏低，通常用于姿态控制、速度修正、变轨飞行，或用在燃气发生器上。

### 3.2.1　硝基甲烷单组元液体推进剂

硝基甲烷（$CH_3NO_2$）为无色透明液体，有芳香味，相对密度 1.138 $g/cm^3$，熔点 -28.6 ℃，沸点 101 ℃，闪点 43 ℃(开口)，溶于水、乙醇和碱溶液，能与多种有机物混溶。标准生成热为 -113.17 kJ/mol，爆发点 420 ℃，爆速 6 320 m/s($\rho=1.13$)，爆热 4 544 kJ/kg，爆容10 921 L/kg，350～400 ℃时缓慢并完全分解，400 ℃以上时自动催化分解导致爆炸。燃气产物见表 3.2 - 1。

最大计算比冲 $I_{sp}$/(N · s/kg)　$P_c/P_e$ = 68.05/1　　　2 501(255 s)

燃烧(室)温度/K　　　　　　　　　　　　　　　　　　2 646

燃烧产物平均分子量 $M_c$/(g/mol)　　　　　　　　　20.31

表 3.2 - 1　硝基甲烷单组元液体推进剂燃气产物

| 燃气产物 | CO | H$_2$O | H$_2$ | N$_2$ | CO$_2$ | H |
|---|---|---|---|---|---|---|
| 含量/(mol/kg) | 0.278 | 0.277 | 0.220 | 0.166 | 0.055 | 0.003 |

## 3.2.2　肼单组元液体推进剂

肼($N_2H_4$)，又名联氨，为无色油状液体，有类似于氨的刺鼻气味，相对密度 1.011，熔点 1.7 ℃，沸点 113.7 ℃，能与水、甲醇、乙醇等混溶，不溶于乙醚、氯仿和苯。标准生成热为 50.63 kJ/mol，极毒，对眼睛、皮肤和黏膜有强腐蚀作用。燃气产物见表 3.2 - 2。

最大计算比冲 $I_{sp}$/(N · s/kg)　$P_c/P_e$ = 68.05/1　　　1 952(199 s)

燃烧(室)温度 $T_c$/K　　　　　　　　　　　　　　　906

燃烧产物平均分子量 $M_c$/(g/mol)　　　　　　　　10.92

表 3.2 - 2　肼单组元液体推进剂燃气产物

| 燃气产物 | H$_2$ | N$_2$ | NH$_3$ |
|---|---|---|---|
| 含量/(mol/kg) | 0.648 | 0.330 | 0.023 |

能量特性热力学计算结果

标准理论比冲 $I_{sp}$/(N · s/kg)　70/1　　　　1 952

特征速度 $C^*$/(m/s)　　　　　　　　　　　1 237.4

燃烧温度 $T$/K　　　　　　　　　　　　　　909

燃烧产物平均分子量/(g/mol)　　　　　　　10.934

## 3.2.3　氧化乙烯单组元液体推进剂

氧化乙烯又称环氧乙烷($C_2H_4O$)，为无色气体，相对密度 0.869 4，熔点 -112.15 ℃，沸点 10.73 ℃，能溶于水、乙醇和乙醚等，液态标准生成热为 -77.6 kJ/mol，本品有二级毒性，蒸气能刺激呼吸系统，造成支气管炎和肺气肿，贮存在阴凉、通风的库房内，库温控制在 30 ℃ 以下。燃气产物见表 3.2 - 3。

最大计算比冲 $I_{sp}$(N · s/kg)　$P_c/P_e$ = 68.05/1　　　1 952(199 s)

燃烧(室)温度 $T_c$/K　　　　　　　　　　　　　　1 278

燃烧产物平均分子量 $M_c$/(g/mol)　　　　　　　　18.59

表 3.2－3　氧化乙烯单组元液体推进剂燃气产物

| 燃气产物 | CO | $H_2O$ | $H_2$ | C(s) | $CO_2$ | $CH_4$ |
|---|---|---|---|---|---|---|
| 含量/(mol/kg) | 0.182 | 0.070 | 0.335 | 0.295 | 0.023 | 0.095 |

### 3.2.4　四硝基甲烷单组元液体推进剂

四硝基甲烷($CN_4O_8$),为无色到苍黄色液体,相对密度 1.637 7,熔点 14.2 ℃,沸点 126 ℃,不溶于水,溶于乙醇、乙醚、丙酮、甲苯和硝基苯中。标准生成热为 36.8 kJ/mol,毒性很强,其蒸气对黏膜组织(如眼睛、鼻、上呼吸道)有很强的刺激作用。燃气产物见表 3.2－4。

最大计算比冲 $I_{sp}$/(N·s/kg)　　$P_c/P_e=68.05/1$　　　　1 775(181 s)

燃烧(室)温度 $T_c$/K　　　　　　　　　　　　　　　　　2 171

燃烧产物平均分子量 $M_c$/(g/mol)　　　　　　　　　　　32.67

表 3.2－4　四硝基甲烷单组元液体推进剂燃气产物

| 燃气产物 | $O_2$ | NO | $N_2$ | $CO_2$ |
|---|---|---|---|---|
| 含量/(mol/kg) | 0.494 | 0.012 | 0.327 | 0.167 |

能量特性热力学计算结果

　　理论比冲 $I_{sp}$/(N·s/kg)　　70/1　　　　　　1 774.3

　　特征速度 $C^*$/(m/s)　　　　　　　　　　　　1 133.4

　　燃烧温度 $T$/K　　　　　　　　　　　　　　2 170.3

　　燃烧产物平均分子量/(g/mol)　　　　　　　　32.669

### 3.2.5　过氧化氢单组元液体推进剂

过氧化氢($H_2O_2$)又称双氧水,为无色透明液体,相对密度 1.444,熔点－0.65 ℃,沸点 149.85 ℃,与水互溶,易溶于乙醇等醇类、酸类和酮,但与甲苯、硝基苯、石油醚、汽油、煤油、四氯化碳、氯仿等基本上不互溶。标准生成热为－187.65 kJ/mol。过氧化氢具有低毒、高密度、低饱和蒸气压等优点,分解产物只有水和氧,它既可作为单组元推进剂,也可作为双组元推进剂中的氧化剂。双氧水用作推进剂有较久远的历史,在第二次世界大战中德国首先用它作为推进剂,其后苏联的联盟号飞船,英国的黑骑士运载火箭,美国的 X-1、X-15、X-37 系列飞行器和水星号飞船、鱼雷都使用过氧化氢推进剂。该推进剂有高密度比冲、绿色无毒、常温可贮存、高燃料混合比等性能,特别适合大推力、快速响应、重复使用、长时间在轨运行等任务需求,是具有潜力的绿色推进剂之一。燃气产物见表 3.2－5。

最大计算比冲 $I_{sp}$/(N·s/kg)　　$P_c/P_e=68.05/1$　　　　1 618(165 s)

| 密度比冲 | 2 336.39 |
| 燃烧(室)温度 $T_c$/K | 1 278 |
| 燃烧产物平均分子量 $M_c$/(g/mol) | 22.68 |

**表 3.2 – 5 　过氧化氢单组元液体推进剂燃气产物**

| 燃气产物 | $H_2O$ | $O_2$ |
| --- | --- | --- |
| 含量/(mol/kg) | 0.667 | 0.333 |

能量特性热力学计算结果

| 　　理论比冲 $I_{sp}$/(N・s/kg) 　70/1 | 1 615.4 |
| --- | --- |
| 　　特征速度 $C^*$/(m/s) | 1 038.6 |
| 　　燃烧温度 $T$/K | 1 276.6 |
| 　　燃烧产物平均分子量/(g/mol) | 22.676 |

### 3.2.6　二硝酰胺铵单组元液体推进剂

二硝酰胺铵[$NH_4N(NO_2)_2$，ADN]又称硝基胺硝酰铵，为白色晶体，相对密度 1.82，熔点 92.9 ℃，沸点 135 ℃，标准生成热为 –150 kJ/mol，是新型高能氧化剂，主要用于高能固体推进剂，但利用其易溶于水和醇类的特点，添加适量的水和醇类(作为燃料)，可形成单组元液体推进剂。其毒性远小于无水肼(35 mg/kg)，比 HOAN 还小许多(325 mg/kg)，特别适用于低污染的航天飞机助推系统和空间运输动力系统。瑞典研究的代号为 LMP – 101 单组元液体推进剂的火箭发动机试验表明，该推进剂有点火速度快、能量高、无毒、燃烧完全排气清洁、不污染环境等优点。

LMP – 101 单组元液体推进剂配方质量分数：

| 　　二硝酰胺铵(ADN) | 61% |
| --- | --- |
| 　　水($H_2O$) | 26% |
| 　　丙三醇 | 13% |

主要性能：

| 　　密度/(g/cm³) | 1.4 |
| --- | --- |
| 　　比冲 $I_{sp}$/(N・s/kg) | 2 373.22(242 s) |
| 　　燃烧室温度 $T_c$/℃ | 1 700 |

该推进剂有不能冷启动等缺点。

### 3.2.7　硝酸羟胺单组元液体推进剂

硝酸羟胺(HOAN)又称羟氧基胺基硝酸盐，化学式为 $NH_2OH – HNO_3$，为无色结晶，相对密度 1.841 g/cm³，熔点 48 ℃，沸点小于 100 ℃(分解)，标准生成热为 –361.1 kJ/mol，有毒和强腐蚀性，能强烈腐蚀皮肤、眼睛和黏膜；极易吸湿，这影响其作为固体推进剂氧化剂的使用，利用其特点与燃料(如醇类、甘氨酸、硝化三乙醇胺等)和水组成 HOAN 单组元液体推进剂。最初被美军方用作液体火炮发射药，后作为先进的单组元推进剂计划，加紧研究，筛选出 5 种配方，用电点火进行试验，燃烧室压强 2.5～4.8 MPa，燃烧室温度约 2 200 ℃，比冲 265 s(推力室喷口面积与喉部面积之比为 50)，超过单组元肼发动机的比冲水平。其中，甘氨酸又名氨基乙酸，化学式 $NH_2CH_2COOH$，为白色或淡黄色针状晶体，味甜，熔点 233 ℃，溶于水，微溶于吡啶，不溶于醇。

配方质量分数：

| | |
|---|---|
| HOAN | 61% |
| 甘氨酸 | 13% |
| 水 | 26% |

主要性能：

| | |
|---|---|
| 密度/(g/cm³) | 1.33 |
| 计算比冲 $I_{sp}$/(N·s/kg)　$P_c/P_e=68.05/1$ | 1 962.3(200.1 s) |
| 燃烧室温度 $T_c$/℃ | 1 100 |

燃烧室压力为 500 Pa，面积比为 10，添加质量分数 20% $MnO·4H_2O$。

### 3.2.8　奥托单组元液体推进剂[5-8]

以奥托(OTTO)为主要组成的硝酸酯基液体推进剂，它是由脂肪族硝酸酯、钝感剂和安定剂三种组分构成，通常用作单组元水下推进剂，即在鱼雷武器中使用。

(1) 1 号配方

配方质量分数：

| | |
|---|---|
| 1，2-丙二醇二硝酸酯(1，2-PGDN) | 76% |
| 甘油三丁酯(GTB) | 22.5% |
| 2-硝基二苯胺(O-NDPA) | 1.5% |

主要性能：

| | |
|---|---|
| 密度/(g/cm³)　(25 ℃) | 1.269 4 |
| 冻点/℃ | <−20 |
| 组分的蒸气压(计算)/mm　25 ℃ | 0.087 7 |
| PGDN 的蒸气压(计算)/mm　25 ℃ | 0.098 44 |
| 黏度(25 ℃)/厘泊 | 3.79 |
| 表面张力(25 ℃)/N | $3.43·10^{-4}$ |
| 闪点/℃ | 115 |
| 着火点/℃ | 142 |
| 干燥时含水量/% | 0.008 |
| 饱和水含量/% | 0.026 |
| 嘴前温度/K | 1 491 |
| 计算比冲/(N·s/kg)　68.05/1 | 2 037.83(207.8 s) |

实测比冲/(N·s/kg)　　　68.05/1　　　　　　　1 931.92～2 000.57(197～204 s)

(2) 2号配方

配方质量分数：

 1，2-丙二醇二硝酸酯(PGDN)　　　　　　76%

 正-癸二酸二丁酯(DBS)　　　　　　　　22.5%

 邻硝基二苯胺(O-NDPA)　　　　　　　1.5%

主要性能：

 密度/(g/cm³)　25 ℃　　　　　　　　1.231 4

 冻点/℃　　　　　　　　　　　　　－32

 组分的蒸气压(计算)/mm　25 ℃　　　0.087 7

 PGDN 的蒸气压(计算)/(mm 汞柱)　25 ℃　0.098 44

 黏度(25 ℃)/厘泊　　　　　　　　4.04

 表面张力(25 ℃)/N　　　　　　　3.445·10⁻⁴

 闪点/℃　　　　　　　　　　　120～122

 着火点/℃　　　　　　　　　　145

 干燥时含水量/%　　　　　　　0.008

 饱和水含量/%　　　　　　　　0.026

 嘴前温度/K　　　　　　　　　1 390

 计算比冲/(N·s/kg)　　68.05/1　　2 037.83(207.8 s)

 实测比冲/(N·s/kg)　　68.05/1　　2 029.99(207 s)

 热力学计算结果

  比冲　　　　　　　　　　　2 014.5(205.42 s)

  燃烧温度/K　　　　　　　1 392.5

  燃烧产物平均分子量/(g/mol)　18.235

燃气组分见表3.2-6。

表 3.2-6　2号配方燃气组分

| 燃气组分 | $H_2O$ | CO | $N_2$ | $H_2$ | $CO_2$ |
|---|---|---|---|---|---|
| 含量/(mol/kg) | 0.097 2 | 0.210 2 | 0.083 5 | 0.325 2 | 0.120 2 |

(3) 3号配方

配方质量分数：

 戊二醇二硝酸酯(1，5-PTDN $C_5H_{10}N_2O_6$)　　89.5%

 正癸二酸二丁酯(DBS)　　　　　　　　　9.0%

 邻硝基二苯胺(2-硝基二苯胺，O-NDPA)　　1.5%

主要性能：

| | |
|---|---|
| 密度/(g/cm³)　25 ℃ | 1.229 |
| 冻点/℃ | −32 |
| 组分的蒸气压(计算)/(mm 汞柱)　25 ℃ | 0.076 |
| PGDN 的蒸气压(计算)/(mm 汞柱)　20 ℃ | 0.004 5 |
| PGDN 的蒸气压(计算)/(mm 汞柱)　30 ℃ | 0.001 37 |
| 黏度(25 ℃)/厘泊 | 6.48 |
| 表面张力(25 ℃)/ N | $4.196 \cdot 10^{-4}$ |
| 闪点/℃ | 155 |
| 着火点/℃ | 160 |
| 干燥时含水量/% | <0.1 |
| 嘴前温度/K | 1 347 |
| 计算比冲/(N·s/kg)　68.05/1 | 2 020.18(206 s) |
| 实测比冲/(N·s/kg)　68.05/1 | 1 931.92~2 000.57(197~204 s) |

热力学计算结果

| | |
|---|---|
| 比冲/(N·s/kg)　68.05/1 | 1 981(202 s) |
| 燃烧温度/K | 1 345.1 |
| 燃烧产物平均分子量/(g/mol) | 18.559 |

燃气组分见表 3.2 - 7。

表 3.2 - 7　3 号配方燃气组分

| 燃气组分 | $H_2O$ | CO | $N_2$ | $H_2$ | $CO_2$ |
|---|---|---|---|---|---|
| 含量/(mol/kg) | 0.105 5 | 0.164 1 | 0.08 | 0.317 3 | 0.112 8 |

能量特性热力学计算结果

| | |
|---|---|
| 理论比冲 $I_{sp}$/(N·s/kg)　70/1 | 1 984.3 |
| 特征速度 $C^*$/(m/s) | 1 209.4 |
| 燃烧温度 $T$/K | 1 341.8 |
| 燃烧产物平均分子量/(g/mol) | 18.517 |

(4) 4 号配方

配方质量分数：

| | |
|---|---|
| 戊二醇二硝酸酯(2，4 - PTDN $C_5H_{10}N_2O_6$) | 89.5% |
| 正癸二酸二丁酯(DBS) | 9.0% |
| 邻硝基二苯胺(2-硝基二苯胺，O - NDPA) | 1.5% |

主要性能：

| | |
|---|---|
| 密度/(g/cm³)　25 ℃ | 1.229 |

| | |
|---|---|
| 冻点/℃ | －32 |
| 组分的蒸气压(计算)/(mm 汞柱)　25 ℃ | 0.076 |
| PGDN 的蒸气压(计算)/(mm 汞柱)　20 ℃ | 0.004 5 |
| PGDN 的蒸气压(计算)/(mm 汞柱)　30 ℃ | 0.001 37 |
| 黏度(25 ℃)/厘泊 | 6.48 |
| 表面张力(25 ℃)/N | $4.196 \cdot 10^{-4}$ |
| 闪点/℃ | 155 |
| 着火点/℃ | 160 |
| 干燥时含水量/% | ＜0.1 |
| 嘴前温度/K | 1 347 |
| 计算比冲/(N・s/kg)　68.05/1 | 2 020.18(206 s) |
| 实测比冲/(N・s/kg)　68.05/1 | 1 912.31(195 s) |

(5) 5 号配方

配方质量分数:

| | |
|---|---|
| 丙二醇二硝酸酯(PGDN) | 84.5% |
| 正癸二酸二丁酯(DBS) | 14.0% |
| 邻硝基二苯胺(2-硝基二苯胺，O-NDPA) | 1.5% |

主要性能:

| | |
|---|---|
| 嘴前温度/K | 4 544.33 |
| 实测比冲/(N・s/kg)　68.05/1 | 2 137.86(218 s) |
| 热力学计算结果 | |
| 　比冲/(N・s/kg)　68.05/1 | 2 137.2(217.93 s) |
| 　燃烧温度/K | 1 830.5 |
| 　燃烧产物平均分子量/(g/mol) | 19.069 |

燃气组分见表 3.2-8。

**表 3.2-8　5 号配方燃气组分**

| 燃气组分 | $H_2O$ | CO | $N_2$ | $H_2$ | $CO_2$ |
|---|---|---|---|---|---|
| 含量/(mol/kg) | 0.087 5 | 0.288 4 | 0.101 9 | 0.333 4 | 0.132 8 |

(6) 6 号配方

配方质量分数:

| | |
|---|---|
| 1，2-丙二醇二硝酸酯(PGDN) | 76% |
| 壬二酸二异丁酯(DIBA) | 22.5% |
| 用壬二酸二辛酯代(DOAZ，$C_{25}H_{48}O_4$) | |
| 邻硝基二苯胺(2-硝基二苯胺，O-NDPA) | 1.5% |

水含量                                                     0.05%

主要性能：

    冻点/℃                                                    —50

    计算比冲/(N·s/kg)        68.05/1            2 020.18(206 s)

    分解温度(DTA)/℃                                           178

    分解温度(DSC)/℃                                           195

    比重 22.9 ℃                                               1.231 4

    黏度(—40 ℃)/厘泊                                          1.309 9

    能量特性热力学计算结果

        理论比冲 $I_{sp}$/(N·s/kg)    70/1          2 023.3

        特征速度 $C^*$/(m/s)                           1 235.4

        燃烧温度 $T$/K                                 1 383.3

        燃烧产物平均分子量/(g/mol)                     18.159

## 3.3　双组元液体推进剂[7-10]

    双组元液体推进剂是由分别贮存的液体氧化剂和液体燃料两个组元的推进剂，简称双组元推进剂。双组元液体推进剂具有能量段高和使用安全等特点，是液体火箭、导弹推进系统中使用最多的推进剂。

### 3.3.1　常温双组元液体推进剂

    (1)98%$H_2O_2$/乙醇液体推进剂

    98%$H_2O_2$/乙醇质量比                                     3.79

    计算比冲 $I_{sp}$/(N·s/kg)    $P_c/P_e$=68.05/1       2 833.16(288.9 s)

    密度比冲 $I_\rho$/(g·s/cm³)                             367.7

    燃烧室温度① $T_c$/℃                                      2 491

    能量特性热力学计算结果

        理论比冲 $I_{sp}$/(N·s/kg)    70/1          2 654.8

        特征速度 $C^*$/(m/s)                           1 643.2

        燃烧温度 $T$/K                                 2 861.1

        燃烧产物平均分子量/(g/mol)                     21.756

    (2)98%$H_2O_2$/甲醇液体推进剂

    98%$H_2O_2$/甲醇质量比                                     2.81

---

① 　燃烧室压力为 500 Pa，面积比为 10，添加质量分数 20% MnO·4$H_2O$。

計算比冲 $I_{sp}$/(N·s/kg)　$P_c/P_e=68.05/1$　　　2 788.04(284.3 s)

密度比冲 $I_\rho$/(g·s/cm³)　　　　　　　　　353.9

燃烧室温度[①] $T_c$/℃　　　　　　　　　　2 412

(3)98% $H_2O_2$/正丙醇液体推进剂

98% $H_2O_2$/正丙醇质量比　　　　　　　　4.3

計算比冲 $I_{sp}$/(N·s/kg)　$P_c/P_e=68.05/1$　　　2 849.83(290.6 s)

密度比冲 $I_\rho$/(g·s/cm³)　　　　　　　　　372.8

燃烧室温度[①] $T_c$/℃　　　　　　　　　　2 520

(4)98% $H_2O_2$/正丁醇液体推进剂

98% $H_2O_2$/正丁醇质量比　　　　　　　　4.6

計算比冲 $I_{sp}$/(N·s/kg)　$P_c/P_e=68.05/1$　　　2 867.5(292.4 s)

密度比冲 $I_\rho$/(g·s/cm³)　　　　　　　　　378.6

燃烧室温度[①] $T_c$/℃　　　　　　　　　　2 547

(5)3-硝基-1，2，4-三唑-5-酮/一甲基肼(NTO/MMH)液体推进剂

3-硝基-1，2，4-三唑-5-酮—一甲基肼质量比　　2.1

計算比冲 $I_{sp}$/(N·s/kg)　$P_c/P_e=68.05/1$　　　3 069.5(313 s)

密度比冲 $I_\rho$/(g·s/cm³)　　　　　　　　　372.2

燃烧室温度[①] $T_c$/℃　　　　　　　　　　3 044

### 3.3.2　低温双组元液体推进剂

#### 3.3.2.1　液氧类双组元液体推进剂[1-3]

(1)液氧/液氢($LO_2/LH_2$)推进剂

$LO_2/LH_2$ 推进剂是一种高能低温推进剂。高纯度液氧为无味、淡蓝色的透明液体，沸点为－183 ℃，冷却到－218.8 ℃时凝结成蓝色晶体，液体密度 1.14 g/cm³。液氧与脂肪、苯、润滑油等接触时，发生剧烈的氧化作用，在加压时常发生爆炸。液氢是一种无色无味且在低温(－253 ℃)以下呈透明状态的液体。液氧是强氧化剂，能强烈助燃，与脂肪、凡士林、润滑油、酒精等醇类、苯、甲苯等有机溶剂接触时发生剧烈的氧化作用，有时会发生爆炸。它本身具有化学稳定性，对撞击不敏感，不易分解。液氢与液氧组成的低温双组元液体推进剂，在运载火箭上得到广泛应用，如用作航天器(包括卫星、飞船、探测器等)的运载火箭上面级，而高密度低温推进剂如液氧与煤油则用作地面级。美国航天飞机 SSME 推进系统、(1994 年起)宇宙神系列半人

---

① 　燃烧室压力为 500 Pa，面积比为 10，添加质量分数 20%$MnO·4H_2O$。

马座上面级多使用液氢/液氧推进剂,美国大力神 4 与半人马座、德尔它 4 号、欧洲阿里安系列、日本 H 系列、中国长征系列均使用液氢/液氧推进剂。

　　　$LO_2/LH_2$ 推进剂质量比　　　　　　　　　　　　　4.0

　　　最大计算比冲/$(N \cdot s/kg)$　　68.05/1　　　3 834.42(391 s)

　　　燃烧温度/K　　　　　　　　　　　　　　　　2 980

　　　燃烧产物平均分子量/$(g/mol)$　　　　　　　10.08

　　　燃气组分见表 3.3 - 1。

表 3.3 - 1　$LO_2/LH_2$ 推进剂燃气组分

| 燃气组分 | $H_2O$ | H | $H_2$ | OH |
|---|---|---|---|---|
| 含量/$(mol/kg)$ | 0.496 | 0.013 | 0.488 | 0.004 |

(2)液氧/肼液体推进剂[1-3]

　　　液氧/肼($LO_2/N_2H_4$)质量比　　　　　　　0.9

　　　最大计算比冲/$(N \cdot s/kg)$　　68.05/1　　　3 069.5(313 s)

　　　燃烧温度/K　　　　　　　　　　　　　　　　3 410

　　　燃烧产物平均分子量/$(g/mol)$　　　　　　　19.36

　　　燃气组分见表 3.3 - 2。

表 3.3 - 2　$LO_2/N_2H_4$ 推进剂燃气组分

| 燃气组分 | $H_2O$ | $N_2$ | NO | H | $H_2$ | OH | $O_2$ | O |
|---|---|---|---|---|---|---|---|---|
| 含量/$(mol/kg)$ | 0.504 | 0.313 | 0.010 | 0.019 | 0.104 | 0.038 | 0.009 | 0.004 |

(3)液氧/甲基肼液体推进剂[1,3]

　　　液氧/甲基肼($LO_2/CH_3NHNH_2$)质量比　　　1.5

　　　最大计算比冲/$(N \cdot s/kg)$　　68.05/1　　　3 049.88(311 s)

　　　燃烧温度/K　　　　　　　　　　　　　　　　3 581

　　　燃烧产物平均分子量/$(g/mol)$　　　　　　　22.96

　　　燃气组分见表 3.3 - 3。

表 3.3 - 3　$LO_2/CH_3NHNH_2$ 推进剂燃气组分

| 燃气组分 | $H_2O$ | $N_2$ | CO | $CO_2$ | $H_2$ | OH | $O_2$ | O |
|---|---|---|---|---|---|---|---|---|
| 含量/$(mol/kg)$ | 0.424 | 0.178 | 0.115 | 0.070 | 0.089 | 0.056 | 0.020 | 0.010 |

(4)液氧/偏二甲肼液体推进剂

　　　液氧/偏二甲肼[$LO_2/(CH_3)_2NNH_2$]质量比　　1.7

　　　最大计算比冲/$(N \cdot s/kg)$　　68.05/1　　　3 040.08(310 s)

燃烧温度/K　　　　　　　　　　　　　　　　　　　3 623
燃烧产物平均分子量/(g/mol)　　　　　　　　　　　21.27
燃气组分见表 3.3 - 4。

表 3.3 - 4　$LO_2/(CH_3)_2NNH_2$ 推进剂燃气组分

| 燃气组分 | $H_2O$ | $N_2$ | CO | $CO_2$ | $H_2$ | OH | $O_2$ | O |
|---|---|---|---|---|---|---|---|---|
| 含量/(mol/kg) | 0.388 | 0.127 | 0.178 | 0.087 | 0.100 | 0.054 | 0.015 | 0.030 |

(5)液氧/苯胺液体推进剂

液氧/苯胺($LO_2/C_6H_5NH_2$)质量比　　　　　　　1.8
最大计算比冲/(N · s/kg)　　　68.05/1　　　2 843.94 (290 s)
燃烧温度/K　　　　　　　　　　　　　　　　　　　3 702
燃烧产物平均分子量/(g/mol)　　　　　　　　　　　24.58
燃气组分见表 3.3 - 5。

表 3.3 - 5　$LO_2/C_6H_5NH_2$ 推进剂燃气组分

| 燃气组分 | $H_2O$ | $N_2$ | CO | $CO_2$ | $H_2$ | OH | $O_2$ | H |
|---|---|---|---|---|---|---|---|---|
| 含量/(mol/kg) | 0.211 | 0.045 | 0.428 | 0.137 | 0.083 | 0.040 | 0.010 | 0.032 |

(6)液氧与酒精液体推进剂

液氧与酒精液体推进剂是最早使用的一种液体推进剂之一，德国地地战术弹道导弹 V - 2、美国地地战术弹道导弹红石都使用液氧与酒精液体推进剂。

液氧/乙醇($LO_2/C_2H_5OH$)质量比　　　　　　　2.0
最大计算比冲/(N · s/kg)　　　68.05/1　　　2 814.52 (287 s)
燃烧温度/K　　　　　　　　　　　　　　　　　　　3 467
燃烧产物平均分子量/(g/mol)　　　　　　　　　　　24.69
燃气组分见表 3.3 - 6。

表 3.3 - 6　$LO_2/C_2H_5OH$ 推进剂燃气组分

| 燃气成分 | $H_2O$ | CO | $CO_2$ | $H_2$ | OH | $O_2$ | H |
|---|---|---|---|---|---|---|---|
| 含量/(mol/kg) | 0.455 | 0.150 | 0.207 | 0.043 | 0.063 | 0.056 | 0.014 |

(7)液氧/环氧乙烷液体推进剂

液氧/环氧乙烷($LO_2/C_2H_4O$)质量比　　　　　　1.4
最大计算比冲/(N · s/kg)　　　68.05/1　　　2 922.4(298 s)
燃烧温度/K　　　　　　　　　　　　　　　　　　　3 676

燃烧产物平均分子量/(g/mol)　　　　　　　　24.0

燃气组分见表 3.3 - 7。

表 3.3 - 7　LO₂/C₂H₄O 推进剂燃气组分

| 燃气成分 | $H_2O$ | CO | $CO_2$ | $H_2$ | OH | $O_2$ | H |
|---|---|---|---|---|---|---|---|
| 含量/(mol/kg) | 0.337 | 0.283 | 0.170 | 0.071 | 0.064 | 0.030 | 0.028 |

(8)液氧/煤油液体推进剂

　　液氧/煤油(LO/RP - 1 - 3)质量比　　　　　　2.6

　　最大计算比冲/(N·s/kg)　　68.05/1　　2 951.82(301 s)

　　燃烧温度/K　　　　　　　　　　　　　　3 676

　　燃烧产物平均分子量/(g/mol)　　　　　　　24.0

　　燃气组分见表 3.3 - 8。

表 3.3 - 8　LO/RP - 1 - 3 推进剂燃气组分

| 燃气成分 | $H_2O$ | CO | $CO_2$ | $H_2$ | OH | $O_2$ | H |
|---|---|---|---|---|---|---|---|
| 含量/(mol/kg) | 0.327 | 0.313 | 0.151 | 0.085 | 0.058 | 0.030 | 0.028 |

(9)液氧/乙氰液体推进剂

　　液氧/乙氰(LO/C₂N₂- 1)质量比　　　　　　0.7

　　最大计算比冲/(N·s/kg)　　68.05/1　　2 969.8(296 s)

　　燃烧温度/K　　　　　　　　　　　　　　4 690

　　燃烧产物平均分子量/(g/mol)　　　　　　　29.49

　　燃气组分见表 3.3 - 9。

表 3.3 - 9　LO/C₂N₂ - 1 推进剂燃气组分

| 燃气组分 | CO | $CO_2$ | $N_2$ | OH | O | NO |
|---|---|---|---|---|---|---|
| 含量/(mol/kg) | 0.609 | 0.022 | 0.307 | 0.064 | 0.039 | 0.017 |

(10)液氧/五硼烷液体推进剂

　　液氧/五硼烷(LO₂/B₅H₉)质量比　　　　　　2.4

　　最大计算比冲/(N·s/kg)　　68.05/1　　3 138.14(320 s)

　　燃烧温度/K　　　　　　　　　　　　　　4 335

　　燃烧产物平均分子量/(g/mol)　　　　　　　24.94

　　燃气组分见表 3.3 - 10。

表 3.3 - 10　LO₂/B₅H₉ 推进剂燃气组分

| 燃气组分 | HBO₂ | BO | H₂O | H₂ | OH | B₂O₃ | H |
|---|---|---|---|---|---|---|---|
| 含量/(mol/kg) | 0.322 | 0.142 | 0.086 | 0.182 | 0.044 | 0.039 | 0.141 |

### 3.3.2.2　液氟类双组元液体推进剂[10-12]

(1)液氟/五硼烷液体推进剂

　　液氧/五硼烷(LF₂/B₅H₉)质量比　　　　　　　　4.5
　　最大计算比冲/(N・s/kg)　　68.05/1　　　3 530.41(360 s)
　　燃烧温度/K　　　　　　　　　　　　　　　5 024
　　燃烧产物平均分子量/(g/mol)　　　　　　　21.56
　　燃气组分见表 3.3 - 11。

表 3.3 - 11　LF₂/B₅H₉ 推进剂燃气组分

| 燃气组分 | HF | BF | F | H | BF₃ | H₂ | BF₂ |
|---|---|---|---|---|---|---|---|
| 含量/(mol/kg) | 0.412 | 0.281 | 0.150 | 0.109 | 0.027 | 0.019 | 0.002 |

(2)液氟/液氢推进剂

　　液氟/液氢(LF₂/LH₂)质量比　　　　　　　　9.0
　　最大计算比冲/(N・s/kg)　　68.05/1　　　4 020.75(410 s)
　　燃烧温度/K　　　　　　　　　　　　　　　4 117
　　燃烧产物平均分子量/(g/mol)　　　　　　　12.75
　　燃气组分见表 3.3 - 12。

表 3.3 - 12　LF₂/LH₂ 推进剂燃气组分

| 燃气组分 | HF | H₂ | F | H | F |
|---|---|---|---|---|---|
| 含量/(mol/kg) | 0.596 | 0.273 | 0.008 | 0.123 | 0.008 |

(3)液氟/肼液体推进剂

　　液氟/肼(LF₂/N₂H₄)质量比　　　　　　　　2.3
　　最大计算比冲/(N・s/kg)　　68.05/1　　　3 559.83(363 s)
　　燃烧温度/K　　　　　　　　　　　　　　　4 687
　　燃烧产物平均分子量/(g/mol)　　　　　　　19.40
　　燃气组分见表 3.3 - 13。

表 3.3 - 13　LF₂/N₂H₄ 推进剂燃气组分

| 燃气组分 | HF | N₂ | F | H | H₂ |
|---|---|---|---|---|---|
| 含量/(mol/kg) | 0.606 | 0.183 | 0.106 | 0.081 | 0.023 |

(4)液氟/甲基肼液体推进剂

| 液氟/甲基肼($LF_2/CH_3NHNH_2$)质量比 | | 2.5 |
|---|---|---|
| 最大计算比冲/$(N \cdot s/kg)$ | 68.05/1 | 3 383.31(345 s) |
| 燃烧温度/K | | 4 419 |
| 燃烧产物平均分子量/$(g/mol)$ | | 20.89 |

燃气组分见表 3.3－14。

表 3.3－14　$LF_2/CH_3NHNH_2$ 推进剂燃气组分

| 燃气组分 | HF | $N_2$ | F | H | $H_2$ | CN |
|---|---|---|---|---|---|---|
| 含量/$(mol/kg)$ | 0.654 | 0.107 | 0.060 | 0.061 | 0.027 | 0.028 |

(5)液氟/偏二甲肼液体推进剂

| 液氟/偏二甲肼[$LF_2/(CH_3)_2NNH_2$]质量比 | | 2.4 |
|---|---|---|
| 最大计算比冲/$(N \cdot s/kg)$ | 68.05/1 | 3 314.66 (338 s) |
| 燃烧温度/K | | 4 183 |
| 燃烧产物平均分子量/$(g/mol)$ | | 21.31 |

燃气组分见表 3.3－15。

表 3.3－15　$LF_2/(CH_3)_2NNH_2$ 推进剂燃气组分

| 燃气组分 | HF | $N_2$ | F | H | $H_2$ | CN | $CF_2$ |
|---|---|---|---|---|---|---|---|
| 含量/$(mol/kg)$ | 0.647 | 0.081 | 0.029 | 0.053 | 0.041 | 0.027 | 0.028 |

(6)液氟/苯胺液体推进剂

| 液氟/苯胺($LF_2/C_6H_5NH_2$)质量比 | | 1.4 |
|---|---|---|
| 最大计算比冲/$(N \cdot s/kg)$ | 68.05/1 | 2 814.52(287 s) |
| 燃烧温度/K | | 3 832 |
| 燃烧产物平均分子量/$(g/mol)$ | | 28.62 |

燃气组分见表 3.3－16。

表 3.3－16　$LF_2/C_6H_5NH_2$ 推进剂燃气组分

| 燃气组分 | HF | $N_2$ | F | H | $H_2$ | C(s) | $C_2F_2$ |
|---|---|---|---|---|---|---|---|
| 含量/$(mol/kg)$ | 0.483 | 0.031 | 0.029 | 0.019 | 0.027 | 0.352 | 0.030 |

(7)液氟/丙酮二腈液体推进剂

| 液氟/丙酮二腈($F_2/C_4N_2$)质量比 | | 5.3 |
|---|---|---|
| 最大计算比冲/$(N \cdot s/kg)$ | 68.05/1 | 2 432.06(248 s) |
| 燃烧温度/K | | 3 548 |
| 燃烧产物平均分子量/$(g/mol)$ | | 33.39 |

燃气组分见表 3.3 - 17。

表 3.3 - 17　F₂/C₄N₂ 推进剂燃气组分

| 燃气组分 | F | CF₃ | CF₂ | CF₄ | N₂ | F₂ |
|---|---|---|---|---|---|---|
| 含量/(mol/kg) | 0.652 | 0.124 | 0.079 | 0.073 | 0.069 | 0.020 |

（8）液氟/硼氢化铝液体推进剂

| | | |
|---|---|---|
| 液氟/硼氢化铝[Al(BH₄)₃]质量比 | | 4.5 |
| 最大计算比冲/(N·s/kg) | 68.05/1 | 3 491.19(356 s) |
| 燃烧温度/K | | 4 954 |
| 燃烧产物平均分子量/(g/mol) | | 21.78 |

（9）液氟/乙醇液体推进剂

| | | |
|---|---|---|
| 液氟/乙醇(LF₂/C₂H₅OH)质量比 | | 2.5 |
| 最大计算比冲/(N·s/kg) | 68.05/1 | 3 236.2 (330 s) |
| 燃烧温度/K | | 4 184 |
| 燃烧产物平均分子量/(g/mol) | | 21.59 |

燃气组分见表 3.3 - 18。

表 3.3 - 18　LF₂/C₂H₅OH 推进剂燃气组分

| 燃气组分 | HF | CO | F | H | H₂ | C₂F₂ | CF₂ |
|---|---|---|---|---|---|---|---|
| 含量/(mol/kg) | 0.691 | 0.134 | 0.035 | 0.045 | 0.029 | 0.030 | 0.012 |

（10）液氟/环氧乙烷液体推进剂

| | | |
|---|---|---|
| 液氟/环氧乙烷(LF₂/C₂H₄O)质量比 | | 1.7 |
| 最大计算比冲/(N·s/kg) | 68.05/1 | 3 206.8(327 s) |
| 燃烧温度/K | | 4 134 |
| 燃烧产物平均分子量/(g/mol) | | 22.32 |

燃气组分见表 3.3 - 19。

表 3.3 - 19　LF₂/C₂H₄O 推进剂燃气组分

| 燃气组分 | HF | CO | F | H | H₂ | C₂F₂ | CF₂ |
|---|---|---|---|---|---|---|---|
| 含量/(mol/kg) | 0.623 | 0.188 | 0.026 | 0.044 | 0.033 | 0.034 | 0.010 |

（11）液氟/煤油液体推进剂

| | | |
|---|---|---|
| 液氟/煤油(LF₂/RP - 1)质量比 | | 2.4 |
| 最大计算比冲/(N·s/kg) | 68.05/1 | 3 108.72(317 s) |
| 燃烧温度/K | | 3 917 |

燃烧产物平均分子量/(g/mol)　　　　　　　　23.87

燃气组分见表3.3－20。

**表3.3－20　LF$_2$/RP－1推进剂燃气组分**

| 燃气组分 | HF | C(s) | F | H | H$_2$ | C$_2$F$_2$ | CF$_2$ |
|---|---|---|---|---|---|---|---|
| 含量/(mol/kg) | 0.617 | 0.202 | 0.011 | 0.033 | 0.048 | 0.034 | 0.006 |

(12)液氟/氰液体推进剂

　　液氟/乙氰(LF$_2$/C$_2$N$_2$)质量比　　　　　　　3.7

　　最大计算比冲/(N·s/kg)　　68.05/1　　2 441.87(249 s)

　　燃烧温度/K　　　　　　　　　　　　　　3 558

　　燃烧产物平均分子量/(g/mol)　　　　　　33.19

　　燃气组分见表3.3－21。

**表3.3－21　LF$_2$/C$_2$N$_2$推进剂燃气组分**

| 燃气组分 | F | N$_2$ | CF$_3$ | CF$_2$ | CF$_4$ |
|---|---|---|---|---|---|
| 含量/(mol/kg) | 0.594 | 0.135 | 0.119 | 0.088 | 0.061 |

### 3.3.3　可贮存双组元液体推进剂

(1)四氧化二氮/肼液体推进剂

　　肼是一种地面可贮存单组元液体推进剂,其冰点高(1.5 ℃),热稳定性差,很少单独使用,主要与一甲基肼(MMH)制成混肼燃料。偏二甲肼与肼混合物也称为混肼,如50%偏二甲肼(UDMH)与50%肼的混合物称为混肼50。肼系列推进剂有优越的脉冲式比冲,能量较高,推力重复性好,响应特别灵敏,可靠性高,价格低,易于贮存。

　　四氧化二/肼(N$_2$O$_4$/N$_2$H$_4$)质量比　　　　1.3

　　最大计算比冲/(N·s/kg)　　68.05/1　　2 853.75(291 s)

　　燃烧温度/K　　　　　　　　　　　　　　3 255

　　燃烧产物平均分子量/(g/mol)　　　　　　20.73

　　燃气组分见表3.3－22。

**表3.3－22　N$_2$O$_4$/N$_2$H$_4$推进剂燃气组分**

| 燃气组分 | H$_2$O | N$_2$ | H$_2$ | OH | O$_2$ | H |
|---|---|---|---|---|---|---|
| 含量/(mol/kg) | 0.465 | 0.405 | 0.080 | 0.024 | 0.050 | 0.011 |

(2)四氧化二氮/偏二甲肼

偏二甲肼是肼类燃料中热稳定性最好的一种燃料,可以单独使用,也可与肼、二乙三胺、煤油等组成混合燃料，如混肼、胺肼、油肼等燃料。

　　四氧化二氮/偏二甲肼($N_2O_4$/UDMH)质量比　　　　2.6

　　能量特性热力学计算结果

　　　　理论比冲 $I_{sp}$/(N·s/kg)　70/1　　　　2 800.5

　　　　特征速度 $C^*$/(m/s)　　　　　　　1 703

　　　　燃烧温度 $T$/K　　　　　　　　　3 453.6

　　　　燃烧产物平均分子量/(g/mol)　　　24.525

　　燃气组分见表3.3-23。

表 3.3-23　$N_2O_4$/UDMH 推进剂燃气组分

| 燃气组分 | $H_2O$ | $N_2$ | $H_2$ | CO | $CO_2$ |
|---|---|---|---|---|---|
| 含量/(mol/kg) | 0.427 0 | 0.325 6 | 0.010 1 | 0.257 0 | 0.194 8 |

(3)四氧化二氮/一甲基肼液体推进剂

　　四氧化二氮/一甲基肼($N_2O_4$/MMH)质量比　　　　1.7

　　能量特性热力学计算结果

　　　　理论比冲 $I_{sp}$/(N·s/kg)　70/1　　　　2 848.1

　　　　特征速度 $C^*$/(m/s)　　　　　　　1 766.7

　　　　燃烧温度 $T$/K　　　　　　　　　3 391.9

　　　　燃烧产物平均分子量/(g/mol)　　　22.18

　　燃气组分见表3.3-24。

表 3.3-24　$N_2O_4$/MMH 推进剂燃气组分

| 燃气组分 | $H_2O$ | $N_2$ | $H_2$ | CO | $CO_2$ |
|---|---|---|---|---|---|
| 含量/(mol/kg) | 0.411 | 0.224 | 0.088 7 | 0.076 8 | 0.089 7 |

(4)四氧化二氮/煤油液体推进剂

　　四氧化二氮/煤油($N_2O_4$/RP-1-3)质量比　　　　4.3

　　最大计算比冲/(N·s/kg)　68.05/1　　　　2 706.65(276 s)

　　燃烧温度/K　　　　　　　　　　　　3 460

　　燃烧产物平均分子量/(g/mol)　　　　26.19

　　燃气组分见表3.3-25。

表 3.3-25　$N_2O_4$/RP-1-3 推进剂燃气组分

| 燃气组分 | $H_2O$ | $N_2$ | $H_2$ | OH | $O_2$ | H |
|---|---|---|---|---|---|---|
| 含量/(mol/kg) | 0.283 | 0.405 | 0.080 | 0.024 | 0.050 | 0.011 |

（5）硝酸/肼液体推进剂

硝酸/肼（$HNO_3/N_2H_4$）质量比　　　　　　　1.3

最大计算比冲/（N·s/kg）　　68.05/1　　2 726.26（278 s）

燃烧温度/K　　　　　　　　　　　　　　2 967

燃烧产物平均分子量/（g/mol）　　　　　19.96

燃气组分见表3.3－26。

表 3.3－26　$HN_3/N_2H_4$ 推进剂燃气组分

| 燃气组分 | $H_2O$ | $N_2$ | $H_2$ | OH | NO | H |
|---|---|---|---|---|---|---|
| 含量/（mol/kg） | 0.525 | 0.359 | 0.099 | 0.009 | 0.002 | 0.005 |

（6）硝酸/一甲基肼液体推进剂

硝酸/一甲基肼（$HNO_3/MMH$）质量比　　　　1.7

能量特性热力学计算结果

理论比冲 $I_{sp}$/（N·s/kg）　70/1　　2 658.7

特征速度 $C^*$/（m/s）　　　　　　1 674.2

燃烧温度 $T$/K　　　　　　　　　2 975.1

燃烧产物平均分子量/（g/mol）　　21.208

燃气组分见表3.3－27。

表 3.3－27　$HNO_3$－MMH 推进剂燃气组分

| 燃气组分 | $H_2O$ | $N_2$ | $H_2$ | CO | $CO_2$ |
|---|---|---|---|---|---|
| 含量/（mol/kg） | 0.435 1 | 0.267 8 | 0.142 2 | 0.065 7 | 0.088 9 |

（7）硝酸/偏二甲肼液体推进剂

硝酸/偏二甲肼（$HNO_3/UDMH$）质量比　　　　2.6

能量特性热力学计算结果

理论比冲 $I_{sp}$/（N·s/kg）　70/1　　2 674.5

特征速度 $C^*$/（m/s）　　　　　　1 652.9

燃烧温度 $T$/K　　　　　　　　　3 143.4

燃烧产物平均分子量/（g/mol）　　23.622

燃气组分见表3.3－28。

表 3.3－28　$HNO_3/UDMH$ 推进剂燃气组分

| 燃气组分 | $H_2O$ | $N_2$ | $H_2$ | CO | $CO_2$ |
|---|---|---|---|---|---|
| 含量/（mol/kg） | 0.51 | 0.246 4 | 0.040 6 | 0.045 2 | 0.157 5 |

（8）硝酸/煤油液体推进剂

硝酸/煤油（$HNO_3/RP-1$）质量比　　　　　　4.8

最大计算比冲/(N・s/kg)　　68.05/1　　　　2 579.16(263 s)

燃烧温度/K　　　　　　　　　　　　　　　3 156

燃烧产物平均分子量　　　　　　　　　　　25.67

燃气组分见表 3.3 - 29。

表 3.3 - 29　HNO₃/RP - 1 推进剂燃气组分

| 燃气组分 | H₂O | CO₂ | N₂ | CO | H₂ | OH |
|---|---|---|---|---|---|---|
| 含量/(mol/kg) | 0.431 | 0.201 | 0.165 | 0.115 | 0.034 | 0.025 |

(9)过氧化氢/煤油液体推进剂

过氧化氢/煤油($H_2O_2$/RP - 1)质量比　　　　7.0

最大计算比冲/(N・s/kg)　　68.05/1　　　　2 726.26(278 s)

燃烧温度/K　　　　　　　　　　　　　　　3 008

燃烧产物平均分子量/(g/mol)　　　　　　　22.18

燃气组分见表 3.3 - 30。

表 3.3 - 30　HNO₃/RP - 1 推进剂燃气组分

| 燃气组分 | H₂O | CO₂ | CO | H₂ | OH | O₂ |
|---|---|---|---|---|---|---|
| 含量/(mol/kg) | 0.722 | 0.154 | 0.044 | 0.029 | 0.025 | 0.020 |

# 3.4　三组元液体推进剂及图形表征[5,9,11,12]

在双组元的液体推进剂中加入轻金属后，推进剂的比冲明显提高，$H_2$-$O_2$系统中比冲最高为 3 834 N・s/kg，加入铍粉后比冲大幅提高，可达 4 472 N・s/kg，这是目前达到的最高比冲。$H_2$-$F_2$系统最高比冲为 4 021 N・s/kg，加入金属后可高达 4 246 N・s/kg。金属与氧组成的推进剂的能量，以铍为最高，它们的次序为 Be>Li>B>Al。金属与氟组成的推进剂的能量，次序为 Li>Be>Al>B。用 SPOD 软件自行设计了较典型三组元液体推进剂，并绘制出一系列组分与性能关系图。

## 3.4.1　液氢-液氧-铝液体推进剂

(1)液氢-液氧-铝(LH₃ - LO - Al)系统液体推进剂配方实例

①LH₃ - LO - Al 液体推进剂 1

配方质量分数：

LH₃　　　　　　　　　　　　　　　　　20%

LO　　　　　　　　　　　　　　　　　 80%

Al　　　　　　　　　　　　　　　　　 20%(外加)

主要性能：

最大计算比冲/(N·s/kg)　　　68.05/1　　　　3 844.2(392 s)

能量特性热力学计算结果

理论比冲 $I_{sp}$/(N·s/kg)　　70/1　　　　　3 845.2

特征速度 $C^*$/(m/s)　　　　　　　　　　　2 379.6

燃烧温度 $T$/K　　　　　　　　　　　　　3 294.4

燃烧产物平均分子量/(kg/mol)　　　　　　11.819

②LH₃-LO-Al 液体推进剂 2

配方质量分数：

LH₃　　　　　　　　　　　　　　　　　20%

LO　　　　　　　　　　　　　　　　　　80%

Al　　　　　　　　　　　　　　　　　　30%(外加)

主要性能：

最大计算比冲/(N·s/kg)　　　68.05/1　　　　3 844.2(392 s)

(2)假设液氢-液氧-铝液体推进剂图形

液氢-液氧-铝($LH_3$-$LO$-$Al$)系统，液体推进剂均匀设计(1∶1∶1)，用创新软件绘制的图形如图 3.4-1～图 3.4-14 所示，可清晰地看出液体推进剂组分与性能的关系，也是该软件首次在液体推进剂中应用。

由等比冲三角图(图 3.4-1，图 3.4-7，图 3.4-12)，可以看出配方组分与比冲定量关系，最高比冲的配方范围。由比冲等高线图(图 3.4-2)可以看出，在 Al 粉含量固定时配方组分与比冲定量关系，最高比冲的配方范围。由最大比冲圆饼图(图 3.4-5，图 3.4-9，图 3.4-14)看出在该条件下最高比冲的配方百分含量。由燃气产物与组分含量关系图(图 3.4-3)，可以看出推进剂组分含量变化对燃气产物含量的影响。

### 3.4.2　液氢-液氧-硼($LH_3$-$LO$-$B$)液体推进剂

(1)$LH_3$-$LO$-$B$ 液体推进剂配方实例

配方质量分数：

LH₃　　　　　　　　　　　　　　　　　20%

LO　　　　　　　　　　　　　　　　　　80%

B　　　　　　　　　　　　　　　　　　23%(外加)

主要性能：

最大计算比冲/(N·s/kg)　　　68.05/1　　　　3 942.3(402 s)

(2)假设液氢-液氧-硼液体推进剂图形

用创新的优化软件绘制了液体推进剂组分与各种性能的关系图，如图 3.4-15～图 3.4-30 所示，形象地表征了它们之间的关系。

图 3.4 - 1 LH₃ - LO - Al 液体推进剂等比冲三角图

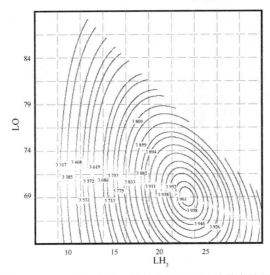

图 3.4 - 2 LH₃ - LO - Al 液体推进剂比冲等高线图

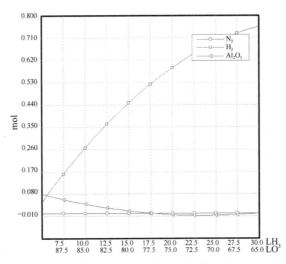

图 3.4 - 3 LH₃ - LO - Al 液体推进剂燃烧产物与组分关系图

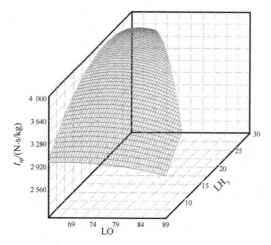

图 3.4 - 4　LH₃ - LO - Al 液体推进剂比冲 3D 图

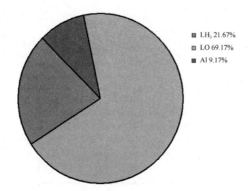

图 3.4 - 5　LH₃ - LO - Al 液体推进剂比冲最大值圆饼图

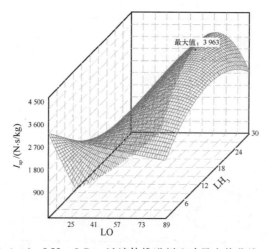

图 3.4 - 6　LH₃ - LO - Al 液体推进剂比冲最大值曲线 3D 图

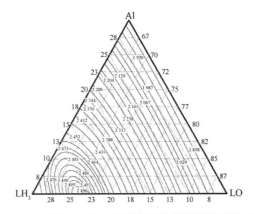

图 3.4 - 7　LH$_3$ - LO - Al 液体推进剂等特征速度三角图

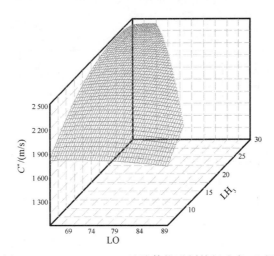

图 3.4 - 8　LH$_3$ - LO - Al 液体推进剂特征速度 3D 图

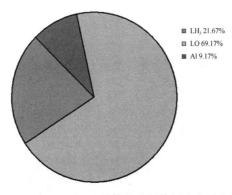

图 3.4 - 9　LH$_3$ - LO - Al 液体推进剂特征速度最大值圆饼图

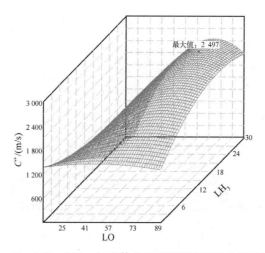

图 3.4 - 10　LH₃ - LO - Al 液体推进剂特征速度最大值曲线 3D 图

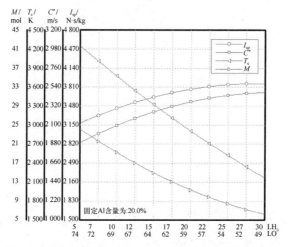

图 3.4 - 11　LH₃ - LO - Al 液体推进剂二维等高综合图

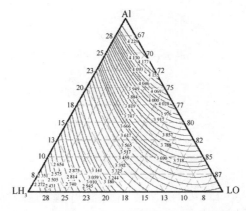

图 3.4 - 12　LH₃ - LO - Al 液体推进剂燃烧温度三角图

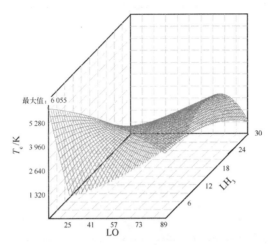

图 3.4 - 13　LH$_3$ - LO - Al 液体推进剂燃烧温度最大值曲线 3D 图

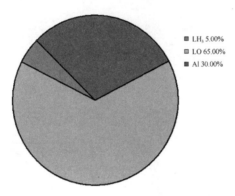

图 3.4 - 14　LH$_3$ - LO - Al 液体推进剂燃烧温度最大值圆饼图

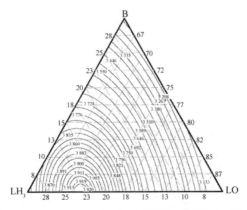

图 3.4 - 15　LH$_3$ - LO - B 液体推进剂等比冲三角图

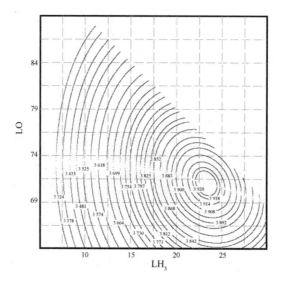

图 3.4－16　LH₃－LO－B 液体推进剂比冲等高图

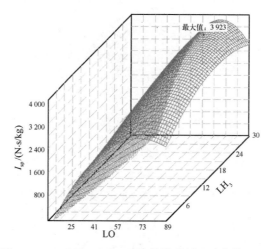

图 3.4－17　LH₃－LO－B 液体推进剂比冲曲线 3D 图

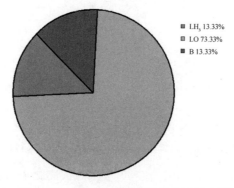

图 3.4－18　LH₃－LO－B 液体推进剂比冲最大值圆饼图

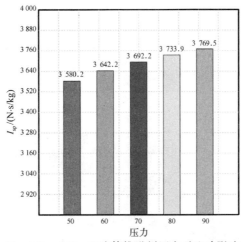

图 3.4 - 19　$LH_3$ - LO - B 液体推进剂压力对比冲影响的直方图

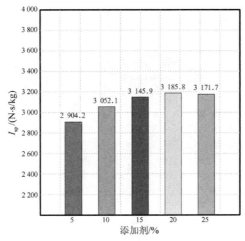

图 3.4 - 20　$LH_3$ - LO - B 液体推进剂添加剂对比冲影响的直方图

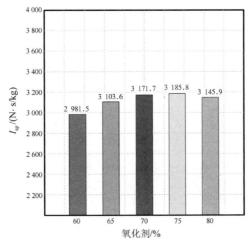

图 3.4 - 21　$LH_3$ - LO - B 液体推进剂氧化剂对比冲影响的直方图

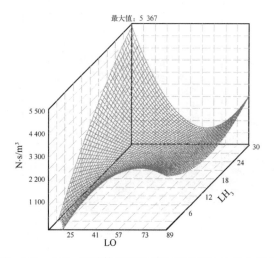

图 3.4 - 22　LH₃ - LO - B 液体推进剂氧化剂密度比冲最大值曲线 3D 图

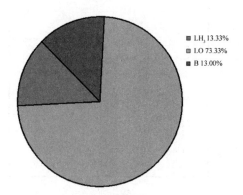

图 3.4 - 23　LH₃ - LO - B 液体推进剂密度比冲最大值圆饼图

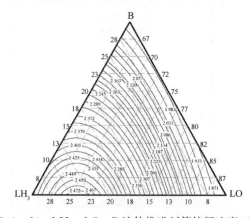

图 3.4 - 24　LH₃ - LO - B 液体推进剂等特征速度三角图

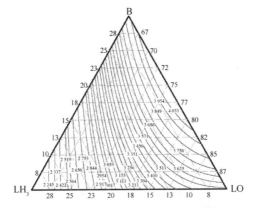

图 3.4 - 25　$LH_3$ - LO - B 液体推进剂等燃烧温度三角图

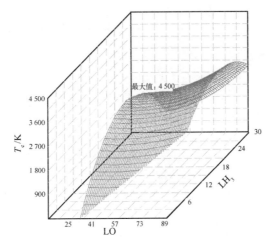

图 3.4 - 26　$LH_3$ - LO - B 液体推进剂燃烧温度曲线 3D 图

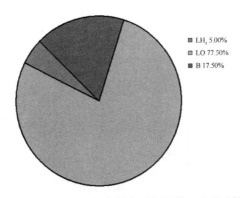

图 3.4 - 27　$LH_3$ - LO - B 液体推进剂燃烧温度最大值圆饼图

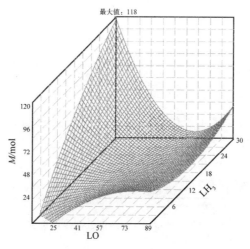

图 3.4 - 28　LH₃ - LO - B 液体推进剂平均分子量曲线 3D 图

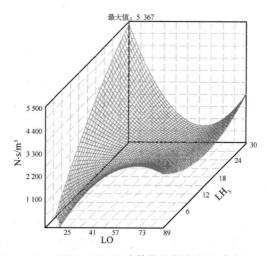

图 3.4 - 29　LH₃ - LO - B 液体推进剂密度比冲曲线 3D 图

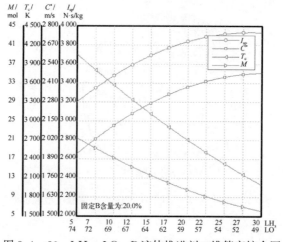

图 3.4 - 30　LH₃ - LO - B 液体推进剂二维等高综合图

### 3.4.3　液氢-液氧-铍液体推进剂

(1)液氢-液氧-铍($LH_3$ - LO - Be)液体推进剂配方实例

纯液氢-液氧($LH_3$-LO)系统：

| | | |
|---|---|---|
| $LH_3$ - LO 液体推进剂 | | |
| LO - $LH_3$ 质量比 | | 4.0 |
| 最大计算比冲/(N·s/kg) | 68.05/1 | 3 834.42(391 s) |
| 燃烧温度/K | | 2 980 |
| 燃烧产物平均分子量/(g/mol) | | 10.0 |

$LH_3$ - LO - Be 系统液体推进剂：

| | | |
|---|---|---|
| $LH_3$ - LO - Be 液体推进剂 | | |
| $LH_3$ | | 20% |
| LO | | 80% |
| Be | | 26%(外加) |
| 最大计算比冲/(N·s/kg) | 68.05/1 | 4 471.88(456 s) |

(2)假设液氢-液氧-铍液体推进剂图形

用创新的优化软件绘制了液体推进剂组分与各种性能的关系图,图 4.4 - 31～图 4.4 - 44形象地表征了它们之间的关系。

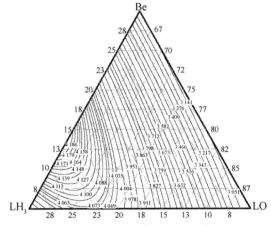

图 3.4 - 31　$LH_3$ - LO - Be 液体推进剂等比冲三角图

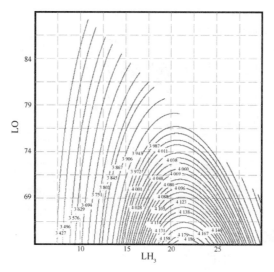

图 3.4 - 32　LH$_3$ - LO - Be 液体推进剂比冲等高线图

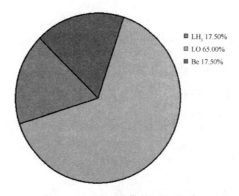

图 3.4 - 33　LH$_3$ - LO - Be 液体推进剂比冲最大值圆饼图

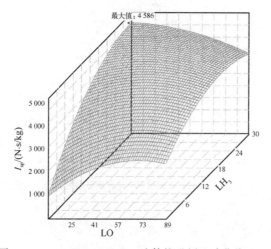

图 3.4 - 34　LH$_3$ - LO - Be 液体推进剂比冲曲线 3D 图

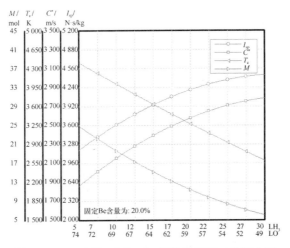

图 3.4 - 35　$LH_3 - LO - Be$ 液体推进剂二维综合图

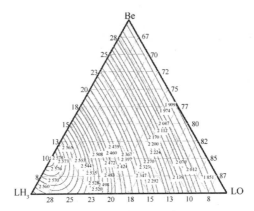

图 3.4 - 36　$LH_3 - LO - Be$ 液体推进剂等特征速度三角图

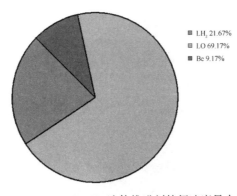

图 3.4 - 37　$LH_3 - LO - Be$ 液体推进剂特征速度最大值圆饼图

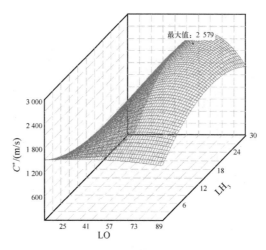

图 3.4 - 38 LH₃ - LO - Be 液体推进剂特征速度曲线 3D 图

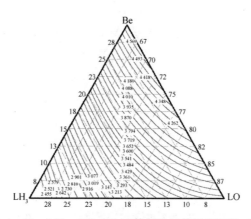

图 3.4 - 39 LH₃ - LO - Be 液体推进剂等燃烧温度三角图

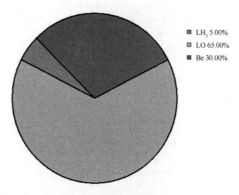

图 3.4 - 40 LH₃ - LO - Be 液体推进剂燃烧温度最大值圆饼图

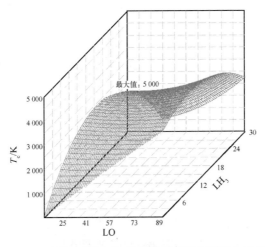

图 3.4-41　LH$_3$-LO-Be 液体推进剂燃烧温度曲线 3D 图

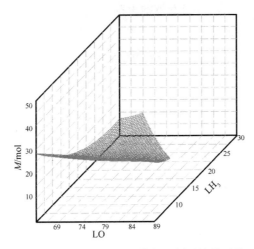

图 3.4-42　LH$_3$-LO-Be 液体推进剂平均分子量 3D 图

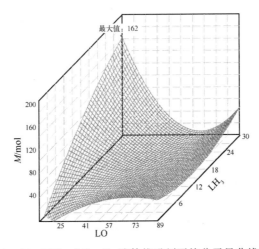

图 3.4-43　LH$_3$-LO-Be 液体推进剂平均分子量曲线 3D 图

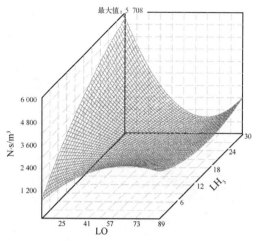

图 3.4 - 44    LH$_3$ - LO - Be 液体推进剂密度比冲曲线 3D 图

### 3.4.4    肼-液氧-铝(N$_2$H$_4$ - LO - Al)液体推进剂

(1)N$_2$H$_4$ - LO - Al 液体推进剂

纯肼-液氧(N$_2$H$_4$ - LO)液体推进剂配方质量分数:

| | |
|---|---|
| N$_2$H$_4$ | 52.63% |
| LO | 47.37% |

主要性能:

最大计算比冲/(N · s/kg)    68.05/1    3 069.5(313 s)

能量特性热力学计算结果

理论比冲 $I_{sp}$/(N · s/kg)    70/1    3 079.7

特征速度 $C^*$/(m/s)    1 884.4

燃烧温度 $T$/K    3 445

燃烧产物平均分子量/(g/mol)    19.909

N$_2$H$_4$ - LO - Al 液体推进剂配方质量分数:

| | |
|---|---|
| N$_2$H$_4$ | 52.63% |
| LO | 47.37% |
| Al | 20.0%(外加) |

主要性能:

最大计算比冲/(N · s/kg)    68.05/1    3 079.3(314 s)

能量特性热力学计算结果

理论比冲 $I_{sp}$/(N · s/kg)    70/1    3 069.6

特征速度 $C^*$/(m/s)    1 861.5

燃烧温度 $T$/K    3 880.4

燃烧产物平均分子量/(g/mol)    23.226

(2)假设肼-液氧-铝液体推进剂图形

假设肼-液氧-铝液体推进剂各种组分与性能的关系如图 3.4 - 45～图 3.4 - 50 所示。

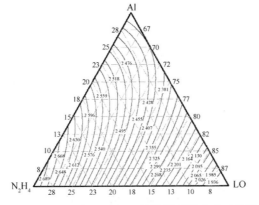

图 3.4 - 45　N₂H₄ - LO - Al 推进剂等比冲三角图

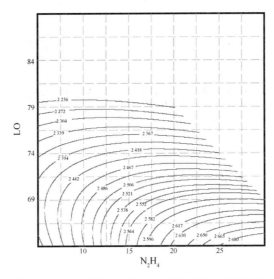

图 3.4 - 46　N₂H₄ - LO - Al 推进剂比冲等高线图

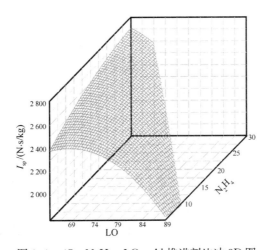

图 3.4 - 47　N₂H₄ - LO - Al 推进剂比冲 3D 图

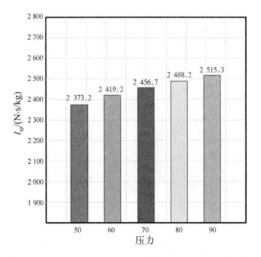

图 3.4 - 48 $N_2H_4$ - LO - Al 推进剂等比冲直方图

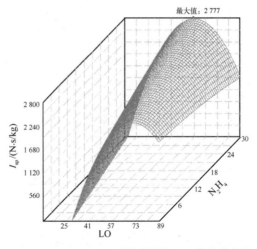

图 3.4 - 49 $N_2H_4$ - LO - Al 推进剂等比冲最大值曲线 3D 图

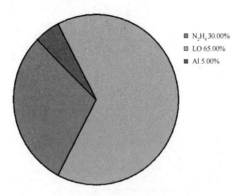

图 3.4 - 50 $N_2H_4$ - LO - Al 推进剂等比冲最大值圆饼图

### 3.4.5　液肼-液氧-金属硼($N_2H_4$-$LO$-$B$)液体推进剂

(1)$N_2H_4$-$LO$-$B$液体推进剂

配方质量分数：

| | |
|---|---|
| $N_2H_4$ | 52.63％ |
| $LO$ | 47.37％ |
| $B$ | 12.0％(外加) |

主要性能：

最大计算比冲/(N·s/kg)　　68.05/1　　　3 089.11(315 s)

能量特性热力学计算结果

理论比冲 $I_{sp}$/(N·s/kg)　70/1　　　3 081.3

特征速度 $C^*$/(m/s)　　　　　　1 898.0

燃烧温度 $T$/K　　　　　　　　3 590.5

燃烧产物平均分子量/(g/mol)　　20.368

(2)假设液肼-液氧-金属硼液体推进剂图形

假设液肼-液氧-金属硼液体推进剂各种组分与性能的关系如图 3.4 - 51～图 3.4 - 66 所示。

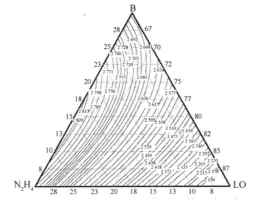

图 3.4 - 51　$N_2H_4$-$LO$-$B$推进剂等比冲三角图

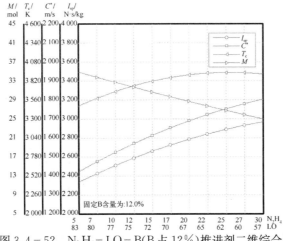

图 3.4 - 52　$N_2H_4$-$LO$-$B$(B 占 12％)推进剂二维综合图

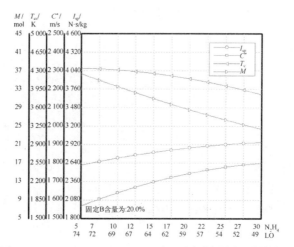

图 3.4 - 53　$N_2H_4$ - LO - B(B 占 20%)推进剂二维综合图

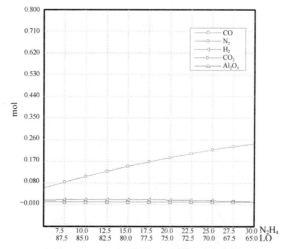

图 3.4 - 54　$N_2H_4$ - LO - B 推进剂燃烧产物与组分关系图

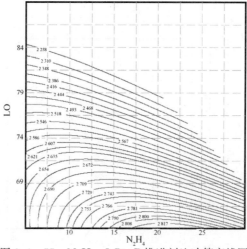

图 3.4 - 55　$N_2H_4$ - LO - B 推进剂比冲等高线图

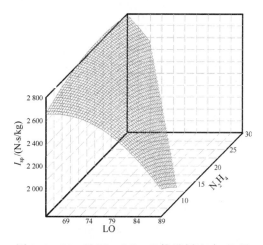

图 3.4 - 56 $N_2H_4$ - LO - B 推进剂比冲 3D 图

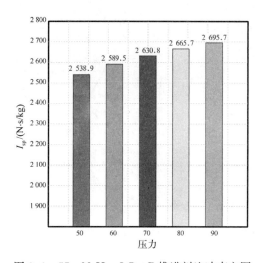

图 3.4 - 57 $N_2H_4$ - LO - B 推进剂比冲直方图

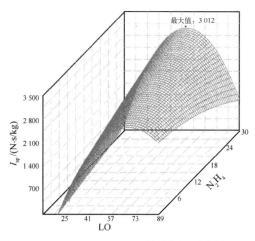

图 3.4 - 58 $N_2H_4$ - LO - B 推进剂比冲曲线 3D 图

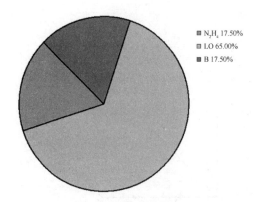

图 3.4 - 59　N₂H₄ - LO - B 推进剂比冲最大值圆饼图

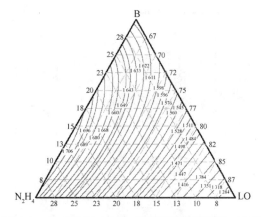

图 3.4 - 60　N₂H₄ - LO - B 推进剂特征速度三角图

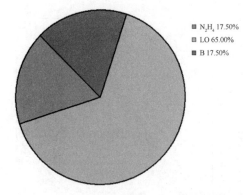

图 3.4 - 61　N₂H₄ - LO - B 推进剂特征速度最大值圆饼图

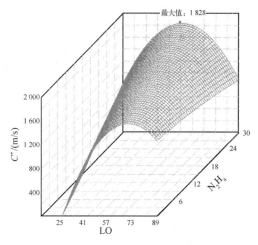

图 3.4 - 62　$N_2H_4$ - LO - B 推进剂特征速度曲线 3D 图

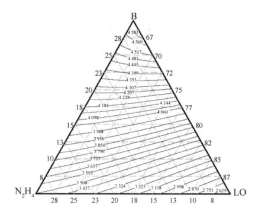

图 3.4 - 63　$N_2H_4$ - LO - B 推进剂燃烧温度三角图

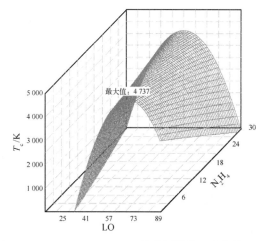

图 3.4 - 64　$N_2H_4$ - LO - B 推进剂燃烧温度曲线 3D 图

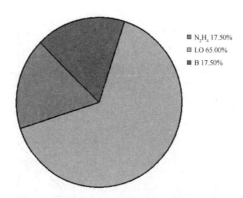

图 3.4 - 65　　N₂H₄ - LO - B 推进剂比冲最大值圆饼图

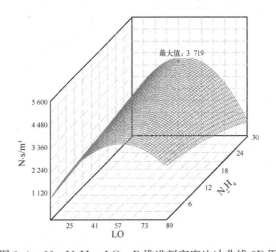

图 3.4 - 66　　N₂H₄ - LO - B 推进剂密度比冲曲线 3D 图

通过以上的图形可清渐地看出 N₂H₄ - LO - B 液体推进剂组分与性能的关系，进而为该推进剂的研究和发展提供了理论依据。

此外，由以上计算还可以看出：

1)加入金属粉后能量增加，尤其是密度比冲显著增大，但金属粉含量过分增加比冲反而会下降。

2)加入金属粉后工艺操作上带来诸多问题，因此应大力发展凝胶或膏体推进剂。

注：能量特性热力学计算结果中的内容全部用(固体)推进剂配方优化设计 SPOD 软件包计算求得，计算结果与国际接轨[13]，误差小于 1.0%。一般，误差在 0.5%～1.0% 之间，绝大部分吻合得很好，个别误差偏大可能是原材料生成焓数值的差异所造成的，详见有关文献[3]。

# 参考文献

［1］Bernard Siegel，Leroy Schieler. Energetics of Propellant Chemistry［M］. New York：John Wiey & Sons.，1964.

［2］李亚裕. 液体推进剂［M］. 北京：中国宇航出版社，2011.

［3］田德余. 固体推进剂配方优化设计［M］. 北京：国防工业出版社，2013.

［4］贺芳，方涛，等. 新型绿色液体推进剂研究进展［J］. 火炸药学报，2014，36(6)：1-6.

［5］田德余. 固体推进剂配方优化设计方法及其软件系统［J］. 火炸药学报，2006，29(4)：54-57.

［6］OTTO Reitlinger，et al. US 4，026，739. May 31，1977.

［7］米镇涛. 单元水下推进剂的现状及发展趋势［J］. 火炸药，1997(2)：30-32.

［8］赵小锋. 国外水下液体化学推进剂的研究现状［J］. 火炸药学报，2009，32(3)：62-65.

［9］符全军. 液体推进剂的现状及未来发展趋势［J］. 火箭推进，2004，30(1)：1-6.

［10］1. Joseph E，Mastroiannni，et al. US 4，292，098. Sep. 29，1981.

［11］田德余，等. 含能材料及相关物手册［M］. 北京：国防工业出版社，2011.

［12］马世昌. 化学物质辞典［M］. 西安：陕西科技出版社，2002.

［13］李猛，赵凤起，等. 三种能量计算程序在推进剂配方设计中的比较［J］. 火炸药学报，2013，36(3)：73-77.

# 第4章 凝胶推进剂及图形表征

## 4.1 概述

凝胶推进剂是在液体推进剂和固体推进剂的基础上发展起来的一种新型推进剂，它比液体推进剂更安全，比固体推进剂更能灵活控制推力。凝胶推进剂因其安全性，并兼具低特征信号、高能、钝感与环保等特点，成为当前国内外航空、航天推进领域研究的热点。

凝胶推进剂是用少量胶凝剂(或增稠剂)将约为其用量3～1 000倍质量的液体组分(燃料、氧化剂或二者的混合物)凝胶化，使大量的固体燃料均匀地悬浮于体系中，形成具有一定结构和特定性能，并能长期保持稳定的凝胶体系。这种凝胶体系可用作各种火箭发动机的动力源。

凝胶推进剂的燃烧室遇火或被小型兵器击中时不易爆炸，贮箱被子弹击中时不会发生泄漏现象。当导弹作巡航飞行时推进剂以低速燃烧；当导弹需增加推力时，则高速燃烧，实现了发动机推力可调，导弹可机动飞行，提高了导弹射程。例如长矛地对地导弹用凝胶推进剂取代液体推进剂后射程增加一倍。

凝胶推进剂可分为：1)液体(火箭)凝胶推进剂，又称触变凝胶推进剂，在加压时像液体一样易流动，具有良好的流变性能，可用泵运输，不受外力作用时保持不流动的半固体状态，即去除压力后恢复凝胶状；2)固体(火箭)凝胶推进剂，将大剂量的高能液体成分如硝酸酯类、硝胺基烷醚类、肼、偏二甲肼等用于固体推进剂，将其凝胶化形成不可逆的、符合使用要求的凝胶，这种固体凝胶推进剂又称膏体(状)推进剂；3)固液(火箭)凝胶推进剂，是和固体(火箭)凝胶推进剂一样的不可逆的固体凝胶，具有一定的力学性能，使燃烧时不发生破裂。将固液混合推进剂中液体(燃料)部分凝胶化，有时将这部分凝胶推进剂也归属于膏体推进剂。

凝胶剂是由不对称的凝胶粒子相互联结搭成固体网状骨架，通过化学吸附和毛细作用把部分液体小分子吸留在固体骨架上形成溶剂化层，这样使大部分液体被包围在骨架的网络中，形成一个凝胶整体。凝胶剂一类为微粒型凝胶剂，如比表面很大的粉末 $SiO_2$、碳黑、超细金属粉末和 $Ba(SbF_6)_2$、$Ba(SIF_6)_2$ 等；另一类为有机物类型的凝胶剂，如甲基纤维素、醋酸纤维素、羟乙基纤维素、藻蛋白酸钠、琼脂、聚丙烯酰胺、半乳糖硫酸酯等，这些凝胶剂可与燃料(或粘合剂)、氧化剂形成凝胶，制成凝胶推进剂。

(1)RP-1燃料凝胶

配方如下[8]：

| | |
|---|---|
| 煤油RP-1($C_{12}H_{24}$) | 77.6% |
| 甲醇($CH_3OH$) | 8.6% |

丙烯酸树脂[(CH$_2$CHCOOH)n，用丙烯酸甲酯 PMA(C$_4$H$_8$O$_2$)n 代]

　　　　　　　　　　　　　　　　　　　　　　3.5%

十二烷基胺(CH$_2$H$_{25}$NH$_2$)　　　　　　　　10.3%

其他胶化燃料，如胶化一甲基肼触变燃料[7]

　　胶化剂(Klucel)　　　　　　　　　　　　1.4%

　　添加剂(二甲基脲)　　　　　　　　　　　0.1%

　　金属铝(Al)　　　　　　　　　　　　　　60.0%

　　一甲基肼(MMH)　　　　　　　　　　　　38.5%

(2)胶化液氢

　　胶化液氢又称氢胶，其优点：1)增加安全性。液氢凝胶化后黏度增大 1.5～3.7 倍，降低了泄漏带来的危险。2)减少蒸发。液氢凝胶化以后，蒸发速率仅为液氢的 25%，这将大幅度减少贮存运输期间的蒸发损失。3)增大密度。液氢中添加 35% 甲烷，密度提高 50% 左右。液氢中添加 70% 铝粉，密度从 0.07 增加到 0.22。增大密度，可以减少贮箱体积并且减少有关分系统(热防护系统、结构系统、绝缘系统)的质量，从而减少运载火箭的起飞质量。4)减少液面晃动。液氢凝胶化以后，液面晃动减少 20%～30%。这一优点有助于(上面级的)长期贮存，减少挡板尺寸和质量。5)提高比冲。当甲烷添加量为 5% 时，比冲提高 39.2 m/s(液氧作为氧化剂，燃烧室压力 15 MPa，膨胀比 40∶1，比冲效率 94%)。当铝粉含量为 60% 时，比冲提高 49～58.8 m/s。对于火星探险计划，有效载荷可以增加 20%～30%。

(3)肼凝胶触变燃料[7]

　　肼(N$_2$H$_4$)　　　　　　　　　　　　　　44%～89.89%

　　聚丙烯酰胺　　　　　　　　　　　　　　0.01%～3.0%

　　微细纤维素　　　　　　　　　　　　　　0.1%～3.0%

　　铝粉　　　　　　　　　　　　　　　　　10%～50.0%

(4)一甲基肼凝胶触变燃料[7]

　　一甲基肼(MMH)　　　　　　　　　　　　38.5%

　　铝粉　　　　　　　　　　　　　　　　　60.0%

　　添加剂(二甲基脲)　　　　　　　　　　　0.1%

　　胶凝剂(Klucel)　　　　　　　　　　　　1.4%

(5)其他凝胶剂

①肼硝酸锌凝胶推进剂[20]

　　肼硝酸锌[Zn(N$_2$H$_4$)$_3$](NO$_3$)$_2$　　　　　68%

　　Al$_2$O$_3$·3H$_2$O　　　　　　　　　　　　　15%

　　硝酸钠(NaNO$_3$)　　　　　　　　　　　　6%

②叠氮化钠凝胶剂 1

    $NaN_3$　　　　　　　　　　　　　　　58%

    $Fe_2O_3$　　　　　　　　　　　　　　　31%

    其他　　　　　　　　　　　　　　　　11%

③叠氮化钠凝胶剂 2

    $NaN_3$　　　　　　　　　　　　　　　65%

    $CuO$　　　　　　　　　　　　　　　　35%

上述燃料凝胶可与不同的氧化剂组成多种凝胶推进剂。

## 4.2　液体(火箭)凝胶推进剂

### 4.2.1　单组元凝胶推进剂

(1)ADN 凝胶推进剂[1,2]

配方质量分数：

    ADN　　　　　　　　　　　　　　　　100%

主要性能：

    爆热/$(J \cdot g^{-1})$　[$H_2O(l)$]　　　　3 337

    爆热/$(J \cdot g^{-1})$　[$H_2O(g)$]　　　　2 268

    比冲 $I_{sp}$/(N·s/kg)　　　　　　　　1 986

    密度比冲 $I_\rho$/(N·s/$dm^3$)　　　　　3 599

    爆容 $V$/($cm^3$/g)　(25 ℃)　　　　592

    氧平衡 OB/%　　　　　　　　　　25.79%

    密度/(g/$cm^3$)　　　　　　　　　　1.812

(2)ADN 水溶液(3.5/1)凝胶推进剂[1,2]

配方质量分数：

    ADN　　　　　　　　　　　　　　　77.78%

    水($H_2O$)　　　　　　　　　　　　　22.22%

主要性能：

    爆热/$(J \cdot g^{-1})$　[$H_2O(l)$]　　　　2 549

    爆热/$(J \cdot g^{-1})$　[$H_2O(g)$]　　　　1 517

    比冲 $I_{sp}$/(N·s/kg)　　　　　　　　1 604

    密度比冲 $I_\rho$/(N·s/$dm^3$)　　　　　2 463

    爆容 $V$/($cm^3$/g)(25 ℃)　　　　　460

    氧平衡 OB/%　　　　　　　　　　20.06

　　密度/(g/cm³)　　　　　　　　　　　　　　　　　1.535

(3)ADN 水溶液(3.5/1)＋A200 凝胶推进剂[1,2]

配方质量分数：

　　ADN　　　　　　　　　　　　　　　　　　　　73.9%

　　水(H₂O)　　　　　　　　　　　　　　　　　　21.1%

　　胶凝剂 A200(用纤维素二醋酸酯 CDA 代替)　　　5.0%

主要性能：

　　爆热/(J·g⁻¹)　[H₂O(l)]　　　　　　　　　　2 416

　　爆热/(J·g⁻¹)　[H₂O(g)]　　　　　　　　　　1 435

　　比冲 $I_{sp}$/(N·s/kg)　　　　　　　　　　　　1 553

　　密度比冲 $I_\rho$/(N·s/dm³)　　　　　　　　　2 421

　　爆容 $V$/(cm³/g)　(25 ℃)　　　　　　　　　 437

　　氧平衡 OB/%　　　　　　　　　　　　　　　　19.06

　　密度/(g/cm³)　　　　　　　　　　　　　　　　1.559

(4)ADN 水溶液(3.0/1)＋A200 凝胶推进剂[1,2]

配方质量分数：

　　ADN　　　　　　　　　　　　　　　　　　　　71.25%

　　水(H₂O)　　　　　　　　　　　　　　　　　　23.75%

　　胶凝剂 A200　　　　　　　　　　　　　　　　 5.0%

主要性能：

　　爆热/(J·g⁻¹)　[H₂O(l)]　　　　　　　　　　2 322

　　爆热/(J·g⁻¹)　[H₂O(g)]　　　　　　　　　　1 298

　　比冲 $I_{sp}$/(N·s/kg)　　　　　　　　　　　　1 500

　　密度比冲 $I_\rho$/(N·s/dm³)　　　　　　　　　2 295

　　爆容 $V$/(cm³/g)(25 ℃)　　　　　　　　　　 422

　　氧平衡 OB/%　　　　　　　　　　　　　　　　18.38%

　　密度/(g/cm³)　　　　　　　　　　　　　　　　1.53

　　能量特性热力学计算结果

　　　　理论比冲 $I_{sp}$/(N·s/kg)　70/1　　　　1 983.3

　　　　特征速度 $C^*$/(m/s)　　　　　　　　　　1 268

　　　　燃烧温度 $T_c$/K　　　　　　　　　　　　2 053.4

　　　　燃烧产物平均分子量/(g/mol)　　　　　　　24.798

(5)硝酸羟胺水凝胶推进剂 1

配方质量分数：

　　硝酸羟胺(HAN)　　　　　　　　　　　　　　　83.0%

| 增稠稳定剂(羧甲基纤维素钠盐 CMCNa) | 3.9% |
| KAl$(SO_4)_2$ · 12$H_2O$ | 1.0% |
| 水($H_2O$) | 12.1% |

主要性能:

| 凝胶强度/kPa | 20 |
| 燃速(在 7 MPa 压力下)/(mm/s) | 35 |

放出的气体组分见表 4.2-1。

**表 4.2-1　HAN 水凝胶推进剂 1 放出的气体组分**

| 放出的气体组分 | $NO_2$ | NO | $NH_3$ | CO |
| --- | --- | --- | --- | --- |
| ppm | 50 | 90 | 0 | 150 |

(6)硝酸羟胺水凝胶推进剂 2

配方质量分数:

| 硝酸羟胺(HAN) | 83.0% |
| 增稠稳定剂(羧甲基纤维素钠盐 CMCNa) | 3.9% |
| 碱性乙酸铝 | 1.0% |
| 水($H_2O$) | 12.1% |

主要性能:

| 凝胶强度/kPa | 25 |
| 燃速(在 7 MPa 压力下)/(mm/s) | 31 |

放出的气体组分见表 4.2-2。

**表 4.2-2　HAN 水凝胶推进剂 2 放出的气体组分**

| 放出的气体组分 | $NO_2$ | NO | $NH_3$ | CO |
| --- | --- | --- | --- | --- |
| ppm | 30 | 80 | 0 | 10 |

(7)硝酸羟胺水凝胶推进剂 3

配方质量分数:

| 硝酸羟胺(HAN) | 83.0% |
| 增稠稳定剂(羧甲基纤维素钠盐 CMCNa) | 3.9% |
| 乳酸钛 | 1.0% |
| 水($H_2O$) | 12.1% |

主要性能:

| 凝胶强度/kPa | 30 |
| 燃速(在 7 MPa 压力下)/(mm/s) | 30 |

放出的气体组分见表 4.2-3。

表 4.2 - 3　HAN 水凝胶推进剂 3 放出的气体组分

| 放出的气体组分 | NO$_2$ | NO | NH$_3$ | CO |
|---|---|---|---|---|
| ppm | 20 | 80 | 0 | 100 |

(8)硝酸羟胺水凝胶推进剂 4

配方质量分数：

| | |
|---|---|
| 硝酸羟胺(HAN) | 84.3% |
| 增稠稳定剂(羧甲基纤维素钠盐 CMCNa) | 3.0% |
| KAl(SO$_4$)$_2$ · 12H$_2$O | 0.5% |
| 水(H$_2$O) | 12.3% |

主要性能：

| | |
|---|---|
| 凝胶强度/kPa | 15 |
| 燃速(在 7 MPa 压力下)/(mm/s) | 35 |

放出的气体组分见表 4.2 - 4。

表 4.2 - 4　HAN 水凝胶推进剂 4 放出的气体组分

| 放出的气体组分 | NO$_2$ | NO | NH$_3$ | CO |
|---|---|---|---|---|
| ppm | 30 | 90 | 0 | 100 |

(9)硝酸羟胺水凝胶推进剂 5[28]

配方质量分数：

| | |
|---|---|
| 硝酸羟胺(HAN) | 83.8% |
| 增稠稳定剂(羧甲基纤维素钠盐 CMCNa) | 4.0% |
| 水(H$_2$O) | 12.2% |

主要性能：

| | |
|---|---|
| 凝胶强度/kPa | 10 |
| 燃速(在 7 MPa 压力下)/(mm/s) | 37 |

放出的气体组分见表 4.2 - 5。

表 4.2 - 5　HAN 水凝胶推进剂 5 放出的气体组分

| 放出的气体组分 | NO$_2$ | NO | NH$_3$ | CO |
|---|---|---|---|---|
| ppm | 50 | 100 | 0 | 150 |

## 4.2.2　双组元凝胶推进剂

(1)红烟硝酸/偏二甲肼凝胶双组元推进剂[5,6]

偏二甲肼(UDMH)含氢量大，燃烧热值高。

红烟硝酸($HNO_3 - 20s$)沸点(b. p 48 ℃)较高,挥发性较低。

凝胶剂 YO7O2 对 $HNO_3 - 20s$ 凝胶性能好,读者可结合能量特性及工艺实际调节具体配方。

该凝胶推进剂美国在 1999 年进行的(采用凝胶发动机系统的)导弹飞行试验中,达到多次启动、再次瞄准、机动飞行等技术验证目标。以色列的箭式拦截导弹也使用该凝胶推进剂。

(2)偏二甲肼(UDMH)和红色发烟硝酸(RFNA,13%$NO_2$)液体凝胶推进剂[14]

读者可结合能量特性及工艺实际调节具体配方。

偏二甲肼(UDMH)的凝胶剂:

| | |
|---|---|
| 丙烯酸 | 18.85%(按体积);19.445%(按质量) |
| 甲基纤维素 | 4.48% |
| 羟乙基纤维素 | 5.76% |
| 乙基纤维素 | 6.4% |
| 琼脂 | 0.64% |

红色发烟硝酸(RFNA)的凝胶剂:

| | |
|---|---|
| 硅酸纳 | 4.25% |

(3)煤油/硝酸($RTP - 1 - HNO_3$)凝胶推进剂[10,11]

配方:

| | |
|---|---|
| 质量比 | 4.8 |
| 煤油(RP - 1) | 0.1% |
| 硝酸($HNO_3$) | 0.25% |

主要性能:

| | |
|---|---|
| 计算比冲/(N·s/kg)　(68.05/1) | 2 579 (263) |
| 燃烧温度/K | 3 156 |
| 燃烧产物平均分子量/(g/mol) | 25.67 |

(4)偏二甲肼/硝酸凝胶推进剂

配方:

| | |
|---|---|
| 质量比 | 2.5 |
| 偏二甲肼(UDMH) | 10% |
| 硝酸($HNO_3$) | 25% |

能量特性热力学计算结果:

| | |
|---|---|
| 理论比冲 $I_{sp}$/(N·s/kg)　70/1 | 2 674.5 |
| 特征速度 $C^*$/(m/s) | 1 652.9 |
| 燃烧温度 $T_c$/K | 3 143.4 |
| 燃烧产物平均分子量/(g/mol) | 23.622 |

(5)四氧化二氮/一甲基肼凝胶推进剂[15,16]

配方：

| | |
|---|---|
| 四氧化二氮($N_2O_4$) | 66.67% |
| 一甲基肼(MMH) | 33.33% |
| 质量比(混合比) | 2.0 |

主要性能：

| | |
|---|---|
| 比冲 $I_{sp}$/(N·s/kg)(扩张比 500/1，燃烧室压力 6.9 MPa) | 3 343.8 |
| 比冲 $I_{sp}$效率 $n$ | 0.938 |

### 4.2.3　硝胺凝胶推进剂[17]

(1)硝胺凝胶推进剂 1

配方质量分数：

| | |
|---|---|
| 季戊四醇四硝酸酯(PETN) | 20.1% |
| 硝酸铵(AN) | 53.8% |
| 碳材料(碳黑或 $C_{10}H_8$) | 12.1% |
| 防护胶 | 1.0% |
| 水($H_2O$) | 10.0% |
| 淀粉 | 3.0% |

(2)硝胺凝胶推进剂 2

配方质量分数：

| | |
|---|---|
| 季戊四醇四硝酸酯(PETN) | 19.8% |
| 硝化棉(NC) | 5.0% |
| 硝酸铵(AN) | 49.4% |
| 脲素 | 5.9% |
| 二苯胺(DPA) | 1.0% |
| 碳材料(碳黑或 $C_{10}H_8$) | 4.0% |
| 防护胶 | 3.0% |
| 水($H_2O$) | 12.8% |

## 4.3　膏体推进剂[12-19]

膏体推进剂属于凝胶推进剂的一种，它是由固体推进剂演变而成的一种新型化学推进剂。它是以少量凝胶剂或增稠剂，将约为其用量 3～1 000 倍(质量分数)液体粘合剂组分(氧化剂或燃烧剂或二者的混合物)凝胶化，液体粘合剂组分可占总质量分数 20%～50%，将大量常规固体推进剂里某一或多种组分均匀地悬浮于体系中，形成一种非液非固、可逆的、触变的牛顿假塑性流体，可直接灌装发动机或贮箱内不需要硫化，类似牙膏状的浆料。膏体推进剂中液体粘合剂含氧化性成分，如氧、氯等，或无氧化性，但能自行燃烧，有良好的浸润性，玻璃化转变温度≤-70 ℃。一般由含能有机胺盐、溶剂和增稠剂三个主要组分构成。

有机胺盐可分为：1）多乙烯多胺的过氯酸盐，以该盐形成的粘合剂是 $HClO_4$ 质量分数不超过 40%～50% 的乙二醇溶液，为淡棕色液体，爆炸性不大，易燃，密度 1.38 $g/cm^3$，四级毒性。在 4.0 MPa 下自燃燃速可达 100 mm/s，制成的推进剂燃速可达 500 mm/s，其已用于气象火箭发动机。2）多乙烯多胺的硝酸盐，它是一种黏稠液体，稳定性很好，240 ℃分解，对机械冲击不敏感，密度 1.28 $g/cm^3$，玻璃化温度为-70 ℃，主要用于无烟推进剂和枪炮药。3）多乙烯多胺的 $HN(NO_2)_2$ 盐，该盐有明显爆炸性，密度为 1.17～1.37 $g/cm^3$，主要用于高比冲推进剂，所制成的无烟配方比冲达 2 744 N·s/kg(280 s)，燃速压强指数约为 0.8。

凝胶剂或增稠剂一般可分为两类：一类为亲液性、高极性的合成聚合物或经改性的天然有机高聚物，如相对分子质量从几万到几十万的纤维素衍生物（羧甲基纤维素、羟乙基纤维素和纤维素盐等）、各种树胶、聚丙烯酰胺等；或者向高分子聚合物中引入大量含能基团，使其成为稳定的高能组分如 GAP、侧链硝胺基聚醚聚氨酯（NAPEPU）及硝酸酯类、硝基烷基醚类和硝胺基醚类聚合物。另一类为各种精细分散的固体微粒如精细铝粉、硼黑、二氧化硅、碳黑等，也可采用精细分散的且含有可燃有机基团的物质，尤其纳米级微粒使推进剂性能进一步提高。

### 4.3.1　多乙烯多胺的过氯酸盐膏体推进剂[12,19]

配方质量分数：

|  |  |
|---|---|
| 多乙烯多胺的过氯酸盐 | 40%～50% |
| 乙二醇 | 50%～60% |

### 4.3.2　多乙烯多胺的硝酸盐膏体推进剂[12,19]

配方质量分数：

|  |  |
|---|---|
| 多乙烯多胺的硝酸盐 | 40%～50% |
| 乙二醇 | 50%～60% |

该液体粘合剂为黏稠液体，稳定性很好，240 ℃分解，密度为 1.28 $g/cm^3$，玻璃化转变温度为-70 ℃，在 4.0 MPa 下自燃可达 100 mm/s。制成的膏体推进剂燃速可达 500 mm/s，主要用于无烟推进剂和枪炮药。

### 4.3.3　多乙烯多胺的 $HN(NO_2)_2$ 盐膏体推进剂[12,19]

多乙烯多胺的 $HN(NO_2)_2$ 盐有明显爆炸性，密度为 1.17～1.37 $g/cm^3$，该膏体推进剂比冲达 2 744 N·s/kg(280 s)，燃速压强指数约为 0.8。

### 4.3.4　PEPA/AP 膏体推进剂[29-31]

PEPA 为季戊四醇笼状磷酸酯，属聚酯多元醇，具体名称为 1-氧基磷杂-4-羟甲基-2，6，7-三氧杂双环[2.2.2]辛烷。

(1)PEPA/AP 膏体推进剂 1

配方质量分数：

| | |
|---|---|
| PEPA 为主的凝胶粘合剂 | 37.5%～40.0% |
| AP | 45%～60% |
| Al | 0%～15% |
| 燃烧催化剂 | 0%～1.5% |
| 增稠剂 | 0%～1.25% |

燃速及压力指数见表 4.3-1。

表 4.3-1　燃速及压力指数

| 催化剂 | 不同压力下的燃速/(mm/s) | | | | 压力指数 |
|---|---|---|---|---|---|
| | 2.94 MPa | 4.90 MPa | 6.86 MPa | 8.83 MPa | |
| 无 | 10.13 | 11.55 | 15.55 | 22.91 | 0.71 |
| FC-1 0.5% | 28.65 | 37.04 | 45.83 | 51.38 | 0.54 |
| FC-1 1.0% | 35.81 | 44.05 | 49.80 | 56.21 | 0.40 |
| FC-1 1.5% | 37.69 | 47.92 | 54.96 | 62.61 | 0.46 |

(2)PEPA/AP 膏体推进剂 2[31,32]

配方质量分数：

| | |
|---|---|
| PEPA 为主的凝胶粘合剂 | 40.0% |
| AP(粗) | 30% |
| AP(细) | 30% |
| 燃速调节剂 FC-1 | 1.0% |
| 增稠剂 | 0.2% |

主要性能：

| | |
|---|---|
| 理论比冲/(N·s/kg) | 2 197 |
| 燃烧温度/K | 2 864 |
| 燃速/(mm/s)，6.84 MPa | 39 |
| 表观黏度/(Pa·s)　(20 ℃) | 1 008 |

该挤压型膏体推进剂具有感度低、自燃温度低、易点火和燃烧共料管道直径小等特点，适用于多次启动的姿控发动机。

## 4.4　金属化凝胶推进剂[14,15]

### 4.4.1　含金属铝的凝胶推进剂

(1)RP-1煤油金属化凝胶推进剂

RP-1煤油添加55%铝粉,密度可以从0.773增大到1.281。当有效载荷为$2.25 \times 10^4$ kg时,如果助推器采用$LO_2$/RP-1,贮箱体积为351.1 m³;如果改用$LO_2$/RP-1/Al,则贮箱体积减小到304.7 m³。RP-1/Al胶体推进剂的配方、稳定性和流变特性都非常好,点火和燃烧试验性能优良。

(2)偏二甲肼金属化凝胶推进剂

偏二甲肼/硝酸(UDMH/$HNO_3$)金属化凝胶推进剂配方质量分数:

|  |  |
|---|---|
| 偏二甲肼(UDMH) | 10% |
| 硝酸($HNO_3$) | 25% |
| 铝粉(Al) | 8% |
| 镁粉(Mg) | 8% |

能量特性热力学计算结果:

|  |  |
|---|---|
| 理论比冲 $I_{sp}$/(N·s/kg)　70/1 | 2 639.7 |
| 特征速度 $C^*$/(m/s) | 1 614.2 |
| 燃烧温度 $T_c$/K | 3 200.4 |
| 燃烧产物平均分子量/(g/mol) | 25.372 |

(3)肼与包覆的三氢化铝组成的金属化凝胶推进剂

用聚氨基脲包覆的三氢化铝是一种触变、机械稳定的凝胶液体燃料。该推进剂由肼及聚[(烷基或芳基)-(烷基或芳基)氨基脲]共聚物包覆的三氢化铝组成,是一种光滑的、均匀的触变悬浮体[18]。

配方质量分数:

|  |  |
|---|---|
| 肼 | 50.2% |
| 包覆的三氢化铝 | 49.8% |

主要性能:

|  |  |
|---|---|
| 密度/(g/cm³) | 1.18 |
| 触变胶(95天) | 稳定 |
| 屈服应力/(达因/厘米²) | 2 700 |

(4)一甲基肼(MMH)与金属铝组成的凝胶推进剂

当铝粉添加量为 50% 时，甲基肼密度由 0.8 增大到 1.324，比冲也有显著增加。配方质量分数：

| 一甲基肼(MMH) | 10% |
| 四氧化二氮 $N_2O_4$ | 15% |

能量特性热力学计算结果：

| 标准理论比冲 $I_{sp}$/(N·s/kg)　70/1 | 2 848.1 |
| 特征速度 $C^*$/(m/s) | 1 766.7 |
| 燃烧温度 $T_c$/K | 3 391.9 |
| 燃烧产物平均分子量/(g/mol) | 22.18 |

一甲基肼与金属铝组成的凝胶推进剂配方质量分数：

| 一甲基肼(MMH) | 10.0% |
| 四氧化二氮($N_2O_4$) | 15.0% |
| 铝粉 | 12.0% |

能量特性热力学计算结果：

| 理论比冲 $I_{sp}$/(N·s/kg)　70/1 | 2 856.2 |
| 特征速度 $C^*$/(m/s) | 1 726 |
| 燃烧温度 $T_c$/K | 3 962.9 |
| 燃烧产物平均分子量/(g/mol) | 27.75 |

(5)假设偏二甲肼-硝酸-铝粉液体凝胶推进剂图形

下面是用创新软件绘制的偏二甲肼-硝酸-铝粉(UDMH/HNO₃/Al)组成的液体凝胶推进剂(其中少量的凝胶剂未列入配方)各种组分与性能关系图，如图 4.4-1～图 4.4-17 所示。

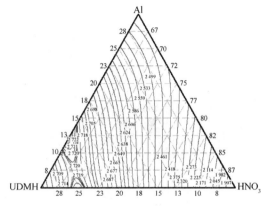

图 4.4-1　UDMH/HNO₃/Al 凝胶推进剂等比冲三角图

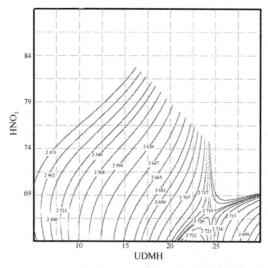

图 4.4 - 2　UDMH/HNO₃/Al 凝胶推进剂比冲等高线图

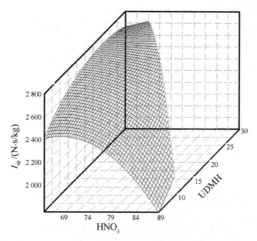

图 4.4 - 3　UDMH/HNO₃/Al 凝胶推进剂比冲 3D 图

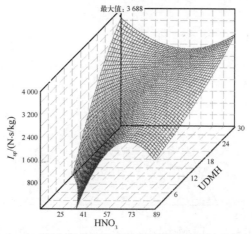

图 4.4 - 4　UDMH/HNO₃/Al 凝胶推进剂比冲曲线 3D 图

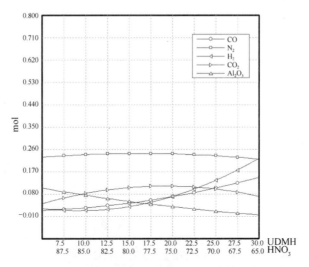

图 4.4－5 UDMH/HNO₃/Al 凝胶推进剂燃气产物与组分关系图

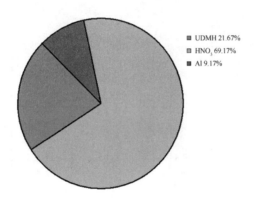

图 4.4－6 UDMH/HNO₃/Al 凝胶推进剂比冲最大值圆饼图

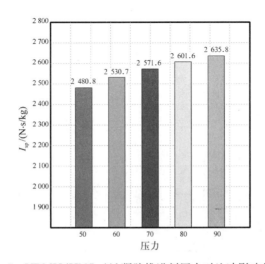

图 4.4－7 UDMH/HNO₃/Al 凝胶推进剂压力对比冲影响的直方图

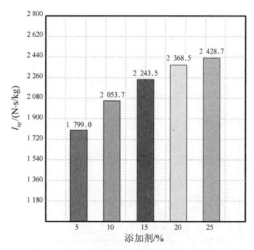

图 4.4 - 8　UDMH/HNO₃/Al 凝胶推进剂添加剂对比冲影响的直方图

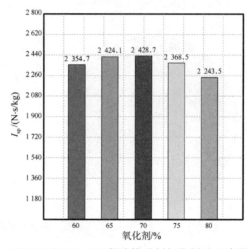

图 4.4 - 9　UDMH/HNO₃/Al 凝胶推进剂氧化剂对比冲影响的直方图

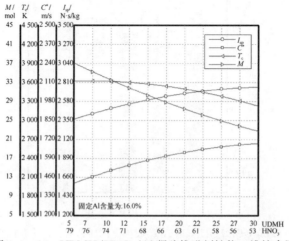

图 4.4 - 10　UDMH/HNO₃/Al 凝胶推进剂性能二维综合图

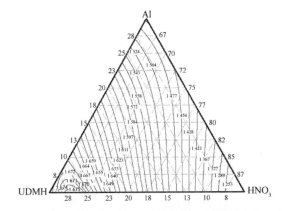

图 4.4 - 11　UDMH/HNO$_3$/Al 凝胶推进剂特征速度三角图

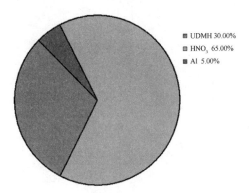

图 4.4 - 12　UDMH/HNO$_3$/Al 凝胶推进剂特征速度最大值圆饼图

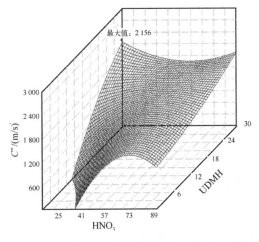

图 4.4 - 13　UDMH/HNO$_3$/Al 凝胶推进剂特征速度曲线 3D 图

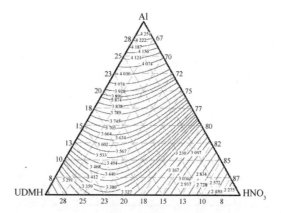

图 4.4 - 14　UDMH/HNO₃/Al 凝胶推进剂等燃烧温度三角图

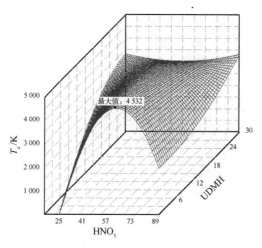

图 4.4 - 15　UDMH/HNO₃/Al 凝胶推进剂燃烧温度曲线 3D 图

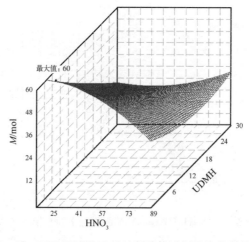

图 4.4 - 16　UDMH/HNO₃/Al 凝胶推进剂平均分子量 3D 图

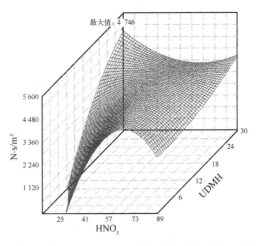

图 4.4 - 17　UDMH/HNO₃/Al 凝胶推进剂密度比冲曲线 3D 图

### 4.4.2　含季戊四醇四硝酸酯(PETN)的凝胶推进剂

(1)季戊四醇四硝酸酯凝胶推进剂配方 1[17]

配方质量分数：

| | |
|---|---|
| 季戊四醇四硝酸酯(PETN) | 20.1% |
| 硝酸铵(AN) | 53.8% |
| 碳材料($C_{10}H_8$) | 12.1% |
| 瓜尔胶 | 1.0% |
| 水 | 10.0% |
| 淀粉 | 3.0% |

(2)季戊四醇四硝酸酯凝胶推进剂配方 2[17]

配方质量分数：

| | |
|---|---|
| 季戊四醇四硝酸酯(PETN) | 19.8% |
| N/C | 5.0 |
| 硝酸铵(AN) | 49.4% |
| 碳材料($C_{10}H_8$) | 4.0% |
| 瓜尔豆胶（果阿胶） | 3.0% |
| 水 | 12.8% |
| 脲素 | 5.9% |
| 二苯胺 | 1.0% |

(3)含二缩三乙二醇二硝酸酯等的凝胶推进剂

①二缩三乙二醇二硝酸盐、过氯酸铵、铝金属化凝胶推进剂(TEGN - AP - Al)性能

理论海平面比冲/(N·s/kg)　　　　2 770.5

真空比冲/(N·s/kg)　　　　　　　2 836.1

密度比冲/(N·s/dm³)　　　　　　　4 530.5

感度

　　推进剂类别1.3类　　　　　　不爆炸

　　冲击感度　　　　　　　　　　对300 kg·cm落锤不敏感

　　摩擦感度　　　　　　　　　　对90°角度、12.4 MPa的磨擦力不敏感

　　静电对5 kV电压6 J静电　　　不敏感

自动点火温度　　　　　　　　　　>373 K

稳定性

　　贮存　　　　　　　　　　　　14天

　　加速度　　　　　　　　　　　5 g振动0~20 Hz

　　　　　　　　　　　　　　　　13 g400~600 Hz

　　　　　　　　　　　　　　　　5 g1 000~2 000 Hz 3 g

　　热稳定性　　　　　　　　　　273~311 K

　　化学稳定性　　　　　　　　　30天不分解

流变学

　　黏度与剪切速率的关系　　　　100 rs转速下500 CP(294 K)

　　黏度与湿度的关系　　　　　　最大黏度1 000 CP(273 K)

　　最大屈服应力　　　　　　　　10 Pa

　　成本　　　　　　　　　　　　原料成本1.75美元/kg，加工成本1.65美元/kg

　　　　　　　　　　　　　　　　生产成本13.45美元/kg

②假设二缩三乙二醇二硝酸-高氯酸铵-金属铝凝胶推进剂图形

用创新软件绘制二缩三乙二醇二硝酸-高氯酸铵-金属铝凝胶推进剂(其中少量的凝胶剂未列入配方)各种组分与性能关系图，如图4.4-18~图4.4-30所示。

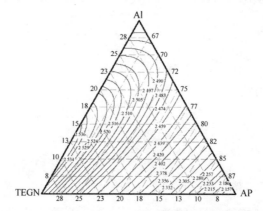

图4.4-18　TEGN-AP-Al凝胶推进剂等比冲三角图

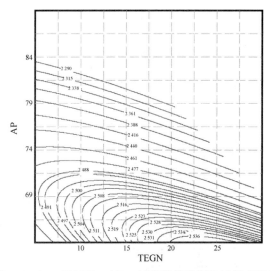

图 4.4 - 19 TEGN - AP - Al 凝胶推进剂比冲等高线图

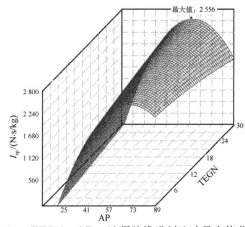

图 4.4 - 20 TEGN - AP - Al 凝胶推进剂比冲最大值曲线 3D 图

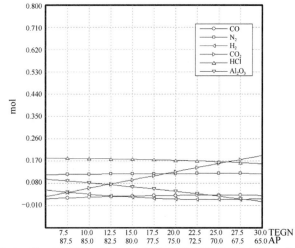

图 4.4 - 21 TEGN - AP - Al 凝胶推进剂燃气产物与组分关系图

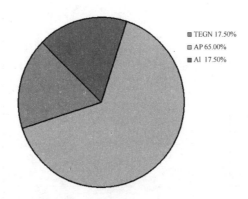

图 4.4 - 22　TEGN - AP - Al 凝胶推进剂比冲最大值圆饼图

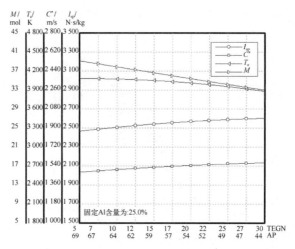

图 4.4 - 23　TEGN - AP - Al 凝胶推进剂二维综合图

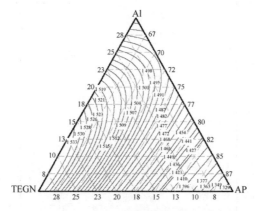

图 4.4 - 24　TEGN - AP - Al 凝胶推进剂等特征速度三角图

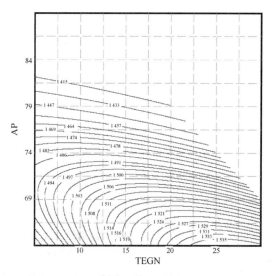

图 4.4 - 25　TEGN - AP - Al 凝胶推进剂特征速度等高线图

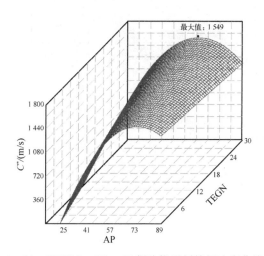

图 4.4 - 26　TEGN - AP - Al 凝胶推进剂特征速度曲线 3D 图

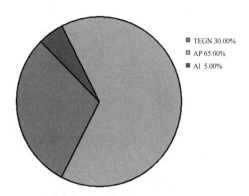

图 4.4 - 27　TEGN - AP - Al 凝胶推进剂特征速度最大值圆饼图

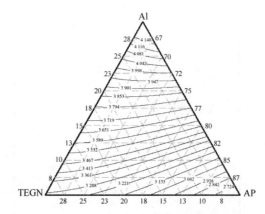

图 4.4 - 28　TEGN - AP - Al 凝胶推进剂等燃烧温度三角图

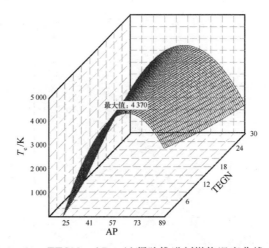

图 4.4 - 29　TEGN - AP - Al 凝胶推进剂燃烧温度曲线 3D 图

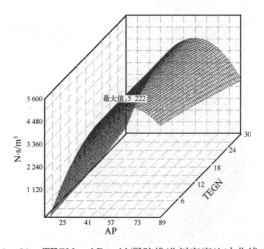

图 4.4 - 30　TEGN - AP - Al 凝胶推进剂密度比冲曲线 3D 图

### 4.4.3　金属化凝胶单组元推进剂[12,13]

大力神Ⅳ运载火箭采用四氧化二氮和混肼-50推进剂组合，有效载荷为 14 643 kg。如果混肼-50改为金属化混肼-50胶体，则有效载荷可以提高到 16 336.3 kg，即提高11.6%。

高能凝胶单组元推进剂，最具代表的是阿科胶 APG-42 单组元推进剂。该推进剂的密度是 1.8 g/cm³，比冲 2 557.8 ms(室压 6.895 mPa，出口压力 0.101 mPa)。而航天飞机所使用的聚丁二烯-丙烯酸-丙烯腈固体推进剂(PBAN)，密度是 1.77 g/cm³，比冲为 2 466.7 ms(室压 4.233 mPa，面积比 7.72)。APG-42 推进剂经过 6 个月的贮存试验，自动点火温度超过 533 K，在一系列小发动机上进行了燃烧试验。

过氧化氢、铝凝胶单组元推进剂($H_2O_2$-Al)性能数值：

| | |
|---|---|
| 理论比冲(海平面)/($N \cdot s/kg$) | 2 489.2 |
| 真空比冲/($N \cdot s/kg$) | 2 739.1 |
| 密度比冲/($N \cdot s/dm^3$) | 4 286.5 |
| 感度 | |
| 　推进剂类别 1.3 类 | 不爆炸 |
| 　冲击感度 | 对 300 kg·cm 冲击不敏感 |
| 　摩擦感度 | 对 90°角度 12.4 MPa 摩擦不敏感 |
| 　静电 | 对 5 kV 电压 6 J 静电，不敏感 |
| 自动点火温度 | >373 K |
| 稳定性 | |
| 　贮存时间 | 14 天 |
| 　加速度 | 5 g 振动 0~20 Hz，13 g 400~600 Hz，5 g 1 000~2 000 Hz，3 g |
| 　热稳定性 | 273~311 K |
| 　化学稳定性 | 30 天不分解 |
| 流变学 | |
| 　黏度与剪切速率的关系 | 100 rs 转速下 500 CP(294 K) |
| 　黏度与温度的关系 | 最大黏度 1 000 CP(273 K) |
| 　最大屈服应力 | 10 Pa |
| 　成本 | 原料成本 4.06 美元/kg，加工成本 1.65 美元/kg，生产成本 5.37 美元/kg |

### 4.4.4　凝胶三组元推进剂

(1)偏二甲肼-红色发烟硝酸-铝粉及镁粉凝胶推进剂[14]

偏二甲肼 UDMH 的凝胶剂＋金属粉：

丙烯酸　　　　　　　　　　　18.85%(按体积)；19.445%(按质量)

甲基纤维素　　　　　　　　　4.48%

羟乙基纤维素　　　　　　　　5.76%

乙基纤维素　　　　　　　　　6.4%

琼脂　　　　　　　　　　　　0.64%

Al(粒径 20 $\mu$m)　　　　　　10%～40%

Mg(粒径 200 $\mu$m)　　　　　10%～25%

红色发烟硝酸 RFNA 的凝胶剂＋RFNA：

　　硅酸钠(12%$Na_2O$，30%$SiO_2$)　　4.25%

　　RFNA(13%$NO_2$)按需要决定含量，组成不同配比 UDMH‒RFNA‒Al(Mg)凝胶推进剂。

(2)四氧化二氮/一甲基肼/金属铝($N_2O_4$/MMH/Al)凝胶推进剂[15,16]

$N_2O_4$/MMH/Al 凝胶推进剂配方质量分数：

　　四氧化二氮　　　　　　　　　　　　　　　　　　60%

　　一甲基肼(MMH)　　　　　　　　　　　　　　　　6.67%

　　金属铝　　　　　　　　　　　　　　　　　　　　33.33%

主要性能：

　　质量比(混合比)　　　　　　　　　　　　　　　　0.9

　　比冲 $I_{sp}$/(N·s/kg)(扩张比 500/1，燃烧室压力 6.9 MPa)　3 590.7

　　比冲 $I_{sp}$效率 $n$　　　　　　　　　　　　　　　0.938

(3)假设四氧化二氮/一甲基肼/金属铝凝胶推进剂图形

　　下面是用创新软件绘制的四氧化二氮/一甲基肼/金属铝($N_2O_4$/MMH/Al)凝胶推进剂(其中少量的凝胶剂未列入配方)各种组分与性能关系图[3]，如图 4.4‒31～图 4.4‒44 所示。

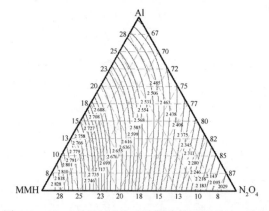

图 4.4‒31　MMH/$N_2O_4$/Al 凝胶推进剂比冲三角图

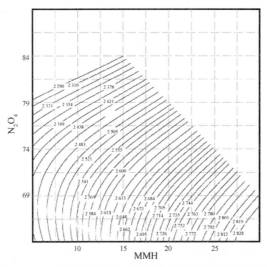

图 4.4 - 32　MMH/N$_2$O$_4$/Al 凝胶推进剂比冲等高线图

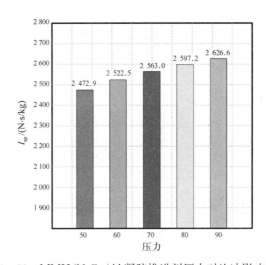

图 4.4 - 33　MMH/N$_2$O$_4$/Al 凝胶推进剂压力对比冲影响直方图

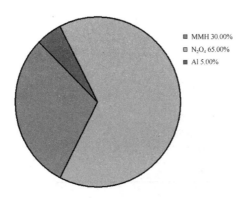

图 4.4 - 34　MMH/N$_2$O$_4$/Al 凝胶推进剂比冲最大值圆饼图

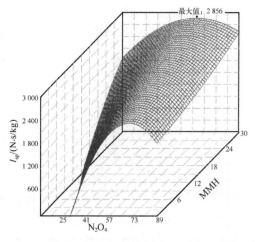

图 4.4 - 35　MMH/$N_2O_4$/Al 凝胶推进剂比冲最大值曲线 3D 图

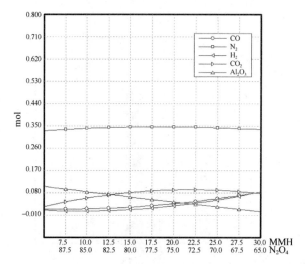

图 4.4 - 36　MMH/$N_2O_4$/Al 凝胶推进剂气体产物与组分关系图

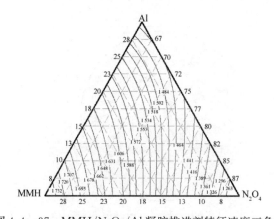

图 4.4 - 37　MMH/$N_2O_4$/Al 凝胶推进剂特征速度三角图

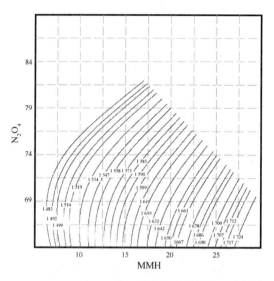

图 4.4 - 38　MMH/$N_2O_4$/Al 凝胶推进剂特征速度等高线图

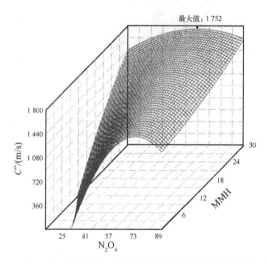

图 4.4 - 39　MMH/$N_2O_4$/Al 凝胶推进剂特征速度曲线 3D 图

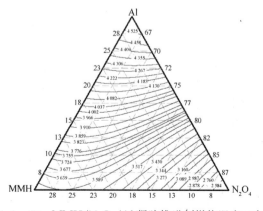

图 4.4 - 40　MMH/$N_2O_4$/Al 凝胶推进剂燃烧温度三角图

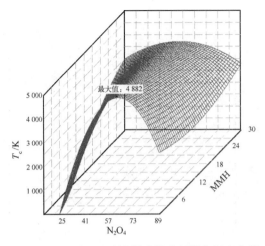

图 4.4 - 41　MMH/$N_2O_4$/Al 凝胶推进剂燃烧温度曲线 3D 图

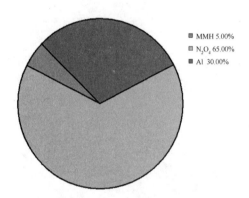

图 4.4 - 42　MMH/$N_2O_4$/Al 凝胶推进剂燃烧温度最大值圆饼图

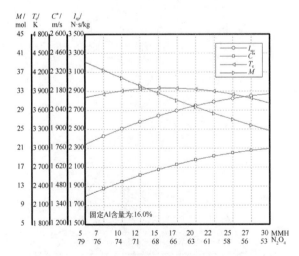

图 4.4 - 43　MMH/$N_2O_4$/Al 凝胶推进剂比冲等性能与组分关系二维综合图

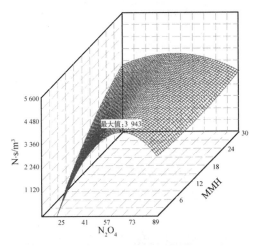

图 4.4 - 44　MMH/$N_2O_4$/Al 凝胶推进剂密度比冲最大值曲线 3D 图

图 4.4 - 31～图 4.4 - 36 展示了 MMH/$N_2O_4$/Al 凝胶推进剂比冲与组分关系，燃气产物与组分的关系，显示了最高比冲的数值和配比，最高比冲可达 2 856 N·s/kg。图 4.4 - 37～图 4.4 - 39 展示了该凝胶推进剂特征速度与组分的关系，特征速度最大值可达 1 752 m/s。图 4.4 - 40～图 4.4 - 42 显示了该推进剂燃烧温度与组分的关系。图 4.4 - 43 展示了该推进剂比冲等性能与组分的关系。图 4.4 - 44 显示出凝胶推进剂密度比冲最高值为 3 943 N·s/dm³。

### 4.4.5　液氧/一甲基肼/金属铝(LO/MMH/Al)凝胶推进剂[15,16]

(1)液氧/一甲基肼(LO/MMH)凝胶推进剂[15,16]

配方质量分数：

| | |
|---|---|
| 液氧(LO) | 62.96% |
| 一甲基肼(MMH) | 37.04% |
| 质量比(混合比) | 1.7 |

主要性能：

| | |
|---|---|
| 比冲 $I_{sp}$/(N·s/kg)(扩张比 500/1 燃烧室压力 6.9 MPa) | 3 742.6 |
| 比冲 $I_{sp}$ 效率 $n$ | 0.940 |

(2)假设液氧/一甲基肼/金属铝凝胶推进剂图形

下面是用创新软件绘制的一甲基肼/液氧/金属铝(LO - MMH - Al)凝胶推进剂(其中少量的凝胶剂未列入配方)各种组分与性能关系图[3]，如图 4.4 - 45～图 4.4 - 57 所示。

(3)液氧/一甲基肼/金属铝凝胶推进剂[15,16]

配方质量分数：

| | |
|---|---|
| 液氧(LO) | 66.67% |
| 一甲基肼(MMH) | 7.41% |
| 金属铝(Al) | 25.93% |
| 质量比(混合比) | 0.9 |

主要性能:

比冲 $I_{sp}/(N \cdot s/kg)$(扩张比 500/1 燃烧室压力 6.9 MPa)　　3 784.8

比冲 $I_{sp}$效率 $n$　　　　　　　　　　　　　　　　　　　　　　　0.94

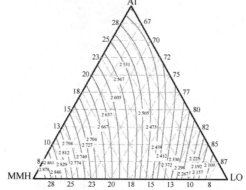

图 4.4－45　LO/MMH/Al 凝胶推进剂比冲三角图

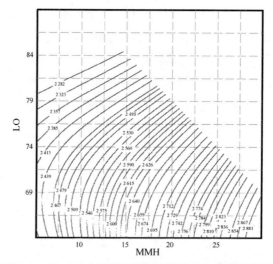

图 4.4－46　LO/MMH/Al 凝胶推进剂比冲等高线图

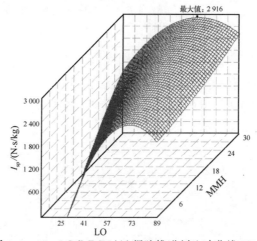

图 4.4－47　LO/MMH/Al 凝胶推进剂比冲曲线 3D 图

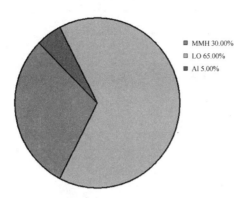

图 4.4 - 48 LO/MMH/Al 凝胶推进剂比冲最大值圆饼图

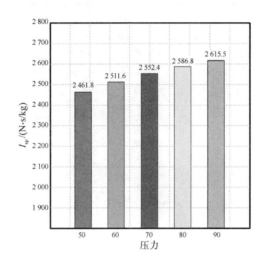

图 4.4 - 49 LO/MMH/Al 凝胶推进剂比冲直方图

图 4.4 - 50 LO/MMH/Al 凝胶推进剂特征速度三角图

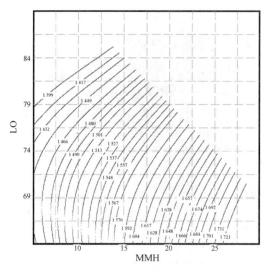

图 4.4 - 51　LO/MMH/Al 凝胶推进剂特征速度等高线图

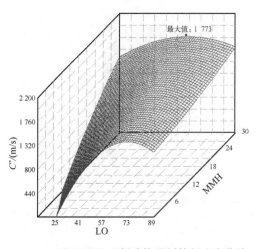

图 4.4 - 52　LO/MMH/Al 凝胶推进剂特征速度曲线 3D 图

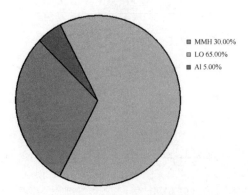

图 4.4 - 53　LO/MMH/Al 凝胶推进剂特征速度最大值圆饼图

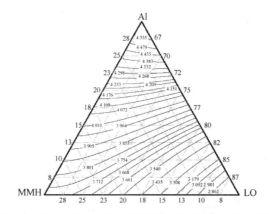

图 4.4－54　LO/MMH/Al 凝胶推进剂燃烧温度三角图

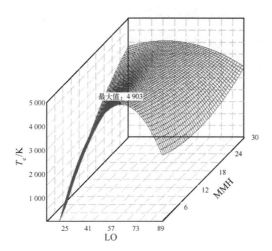

图 4.4－55　LO/MMH/Al 凝胶推进剂燃烧温度曲线 3D 图

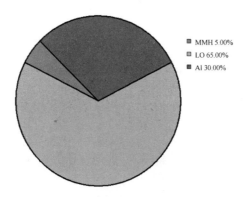

图 4.4－56　LO/MMH/Al 凝胶推进剂燃烧温度最大值圆饼图

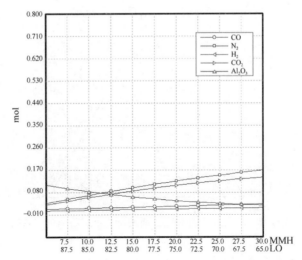

图 4.4 - 57　LO/MMH/Al 凝胶推进剂气体产物与组分关系图

### 4.4.6　液氧/甲烷/金属铝凝胶推进剂

(1)液氧/甲烷(LO/CH₄)凝胶推进剂[15,16]

配方质量分数：

|  |  |
|---|---|
| 液氧(LO) | 78.72% |
| 甲烷(CH₄) | 21.28% |
| 质量比(混合比) | 3.7 |

主要性能：

|  |  |
|---|---|
| 比冲 $I_{sp}$/(N·s/kg)(扩张比 500/1 燃烧室压力 6.9 MPa) | 3 744.6 |
| 比冲 $I_{sp}$ 效率 $n$ | 0.940 |

(2)液氧/甲烷/金属铝(LO/CH₄/Al)凝胶推进剂[15,16]

配方质量分数：

|  |  |
|---|---|
| 液氧(LO) | 40.22% |
| 甲烷(CH₄) | 10.87% |
| 金属铝(Al) | 48.91% |
| 质量比(混合比) | 1.8 |

主要性能：

|  |  |
|---|---|
| 比冲 $I_{sp}$/(N·s/kg)(扩张比 500/1，燃烧室压力 6.9 MPa) | 3 766.4 |
| 比冲 $I_{sp}$ 效率 $n$ | 0.940 |

### 4.4.7　液氢/液氧/金属铝(LH₃/LO/Al)凝胶推进剂[15,16]

(1)液氢/液氧(LH₃/LO)凝胶推进剂凝胶推进剂[15,16]

配方质量分数：

  液氧(LO)              85.71%

  液氢(LH₃)             14.29%

  质量比(混合比)           6.0

主要性能：

  比冲 $I_{sp}$/(N·s/kg)(扩张比 500/1，燃烧室压力 6.9 MPa) 4 699.1

  比冲 $I_{sp}$ 效率 $n$            0.984

(2)LH₃/LO/Al 凝胶推进剂

配方质量分数：

  液氧(LO)              46.15%

  液氢(LH₃)             7.69%

  金属铝(Al)             46.15%

  质量比(混合比)           1.6

主要性能：

  比冲 $I_{sp}$/(N·s/kg)(扩张比 500/1，燃烧室压力 6.9 MPa) 4 756.9

  比冲 $I_{sp}$ 效率 $n$            0.984

(3)假设液氢/液氧/金属铝凝胶推进剂图形

用创新软件绘制的 LH₃/LO/Al 凝胶推进剂(其中少量的凝胶剂未列入配方)各种组分与性能关系[3]如图 4.4-58～图 4.4-72 所示。

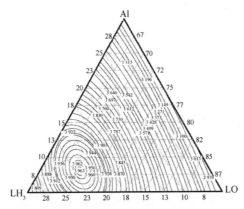

图 4.4-58　LH₃/LO/Al 凝胶推进剂比冲三角图

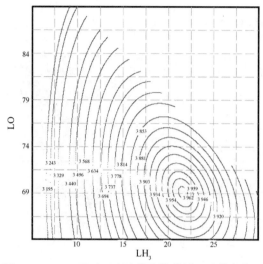

图 4.4 - 59   LH₃/LO/Al 凝胶推进剂比冲等高线图

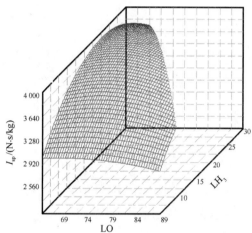

图 4.4 - 60   LH₃/LO/Al 凝胶推进剂比冲 3D 图

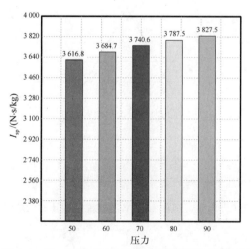

图 4.4 - 61   LH₃/LO/Al 凝胶推进剂比冲直方图

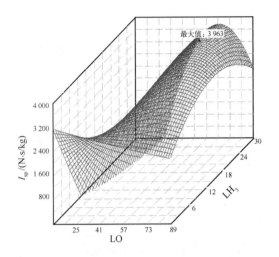

图 4.4 - 62　$LH_3/LO/Al$ 凝胶推进剂比冲曲线 3D 图

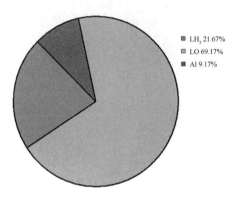

图 4.4 - 63　$LH_3/LO/Al$ 凝胶推进剂比冲最大值圆饼图

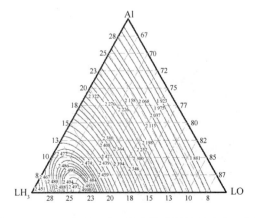

图 4.4 - 64　$LH_3/LO/Al$ 凝胶推进剂特征速度三角图

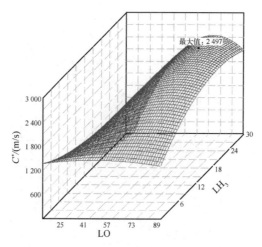

图 4.4 - 65　LH₃/LO/Al 凝胶推进剂特征速度曲线 3D 图

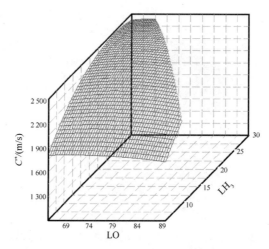

图 4.4 - 66　LH₃/LO/Al 凝胶推进剂特征速度三维图

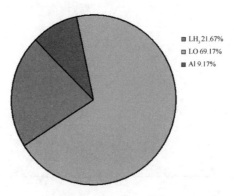

图 4.4 - 67　LH₃/LO/Al 凝胶推进剂特征速度最大值圆饼图

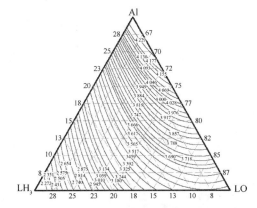

图 4.4 - 68　LH$_3$/LO/Al 凝胶推进剂燃烧温度三角图

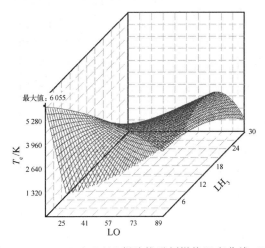

图 4.4 - 69　LH$_3$/LO/Al 凝胶推进剂燃烧温度曲线 3D 图

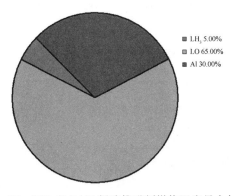

图 4.4 - 70　LH$_3$/LO/Al 凝胶推进剂燃烧温度最大值圆饼图

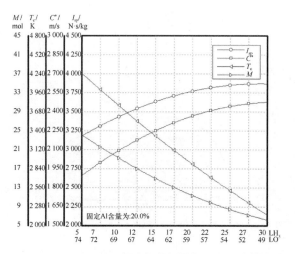

图 4.4 - 71　LH$_3$/LO/Al 凝胶推进剂燃烧温度二维等高综合图

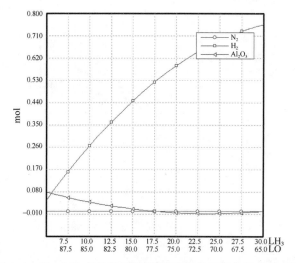

图 4.4 - 72　LH$_3$/LO/Al 凝胶推进剂气体产物与组分关系图

### 4.4.8　硝酸肼等和其他(细碎)金属组成的凝胶推进剂

由肼、硝酸肼、凝胶剂、细碎金属及少量燃速改良剂三氧化二铬或甲氧基聚乙二醇所组成的凝胶剂能保持稳定,若在硝酸肼存在的情况下,加入半乳甘露聚糖和甲乙醚马来酸酐共聚物则不盐析或不破坏肼的典型胶态结构。

(1)硝酸肼和铍组成的凝胶推进剂 1

配方质量分数:

硝酸肼　　　　　　　　　　　　　　　　　　　　　　　57.5%

肼　　　　　　　　　　　　　　　　　　　　　　　　　24.6%

| 铍 | 16.12% |
|---|---|
| 硼凝胶剂(Jaguar A - 2O - B) | 1.2% |
| 三氧化二铬 | 0.3% |

主要性能：

| 燃速(在 0.69 MPa 压力下)/(mm/s) | 22 |
|---|---|
| 理论比冲 $I_{sp}$/(N·s/kg) | 3 079.3(314 s) |
| 火焰温度/K | 3 264 |

(2)硝酸肼和铍组成的凝胶推进剂 2

配方质量分数：

| 硝酸肼 | 56.5% |
|---|---|
| 肼 | 24.2% |
| 铍 | 16.12% |
| 硼凝胶剂(Jaguar A - 2O - B) | 1.18% |
| 三氧化二铬 | 2.0% |

主要性能：

| 燃速(在 0.69 MPa 压力下)/(mm/s) | 26.67 |
|---|---|
| 理论比冲 $I_{sp}$/(N·s/kg) | 3 059.69(312 s) |
| 火焰温度/K | 3 230 |

(3)假设肼-硝酸肼-金属铍($N_2H_4$/$N_2H_5NO_3$/Be)凝胶推进剂图形

用创新软件绘制的 $N_2H_4$/$N_2H_5NO_3$/Be 凝胶推进剂(其中少量的凝胶剂未列入配方)各种组分与性能关系[3]如图 4.4 - 73～图 4.4 - 89 所示。

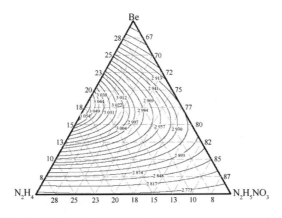

图 4.4 - 73　$N_2H_4$/$N_2H_5NO_3$/Be 凝胶推进剂比冲三角图

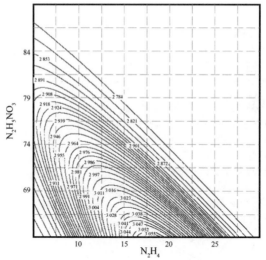

图 4.4 - 74　$N_2H_4/N_2H_5NO_3/Be$ 凝胶推进剂比冲等高线图

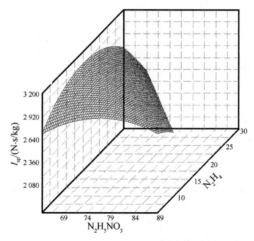

图 4.4 - 75　$N_2H_4/N_2H_5NO_3/Be$ 凝胶推进剂比冲 3D 图

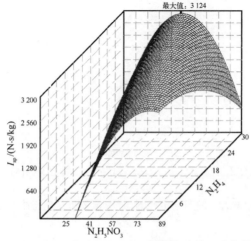

图 4.4 - 76　$N_2H_4/N_2H_5NO_3/Be$ 凝胶推进剂比冲曲线 3D 图

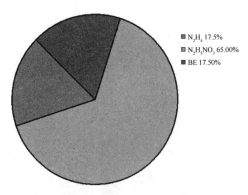

图 4.4 - 77　$N_2H_4/N_2H_5NO_3/Be$ 凝胶推进剂比冲最大值圆饼图

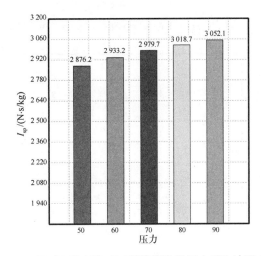

图 4.4 - 78　$N_2H_4/N_2H_5NO_3/Be$ 凝胶推进剂压力对比冲影响的直方图

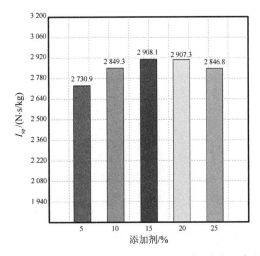

图 4.4 - 79　$N_2H_4/N_2H_5NO_3/Be$ 凝胶推进剂添加剂对比冲影响的直方图

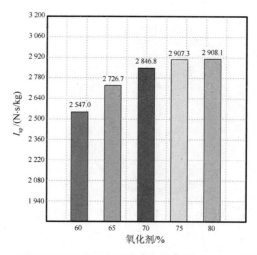

图 4.4 - 80  $N_2H_4/N_2H_5NO_3/Be$ 凝胶推进剂氧化剂对比冲影响的直方图

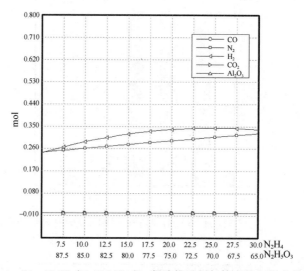

图 4.4 - 81  $N_2H_4/N_2H_5NO_3/Be$ 凝胶推进剂气体产物与组分关系图

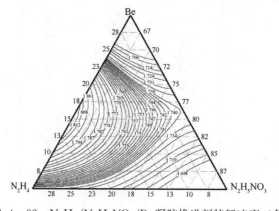

图 4.4 - 82  $N_2H_4/N_2H_5NO_3/Be$ 凝胶推进剂特征速度三角图

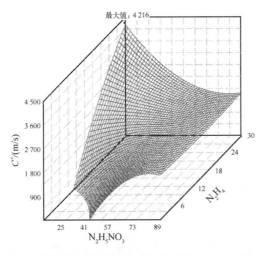

图 4.4 - 83　$N_2H_4/N_2H_5NO_3/Be$ 凝胶推进剂特征速度曲线 3D 图

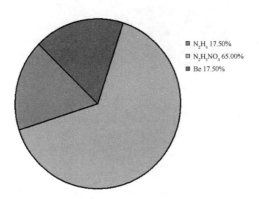

图 4.4 - 84　$N_2H_4/N_2H_5NO_3/Be$ 凝胶推进剂特征速度最大值圆饼图

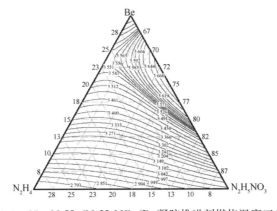

图 4.4 - 85　$N_2H_4/N_2H_5NO_3/Be$ 凝胶推进剂燃烧温度三角图

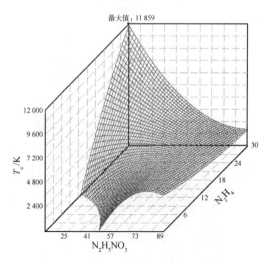

图 4.4 - 86　$N_2H_4/N_2H_5NO_3/Be$ 凝胶推进剂燃烧温度曲线 3D 图

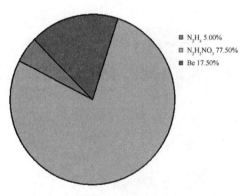

图 4.4 - 87　$N_2H_4/N_2H_5NO_3/Be$ 凝胶推进剂燃烧温度最大值圆饼图

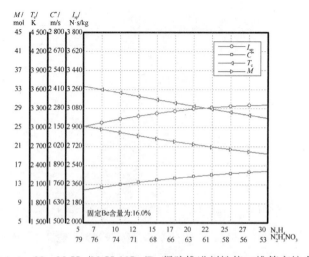

图 4.4 - 88　$N_2H_4/N_2H_5NO_3/Be$ 凝胶推进剂性能二维等高综合图

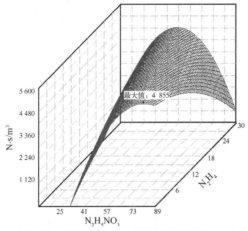

图 4.4 - 89　$N_2H_4/N_2H_5NO_3/Be$ 凝胶推进剂密度比冲曲线 3D 图

### 4.4.9　肼、高氯酸肼与金属铝组成的凝胶推进剂

(1) 高氯酸肼凝胶推进剂[18]

该凝胶推进剂中含有 2%～5% 凝胶剂、10%～25% 金属燃料、30%～50% 氧化剂及 30%～50% 肼(部分肼以肼盐形式存在)。

配方质量分数:

| | |
|---|---|
| 高氯酸肼 | 37.4% |
| 铝 | 20.4% |
| 肼 | 39.2% |
| 聚丙烯酰胺凝胶剂 | 3.0% |

主要性能:

| | |
|---|---|
| 燃速(在 0.72 MPa 压力下)/(mm/s) | 26 |
| 比冲/(N·s/kg) | 2 324.19(237) |

(2) 假设肼-高氯酸肼-金属铝($N_2H_4/N_2H_5ClO_4/Al$)凝胶推进剂图形

用创新软件绘制的 $N_2H_4/N_2H_5ClO_4/Al$ 凝胶推进剂(其中少量的凝胶剂未列入配方)各种组分与性能关系[3]如图 4.4 - 90～图 4.4 - 105 所示。

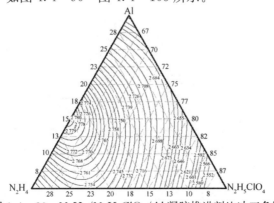

图 4.4 - 90　$N_2H_4/N_2H_5ClO_4/Al$ 凝胶推进剂比冲三角图

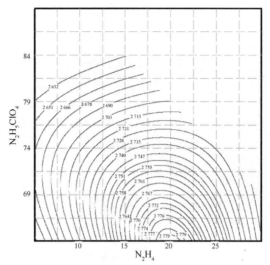

图 4.4 - 91　$N_2H_4/N_2H_5ClO_4/Al$ 凝胶推进剂比冲等高线图

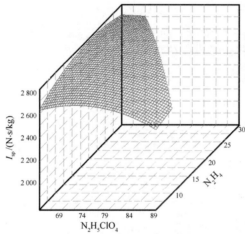

图 4.4 - 92　$N_2H_4/N_2H_5ClO_4/Al$ 凝胶推进剂比冲 3D 图

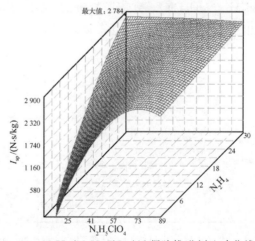

图 4.4 - 93　$N_2H_4/N_2H_5ClO_4/Al$ 凝胶推进剂比冲曲线 3D 图

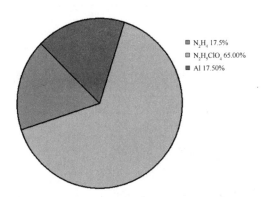

图 4.4 - 94　$N_2H_4/N_2H_5ClO_4/Al$ 凝胶推进剂比冲最大值圆饼图

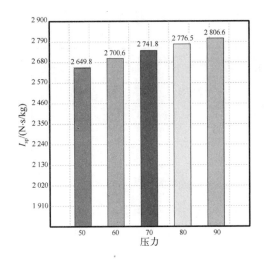

图 4.4 - 95　$N_2H_4/N_2H_5ClO_4/Al$ 凝胶推进剂压力对比冲影响的直方图

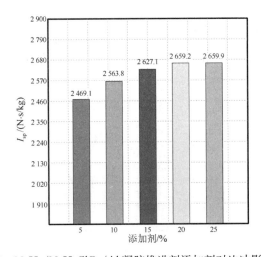

图 4.4 - 96　$N_2H_4/N_2H_5ClO_4/Al$ 凝胶推进剂添加剂对比冲影响的直方图

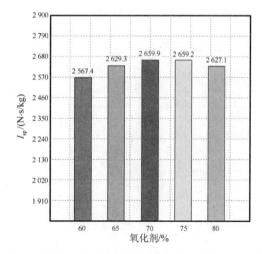

图 4.4 - 97　$N_2H_4/N_2H_5ClO_4/Al$ 凝胶推进剂添氧化剂对比冲影响的直方图

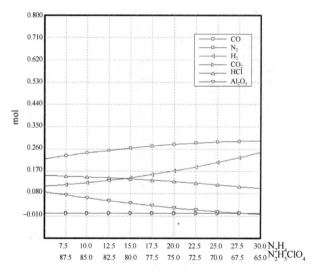

图 4.4 - 98　$N_2H_4/N_2H_5ClO_4/Al$ 凝胶推进剂气体产物与组分关系图

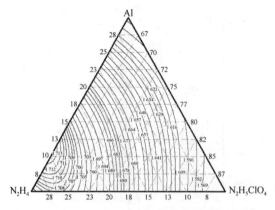

图 4.4 - 99　$N_2H_4/N_2H_5ClO_4/Al$ 凝胶推进剂特征速度三角图

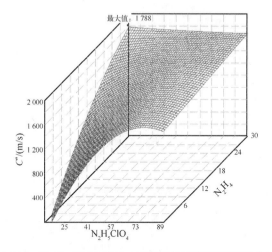

图 4.4 - 100　$N_2H_4/N_2H_5ClO_4/Al$ 凝胶推进剂特征速度曲线 3D 图

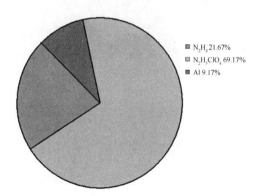

图 4.4 - 101　$N_2H_4/N_2H_5ClO_4/Al$ 凝胶推进剂特征速度最大值圆饼图

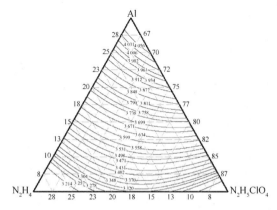

图 4.4 - 102　$N_2H_4/N_2H_5ClO_4/Al$ 凝胶推进剂燃烧温度三角图

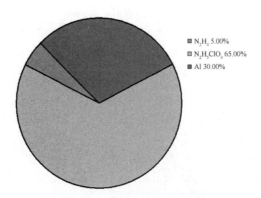

图 4.4 - 103　$N_2H_4/N_2H_5ClO_4/Al$ 凝胶推进剂燃烧温度最大值圆饼图

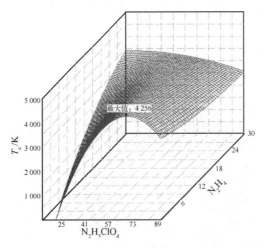

图 4.4 - 104　$N_2H_4/N_2H_5ClO_4/Al$ 凝胶推进剂燃烧温度曲线 3D 图

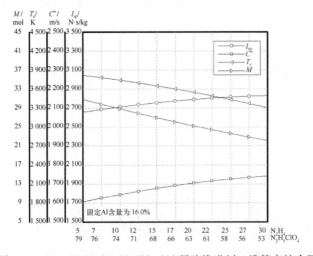

图 4.4 - 105　$N_2H_4/N_2H_5ClO_4/Al$ 凝胶推进剂二维等高综合图

### 4.4.10　其他凝胶推进剂

(1)高氯酸羟胺凝胶推进剂[18]

按质量比计算，氧化剂(高氯酸羟胺)：水：燃料(硼粉)：凝胶剂(硅胶)为 7～1：1～7：0.5～8：0.007～0.5，即按质量比之间调整可制得多种凝胶推进剂：

| | |
|---|---|
| 高氯酸羟胺 | 7～1 |
| 水 | 1～7 |
| 硼粉燃料 | 0.5～8 |
| 硅胶凝胶剂 | 0.007～0.5 |

(2)钡络合氟化物凝胶推进剂

液体的三氟化氯、三氟化氯-五氟化氯混合物，可加入钡络合氟化物，如六氟铋酸钡[$Ba(BIF_6)_2$]或六氟锑酸钡[$Ba(SbF_6)_2$]用作凝胶。该凝胶对温度和冲击作用是稳定的，加入少量的凝胶剂即可形成坚固的凝胶。六氟铋酸钡是稳定的固体，也是新研制的凝胶剂。这些凝胶剂和氧化剂形成的推进剂，具有比冲高、触变性和贮存稳定性好等特点，在超重应力作用下无脱水和收缩现象，便于泵送和计量操作。

(3)肼类凝胶推进剂

①羟乙基纤维(HEC)

HEC 是一种触变或假塑性胺燃料，在高温下是稳定的，无脱水收缩现象。其配方如下：

| | |
|---|---|
| 肼($N_2H_4$) | 94.0% |
| 醋酸纤维 | 5.0% |
| 羟乙基纤维 | 1.0% |

在室温下连续搅拌时将醋酸纤维和羟乙基纤维加入到肼中，溶解后形成稳定的胶。在高温下是稳定的，无脱水收缩现象。

②羟乙基纤维(HEC)和二氧化硅($SiO_2$)

一种胺类凝胶燃料，可用于−27.8～+22.8 ℃的温度范围内。HEC 和 $SiO_2$ 结合使用效果更佳，其具体配方如下：

1)将 92.5%的(含 86%甲肼和 4%的肼)混合物、6%的 $SiO_2$ 和 1.5%HEC 混合起来搅拌 1 h，形成凝胶，在该胶中加入 50%～60%的铝粉和锆粉等粒状物仍能保持均匀的悬浮；

2)用相同量的 $SiO_2$ 和 HEC 将肼胶凝，该配方(含 92.5%肼、6% $SiO_2$ 和 1.5%HEC)在−27.8～+22.8 ℃的温度范围内，同样具有稳定的悬浮能力。

# 参考文献

[1] 王中，梁勇，等．美俄德凝胶推进剂的发展现状[J]．飞航导弹，2010(2)：76-79.

[2] Bohn M A. Themalstabiltty and Stabilization of ADN-Water gelstintemationa Annual Conference of ICT, 2007.

[3] 田德余．固体推进剂配方优化设计方法及其软件系统[J]．火炸药学报，2014，36(6)：1-6.

[4] 曲艳斌，肖忠良．硝酸羟胺(HAN)水凝胶性能研究[J]．含能材料，2004，12(3)：168-170.

[5] 韩伟，单世群，杜宗罡，等．红烟硝酸/偏二甲肼凝胶双组元推进剂研制[J]．化学推进剂与高分子材料，2010，7(6)：38-41.

[6] 刘萝威．用于战术导弹的胶体推进剂[J]．飞航导弹，2002(3)：49-53.

[7] Barry D. Allan, et al. US 4, 039, 360 Aug. 2, 1977.

[8] 李三军．凝胶推进剂研究进展[J]．化学推进剂与高分子材料，1998(2)：3-5.

[9] Keiiechi Hori, Kanagawa(JP), et al. US 8, 114, 228 B2. Feb. 14, 2012.

[10] B. S Iegel, L. Sch Ieler. Energetics of Propellant Chemistry[M]. New York: John Wiley & Sons, Inc, 1964.

[11] 田德余．固体推进剂配方优化设计[M]．北京：国防工业出版社，2013.

[12] 沈海琴．膏体火箭发动机研究进展[J]．化学推进剂与高分子材料，2004，2(4)：32-35.

[13] 禹天福．胶体推进剂的研究与应用[J]．导弹与航天运载技术，2002(2)：36-43.

[14] N. L. Munjal, B. L. Gupta, and Mohan Varma. Preparative and Mechanistic Sudieson Unsy mmetrical Dimethyl Hydrazine-Red Fuming Nitric Acid liquidPropellant Gels[J]. Propellants, Explosives, Pyrotechnics, 1985, 10: 111-117.

[15] 陈志刚，杨荣杰．金属化凝胶推进剂的性能评估[J]．推进技术，1998，19(2)：102-106.

[16] Palaszewski B A. Upper Stages Using Liquid Propulsion and Metallized Propellant. N92-17151, 1992.

[17] Burkhardt, et al. US 5, 189, 249. Feb. 23, 1993.

[18] 代玉东，魏敬．美国凝胶推进剂研究[J]．火箭推进，2003，29(6)：40-44.

[19] 秦宝元．膏体推进剂发动机飞行试验成功[J]．推进技术，1999，20(5)：34.

[20] Ham Il Ton, et al. US 5, 542, 704.

[21] Barry D. Allan, US 4, 039, 360, Aug. 2, 1977.

[22] KeIIechI HorI, Kanagawa(JP), et Al. US 8, 114, 228 B2, Feb. 14, 2012.

[23] 高月英．胶体推进剂[J]．大学化学，2006，21(2)，29-32.

[24] RahmI S, Hasan D, Peretz A. Development of labratory-Scale Gel Propulsion Technology[J]. Journal of Propulsion and Power, 2004, 20: 93.

[25] Roberto Disalvo, et al. US 8, 425, 700 B2. Apr. 23, 2013.

[26] AClam Elliott, et al. US 8, 047, 703. Nov. 1, 2011.

[27] Roberto Disalvo, et al. US 7, 896, 987 B2. Mar. 1, 2011.

[28] 田德余，赵凤起，刘剑洪. 含能材料及相关物手册[M]. 北京：国防工业出版社，2011.

[29] 肖金武，张文刚. PEPA/AP 膏体推进剂配方研究[J]. 固体火箭技术，2001，24(4)：46 - 49.

[30] Kukushshkin V I. State and Propeccts of Solid Propellant Rocket Development[R]. AIAA A92 - 3872.

[31] Kukushshkin V I and Ivanchenko A. N. The pasty propellant rocket engines development[R]. AIAA 93 - 1754.

[32] 张明信，张胜勇. 膏体推进剂点火和燃烧特性的实验研究[J]. 固体火箭技术，2003，26(2)：30 - 32.

[33] 张家仙. 膏体推进剂火箭发动机工作过程研究[D]. 南京理工大学博士学位论文，2009.

# 第5章　发射药及燃气发生剂

## 5.1　发射药

发射药是火药的一种，安在武器装备中用于枪炮的火药称为发射药，用于火箭或导弹中的火药称为推进剂。发射药按组成可分为单基发射药、双基发射药和三基发射药[10-13]。

### 5.1.1　单基发射药[1-4]

以硝化纤维素(又称硝化棉)为基本能量组分的火药称为单基发射药，又称单基火药，其主要成分为1号和2号硝化棉的混合物，混合棉的含氮量在12.6%～13.25%之间，含量在90%以上，其余为化学安定剂、缓燃剂、光泽剂、消焰剂。

（1）美国M1单基发射药

配方质量分数：

| | |
|---|---|
| 硝化纤维素(13.15%N，C级) | 85.0% |
| 二硝基甲苯 | 10.0% |
| 苯二甲酸二丁酯 | 5.0% |
| 二苯胺 | 1.0%～1.2% |
| 乙醇(残余) | 0.75% |
| 水分(残余) | 0.5% |

主要性能：

| | |
|---|---|
| 密度/(g/cm³) | 1.57 |
| 火药力/(kJ/kg) | 911.05 |
| 等容火焰温度/K | 2 417 |
| 等压火焰温度/K | 1 919 |
| 比热比 | 1.259 3 |
| 余容/(cm³/kg) | 1 103 |
| 爆热/(kcal/kg) | 700 |

应用：用作155 mm榴弹炮装药。

（2）美国M6单基发射药

配方质量分数：

| | |
|---|---|
| 硝化纤维素(13.15%N，C级) | 87.0% |

| 二硝基甲苯 | 10.0% |
| 苯二甲酸二丁酯 | 3.0% |
| 二苯胺 | 1.0% |
| 乙醇(残余) | 0.9% |
| 水分(残余) | 0.5% |

主要性能：

| 密度/(g/cm³) | 1.58 |
| 火药力/(kJ/kg) | 946.89 |
| 等容火焰温度/K | 2 570 |
| 等压火焰温度/K | 2 050 |
| 比热比 | 1.254 3 |
| 余容/(cm³/kg) | 1 079 |
| 爆热/(kcal/kg) | 758 |

应用：用作 155 mm 以上榴弹炮分装式炮弹装药；各种 76～120 mm 的弹药为定装式炮弹装药。

(3)美国 M6+2 单基发射药

配方质量分数：

| 硝化纤维素(13.15%N，C 级) | 86.7% |
| 二硝基甲苯 | 9.6% |
| 苯二甲酸二丁酯 | 3.61% |
| 二苯胺 | 1.0%(外加) |
| 硫酸钾 | 2.09%(外加) |

主要性能：

| 火药力/(kJ/kg) | 936.72 |
| 等容火焰温度/K | 2 582 |
| 比热比 | 1.259 8 |
| 余容/(cm³/kg) | 1 071 |

(4)美国 M10 单基发射药

配方质量分数：

| 硝化纤维素(13.15%N，C 级) | 98.0% |
| 二苯胺 | 1.0% |
| 硫酸钾 | 1.0% |
| 石墨 | 0.1%(外加) |
| 乙醇(残余) | 1.5% |
| 水分(残余) | 0.5% |

主要性能：

| | |
|---|---|
| 密度/(g/cm³) | 1.67 |
| 火药力/(kJ/kg) | 1 012.6 |
| 等容火焰温度/K | 3 000 |
| 等压火焰温度/K | 2 431 |
| 比热比 | 1.234 2 |
| 余容/(cm³/kg) | 1 001 |
| 爆热/(kcal/kg) | 936 |

(5)美国 IMR 单基发射药

配方质量分数：

| | |
|---|---|
| 硝化纤维素 | 100% |
| 二苯胺 | 0.7%(外加) |
| $K_2SO_4$ | 1.0%(外加) |
| 二硝基甲苯 | 8.0%(外加作为包覆) |

主要性能：

| | |
|---|---|
| 爆热/(kJ/kg) | 3 602 |
| 火药生成焓/(kJ/kg) | −2 364 |
| 爆温/K | 2 835 |
| 火药力/(kJ/kg) | 1 007.1 |
| 产物平均热容/[kJ/(kg·K)] | 1.799 |
| 产物平均相对分子质量 | 23.9 |
| 气体比热比 | 1.24 |
| 比容/(mol/g) | 0.042 |

燃烧产物组成见表 5.1－1。

表 5.1－1　燃烧产物组成(mol/100 g)

| CO | $CO_2$ | $H_2$ | $H_2O$ | $N_2$ |
|---|---|---|---|---|
| 1.97 | 0.32 | 0.55 | 0.90 | 0.46 |

(6)美国 M6 单基发射药

配方质量分数：

| | |
|---|---|
| 硝化纤维素 | 87.0% |
| 二苯胺 | 1.0%(外加) |
| 苯甲二酸二丁酯 | 3.0% |
| $K_2SO_4$ | 1.0%(外加) |
| 二硝基甲苯 | 10.0% |

主要性能：

| | |
|---|---|
| 密度/(g/cm³) | 1.58 |
| 爆热/(kJ/kg) | 3 184 |
| 火药生成焓/(kJ/kg) | −2 259 |
| 爆温/K | 2 580 |
| 火药力/(kJ/kg) | 946.89 |
| 产物平均热容/[kJ/(kg·K)] | 1.799 |
| 产物平均相对分子质量 | 22.6 |
| 气体比热比 | 1.254 3 |
| 比容/(mol/g) | 0.044 32 |
| 燃速/(cm/s) | 8.4 |
| 压力指数 | 0.66 |

燃烧产物组成见表 5.1 − 2。

**表 5.1 − 2　燃烧产物组成(mol/100 g)**

| CO | $CO_2$ | $H_2$ | $H_2O$ | $N_2$ |
|---|---|---|---|---|
| 2.24 | 0.22 | 0.78 | 1.72 | 0.45 |

应用：76 mm 曳光穿甲弹、曳光超速脱壳穿甲弹、120 mm 坦克炮曳光穿甲弹、曳光目标训练弹。

### 5.1.2　双基发射药[1-4]

以硝化纤维素和硝化甘油或其他爆炸性增塑剂为基本能量组分的发射药称为双基发射药，又称双基火药，简称双基药。

(1)迫击炮药

• 英国巴利斯太型(Ballistites)

| | |
|---|---|
| 硝化纤维素 | 57.7% |
| 硝化甘油 | 40% |
| 中定剂 | 2% |
| 凡士林 | 0.3% |
| 石墨(外加) | 0.2% |
| 水分(残留) | 0.6% |

• 英国柯达型(Kodak)

| | |
|---|---|
| 硝化纤维素 | 64.5% |
| 硝化甘油 | 34% |
| 中定剂 | 1% |

| 二苯胺 | 0.2% |
| 凡士林 | 0.3% |
| 氧化镁(外加) | 0.2% |
| 丙酮(残留) | 0.5% |
| 水分(残留) | 0.4% |

(2)线膛炮药

• 英国巴利斯太型(Ballistttes)

| 硝化纤维素 | 58.5% |
| 硝化甘油 | 30% |
| 二硝基甲苯 | 7.5% |
| 中定剂 | 3% |
| 凡士林 | 1% |
| 水分(残留) | 0.5% |

• 英国柯达型(Kodak)

| 硝化纤维素 | 65% |
| 硝化甘油 | 29.5% |
| 中定剂 | 2% |
| 凡士林 | 3.5% |
| 丙酮(残留) | 1.5% |
| 水分(残留) | 0.5% |

(3)日本 GOTSU Mk Ⅰ双基发射药

配方质量分数:

| 硝化纤维素 (11.85%N) | 63.9%~64.3% |
| 硝化甘油 | 27.0% |
| 中定剂 | 4.0% |
| 甲酰替二苯胺 | 4.0% |
| 惰性化合物的含量 | 0.7%~1.1% |
| 　　草酸铵 | 50 |
| 　　碳酸氢钠 | 50 |
| 　　石墨 | 10 |

主要性能:

| 爆热/(kcal/kg) | 726~734 |
| 比容/(l/kg) | 979~980 |
| 爆温/℃ | 2 410~2 427 |
| 火药力/m | 9 946~10 016 |

应用：一般炮用设计，其特点是烧蚀性低。

（4）日本 GOTSU Mk Ⅱ双基发射药

配方质量分数：

| | |
|---|---|
| 硝化纤维素（12.79%N） | 58.9%～59.3% |
| 硝化甘油 | 35.0% |
| 中定剂 | 2.5% |
| 甲酰替二苯胺 | 2.5% |
| 惰性化合物的含量 | 0.7%～1.1% |
| 　草酸铵 | 50 |
| 　碳酸氢钠 | 50 |
| 　石墨 | 10 |

主要性能：

| | |
|---|---|
| 爆热/(kcal/kg) | 960～967 |
| 比容/(l/kg) | 892～893 |
| 爆温/℃ | 3 006～3 025 |
| 火药力/m | 11 077～11 148 |

应用：用于海军旋转炮、塔炮。

（5）美国 M5 双基发射药

配方质量分数：

| | |
|---|---|
| 硝化纤维素 | 82.0% |
| 硝化甘油 | 15.0% |
| 乙基中定剂 | 0.6% |
| 石墨 | 0.3% |

主要性能：

| | |
|---|---|
| 爆热/(kJ/kg) | 4 356 |
| 火药生成焓/(kJ/kg) | −2 406 |
| 爆温/K | 3 290 |
| 火药力/(kJ/kg) | 1 090.5 |
| 产物平均热容/[kJ/(kg·K)] | 1.757 |
| 产物平均相对分子质量 | 25.4 |
| 气体比热比 | 1.22 |
| 比容/(mol/g) | 0.040 |
| 燃速/(cm/s) | 14.0 |

燃烧产物组成见表 5.1-3。

表 5.1 - 3　燃烧产物组成(mol/100 g)

| CO | $CO_2$ | $H_2$ | $H_2O$ | $N_2$ |
|---|---|---|---|---|
| 1.61 | 0.48 | 0.34 | 1.08 | 0.48 |

(6)美国 M8 双基发射药

配方质量分数:

| | |
|---|---|
| 硝化纤维素 | 52.2% |
| 硝化甘油 | 43% |
| 乙基中定剂 | 0.6% |
| 苯甲二酸二丁酯 | 3.0% |
| $KNO_3$ | 1.2% |

主要性能:

| | |
|---|---|
| 爆热/(kJ/kg) | 5 192 |
| 火药生成焓/(kJ/kg) | -1 987 |
| 爆温/K | 3 760 |
| 火药力/(kJ/kg) | 1 180.7 |
| 产物平均热容/[kJ/(kg·K)] | 1.757 |
| 产物平均相对分子质量 | 26.8 |
| 气体比热比 | 1.21 |
| 比容/(mol/g) | 0.038 |
| 燃速/(cm/s) | 17.8 |
| 压力指数 | 0.81 |

燃烧产物组成见表 5.1 - 4。

表 5.1 - 4　燃烧产物组成(mol/100 g)

| CO | $CO_2$ | $H_2$ | $H_2O$ | $N_2$ |
|---|---|---|---|---|
| 1.28 | 0.66 | 0.19 | 0.11 | 0.54 |

(7)美国 M9 双基发射药

配方质量分数:

| | |
|---|---|
| 硝化纤维素 | 57.8% |
| 硝化甘油 | 40.0% |
| 乙基中定剂 | 0.7% |
| $KNO_3$ | 1.5% |
| 石墨 | 0.1%(外加) |

主要性能:

| 爆热/(kJ/kg) | 5 422 |
|---|---|
| 火药生成焓/(kJ/kg) | −1 987 |
| 爆温/K | 3 800 |
| 火药力/(kJ/kg) | 1 142.5 |
| 产物平均热容/[kJ/(kg·K)] | 1.715 |
| 产物平均相对分子质量 | 26.4 |
| 气体比热比 | 1.21 |
| 比容/(mol/g) | 0.038 |
| 燃速/(cm/s) | 23.0 |
| 压力指数 | 0.85 |

燃烧产物组成见表 5.1−5。

表 5.1−5　燃烧产物组成(mol/100 g)

| CO | $CO_2$ | $H_2$ | $H_2O$ | $N_2$ |
|---|---|---|---|---|
| 1.13 | 0.74 | 0.15 | 0.09 | 0.54 |

### 5.1.3　三基发射药[1−3]

在双基发射药中加入另一种固体含能材料(如硝基胍、黑索今等)作为基本能量所组成的发射药称为三基发射药，简称三基药，如硝基胍发射药、硝胺发射药、太安发射药等。三基药采用单基和双基发射药的综合工艺，适用于要求烧蚀小、弹丸初速高的大口径火炮装药。

(1)美国 M17 三基发射药

配方质量分数：

| 硝化纤维素 | 22% |
|---|---|
| 硝化甘油 | 21.5% |
| 硝基胍 | 54.7% |
| 乙基中定剂 | 1.5% |
| 冰晶石 | 0.3% |
| 石墨 | 0.1%(外加) |

主要性能：

| 爆热/(kJ/kg)　(kcal/kg) | 4 015(962) |
|---|---|
| 火药生成焓/(kJ/kg) | −1 360 |
| 爆温/K | 2 975 |
| 火药力/(kJ/kg) | 1 087.28 |
| 产物平均热容/[kJ/(kg·K)] | 1.883 |

| | |
|---|---|
| 产物平均相对分子质量 | 23.1 |
| 气体比热比 | 1.240 2 |
| 比容/(mol/g) | 0.043 36 |
| 燃速/(cm/s) | 14.0 |
| 压力指数 | 0.60 |

燃烧产物组成见表 5.1-6。

表 5.1-6　燃烧产物组成(mol/100 g)

| CO | $CO_2$ | $H_2$ | $H_2O$ | $N_2$ |
|---|---|---|---|---|
| 1.15 | 0.25 | 0.57 | 0.07 | 1.3 |

应用：76 mm 曳光穿甲弹、曳光超速脱壳穿甲弹、120 mm 坦克炮曳光穿甲弹、曳光目标训练弹。

(2)美国 M30 三基发射药

配方质量分数：

| | |
|---|---|
| 硝化纤维素(12.6%N) | 28.0% |
| 硝化甘油 | 22.5% |
| 硝基胍 | 47.7% |
| 乙基中定剂 | 1.5% |
| 冰晶石 | 0.3% |
| 石墨 | 0.1%(外加) |

主要性能：

| | |
|---|---|
| 爆热/(kJ/kg) | 4 084 |
| 火药生成焓/(kJ/kg) | -1 548 |
| 爆温/K | 3 090 |
| 火药力/(kJ/kg) | 1 089.5 |
| 产物平均热容/[kJ/(kg·K)] | 1.799 |
| 产物平均相对分子质量 | 23.2 |
| 气体比热比 | 1.24 |
| 比容/(mol/g) | 0.042 |
| 燃速/(cm/s) | 12.0 |
| 压力指数 | 0.70 |

应用：203 mm 榴弹炮的装药。

(3)美国 M31 三基发射药

配方质量分数：

| | |
|---|---|
| 硝化纤维素(12.6%N，A 级) | 20.0% |

| 硝化甘油 | 19.0% |
|---|---|
| 硝基胍 | 54.7% |
| 2-硝基二苯胺 | 1.5% |
| 苯甲二酸二丁酯 | 4.5% |
| 二苯胺 | 1.5% |
| 冰晶石 | 0.3% |
| 乙醇(残余) | 0.3% |

主要性能:

| 密度/(g/cm³) | 1.64 |
|---|---|
| 爆热/(kJ/kg) | 3 368 |
| 火药生成焓/(kJ/kg) | −1 464 |
| 爆温/K | 2 600 |
| 火药力/(kJ/kg) | 1 000.3 |
| 产物平均热容/[kJ/(kg·K)] | 1.883 |
| 产物平均相对分子质量 | 21.6 |
| 气体比热比 | 1.252 7 |
| 比容/(mol/g) | 0.044 |
| 燃速/(cm/s) | 7.9 |
| 压力指数 | 0.65 |

(4) 日本 M30A1 三基发射药

配方质量分数:

| 硝化纤维素(12.6%N) | 28.0% |
|---|---|
| 硝化甘油 | 22.5% |
| 硝基胍 | 47.0% |
| 乙基中定剂 | 1.5% |
| 硫酸钾 | 1.0% |
| 石墨 | 0%~0.3%(外加) |

主要性能:

| 密度/(g/cm³) | 1.66 |
|---|---|
| 爆热/(kJ/kg) | 4 075.216 |
| 火药生成焓/(kJ/kg) | −1 464 |
| 爆温/K | 3 040 |
| 火药力/(kJ/kg) | 1 089.28 |
| 产物平均相对分子质量 | 21.6 |
| 气体比热比 | 1.238 5 |

（5）英国 NQ 三基发射药

配方质量分数：

| | |
|---|---|
| 硝化纤维素（13.2%N） | 20.8% |
| 硝化甘油 | 20.6% |
| 硝基胍 | 55.3% |
| 1 号中定剂 | 3.6% |

主要性能：

| | |
|---|---|
| 密度/(g/cm³) | 1.68 |
| 爆热/(kJ/kg) | 3 681.92 |
| 爆温/K | 2 835 |
| 火药力/(kJ/kg) | 1 063.03 |
| 比容/(l/kg) | 1 082 |
| 气体比热比 | 1.251 0 |

（6）英国 NFQ 三基发射药

配方质量分数：

| | |
|---|---|
| 硝化纤维素（12.2%N） | 16.5% |
| 硝化甘油 | 21.0% |
| 硝基胍 | 55.0% |
| 乙基中定剂 | 7.5% |
| 冰晶石 | 0.3% |

主要性能：

| | |
|---|---|
| 密度/(g/cm³) | 1.64 |
| 爆热/(kJ/kg) | 3 158.92 |
| 爆温/K | 2 410 |
| 火药力/(kJ/kg) | 959.49 |
| 比容/(l/kg) | 1 066.0 |
| 气体比热比 | 1.27 |

## 5.2　燃气发生剂推进剂及图形表征

燃气发生剂是一种低温缓燃推进剂，有燃速低、发气量大、燃气清洁、无毒等特点。

聚缩水甘油硝酸酯（PGN）燃气发生剂推进剂，是清洁的航天器发动机用固体推进剂，它的特点是能量较高，无烟、无毒等。

### 5.2.1　聚缩水甘油硝酸酯推进剂

(1)燃气发生剂 1[4]

配方质量分数：

| | |
|---|---|
| 聚缩水甘油硝酸酯(PGN) | 25.0% |
| NCO/OH | 0.9% |
| 固化剂比(N－100/HMDI) | 70/30 |
| 硝酸铵(AN，200 μm) | 51.1% |
| 硝酸铵(AN，20 μm) | 21.9% |
| 硼粉(B) | 2.0% |

主要性能：

| | |
|---|---|
| 应力/psi | 265/264 |
| 应变(张力) | 13/13 |
| 模量/MPa (psi) | 21.374(3 100) |
| 燃速(在 27.58 MPa 压力下)/(mm/s)　(吋/秒) | 18.8 (0.74) |
| 燃速压力指数 | 0.5 |
| EOM 黏度(在 37.8 ℃下)/ kP | 60 |
| 理论密度/(g/cm³) | 1.64 |
| 比冲 $I_{sp}$/(N · s/kg) | 2 308.5(235.4 s) |

(2)燃气发生剂 2[4]

配方质量分数：

| | |
|---|---|
| 聚缩水甘油硝酸酯(PGN) | 25.0% |
| NCO/OH | 0.8% |
| 固化剂比(N－100/HMDI) | 70/30 |
| 硝酸铵(AN，200 μm) | 52.1% |
| 硝酸铵(AN，20 μm) | 22.9% |
| 硼粉(B) | 2.0% |

主要性能：

| | |
|---|---|
| 应力/psi | 198/191 |
| 应变(张力) | 19/29% |
| 模量/MPa (psi) | 14.686(2 130) |
| 燃速(在 27.58 MPa 压力下)/(mm/s)　(吋/秒) | 13.72 (0.54) |
| 燃速压力指数 | 0.82 |
| EOM 黏度(在 37.8 ℃下)/kP | 168 |
| 理论密度/(g/cm³) | 1.63 |

　　　　比冲 $I_{sp}$/(N·s/kg)　　　　　　　　　　　2 282.02(232.7 s)

(3)燃气发生剂 3[4]

配方质量分数:

　　　　聚缩水甘油硝酸酯(PGN)　　　　　　　40.0%
　　　　NCO/OH　　　　　　　　　　　　　　1.0%
　　　　固化剂比(N-100/HMDI)　　　　　　　50/50
　　　　硝酸铵(AN,200 $\mu$m)　　　　　　　　40.6%
　　　　硝酸铵(AN,20 $\mu$m)　　　　　　　　17.4%
　　　　硼粉(B)　　　　　　　　　　　　　　2.0%

主要性能:

　　　　应力/psi　　　　　　　　　　　　　　154/142
　　　　应变(张力)　　　　　　　　　　　　33/40%
　　　　磨量/MPa(psi)　　　　　　　　　　　5.0(725)
　　　　燃速(在 27.58 MPa 压力下)/(mm/s)　(吋/秒)　15.49 (0.61)
　　　　燃速压力指数　　　　　　　　　　　0.45
　　　　EOM 黏度(在 37.8 ℃下)/kP　　　　　6
　　　　理论密度/(g/cm³)　　　　　　　　　1.59
　　　　比冲 $I_{sp}$/(N·s/kg)　　　　　　　　2 239.9(228.4 s)

(4)燃气发生剂 4[4]

配方质量分数:

　　　　聚缩水甘油硝酸酯(PGN)　　　　　　　35.0%
　　　　NCO/OH　　　　　　　　　　　　　　1.0%
　　　　固化剂比(N-100/HMDI)　　　　　　　50/50
　　　　硝酸铵(AN,200 $\mu$m)　　　　　　　　44.1%
　　　　硝酸铵(AN,20 $\mu$m)　　　　　　　　18.9%
　　　　硼粉(B)　　　　　　　　　　　　　　2.0%

主要性能:

　　　　应力/psi　　　　　　　　　　　　　　196/195
　　　　应变(张力)　　　　　　　　　　　　30/36%
　　　　磨量/MPa (psi)　　　　　　　　　　　6.89(1 000)
　　　　燃速(在 27.58 MPa 压力下)/(mm/s)　(吋/秒)　15.49 (0.63)
　　　　燃速压力指数　　　　　　　　　　　0.46
　　　　EOM 黏度(在 37.8 ℃下)/kP　　　　　14
　　　　理论密度/(g/cm³)　　　　　　　　　1.60
　　　　比冲 $I_{sp}$/(N·s/kg)　　　　　　　　2 261.43(230.6 s)

(5)燃气发生剂 5[5]

配方质量分数：

| | |
|---|---|
| 聚缩水甘油硝酸酯(PGN) | 26.82% |
| N-100 | 1.95% |
| HMDI | 0.83% |
| 三苯基铋(TPB) | 0.03% |
| MNA | 0.37% |
| 硝酸铵(AN，200 $\mu$m) | 49.0% |
| 硝酸铵(AN，20 $\mu$m) | 21.0% |

主要性能：

| | |
|---|---|
| 应力(最大)/psi | 157 |
| 应力(破裂)/psi | 149 |
| 应变(最大应力下) | 29% |
| 应变(破裂应力下) | 32% |
| 磨量/MPa （psi) | 6.21(901) |
| EOM 黏度(在 47.22 ℃下)/kP | 12 |
| 玻璃化温度 $T_g$/℃ | -24.6 |

(6)燃气发生剂 6[5]

配方质量分数：

| | |
|---|---|
| 聚缩水甘油硝酸酯(PGN) | 22.29% |
| 聚缩水甘油硝酸酯(PGN) | 5.0% |
| N-100 | 1.62% |
| HMDI | 0.69% |
| 三苯基铋(TPB) | 0.03% |
| MNA | 0.37% |
| 硝酸铵(AN，200 $\mu$m) | 49.0% |
| 硝酸铵(AN，20 $\mu$m) | 21.0% |

主要性能：

| | |
|---|---|
| 应力(最大)/psi | 118 |
| 应力(破裂)/psi | 108 |
| 应变(最大应力下最大延伸率) | 43% |
| 应变(破裂应力下破裂延伸率) | 49% |
| 磨量/MPa(psi) | 3.33(483) |
| EOM 黏度(在 47.22 ℃下)/kP | 8 |
| 玻璃化温度 $T_g$/℃ | -28.8 |

(7)燃气发生剂 7[5]

配方质量分数：

| | |
|---|---|
| ORP - 2 | 22.29% |
| 聚缩水甘油硝酸酯(PGN) | 5.0% |
| N - 100 | 1.62% |
| HMDI | 0.69% |
| 三苯基铋(TPB) | 0.03% |
| MNA | 0.37% |
| 硝酸铵(AN，200 $\mu$m) | 49.0% |
| 硝酸铵(AN，20 $\mu$m) | 21.0% |

主要性能：

| | |
|---|---|
| 应力(最大抗拉强度)/psi | 118 |
| 应力(破裂抗拉强度)/psi | 108 |
| 应变(最大应力下最大延伸率) | 43% |
| 应变(破裂应力下破裂延伸率) | 49% |
| 模量/MPa（psi） | 3.33(483) |
| EOM 黏度(在 47.22 ℃下)/kP | 8 |
| 玻璃化温度 $T_g$/℃ | −28.8 |

## 5.2.2　含不同粘合剂的燃气发生剂

(1)AP/DHG/CTPB 燃气发生剂[10,11]

①AP/DHG/CTPB 燃气发生剂配方 1

配方质量分数：

| | |
|---|---|
| AP | 55% |
| DHG | 20% |
| 粘合剂(CTPB+聚酯) | 25% |

主要性能：

| | |
|---|---|
| 燃烧温度/K | 1 847 |
| 燃速(7.0 MPa)/(mm/s) | 3.02 |
| 压力指数 | 0.311 |

②AP/DHG/CTPB 燃气发生剂配方 2

配方质量分数：

| | |
|---|---|
| AP | 60% |
| DHG | 20% |
| 粘合剂(CTPB) | 20% |

主要性能：

| | |
|---|---|
| 理论燃烧温度/K | 2 157 |
| 燃速(7.0 MPa)/(mm/s) | 4.30 |
| 压力指数 | 0.375 |

(2)AN(PSAN)/TAGN/GAP 燃气发生剂

①AN(PSAN)/TAGN/GAP 燃气发生剂配方 1

配方质量分数：

| | |
|---|---|
| GAP | 18% |
| A3 | 9% |
| PEG 4000 | 3% |
| TAGN(190 $\mu$m) | 39% |
| TAGN(18 $\mu$m) | 27.9% |
| N-100/(mg/100 g) | 2% |

主要性能：

| | |
|---|---|
| 理论燃烧温度/K | 1 539 |
| 燃速(7.0 MPa)/(mm/s) | 10.4 |
| 压力指数 | 0.519 |
| 成气量/(mol/g) | 577.6 |
| 比热比 | 1.310 5 |
| 比冲/(N·s/kg) | 2 106 |
| 特征速度/(m/s) | 1 328.9 |

②AN(PSAN)/TAGN/GAP 燃气发生剂配方 2

配方质量分数：

| | |
|---|---|
| GAP | 20% |
| A3 | 10% |
| PSAN(230 $\mu$m) | 42% |
| PSAN(18 $\mu$m) | 23.4% |
| N-100(mg/100 g) | 2% |
| $Cr_2O_3$ | 0.75% |
| $Al_2O_3$ | 0.75% |

主要性能：

| | |
|---|---|
| 理论燃烧温度/K | 2 164 |
| 燃速(7.0 MPa)/(mm/s) | 8.2 |
| 压力指数 | 0.596 |
| 成气量/(mol/g) | 485.3 |
| 比热比 | 1.232 3 |

| 比冲/(N·s/kg) | 2 228 |
|---|---|
| 特征速度/(m/s) | 1 387.2 |

(3)含端羟聚己酸内酯燃气发生剂

配方质量分数：

| 端羟聚己酸内酯 HTCE (CAPA720) | 7.92% |
|---|---|
| 三乙二醇二硝酸酯(TEGDN) | 13.5% |
| 四乙基乙二醇二甲基醚 | 6.6% |
| N-3200（固化剂） | 1.08% |
| 六次甲基二异氰酸酯(HMDI) | 0.5% |
| N-甲基对硝基苯胺(MNA) | 0.4% |
| 三苯基铋与二硝基水杨酸 | 每种微量 |
| RDX 5 级 | 40% |
| 二硝酰铵脒基脲(FOX-12) | 30% |

主要性能：

| 比冲 $I_{sp}$/s | 209.0 |
|---|---|
| 燃烧室温度，华氏度(480 psi) | 2267 |

燃烧性能

不同压力下燃速见表 5.2-1。

表 5.2-1　不同压力下燃速

| $P$/psi | 200 | 300 | 500 | 600 | 1 000 | 1 500 | 2 000 | 2 500 | 3 000 |
|---|---|---|---|---|---|---|---|---|---|
| $R$/(吋/秒) | 0.065 846 | 0.082 314 | 0.109 050 | 0.120 56 | 0.159 710 | 0.199 660 | 0.233 920 | 0.264 500 | 0.292 420 |

燃速公式　　　　　　$y = 0.003\ 6x^{0.550\ 5}$

(4)含聚(二乙二醇 4，8-二硝基氮杂十一烷酸酯) 燃气发生剂[7]

配方一质量分数：

| ORP-2 | 82.65% |
|---|---|
| N-100 | 12.34% |
| 碳黑 | 5% |
| DBTDL | 0.01% |

主要性能：

| 比冲 $I_{sp}$/s | 140.2 |
|---|---|
| 密度比冲 | 6.7 |
| 燃烧(室)温度/K | 999 |
| 喷出口温度/K | 664 |

喷出口燃烧产物见表 5.2-2。

表 5.2 - 2　喷出口燃烧产物

| 燃烧产物 | C | $CH_4$ | CO | $CO_2$ | $H_2$ | $H_2O$ | $N_2$ |
|---|---|---|---|---|---|---|---|
| 质量% | 33.31 | 0.19 | 0.23 | 18.78 | 0.65 | 22.54 | 14.29 |

配方二质量分数：

| | |
|---|---|
| ORP - 2 | 78.3% |
| N - 100 | 11.69% |
| $ZrH_2$ | 10% |
| DBTDL | 0.01% |

主要性能：

| | |
|---|---|
| 比冲 $I_{sp}$/s | 149.8 |
| 密度比冲 | 7.6 |
| 燃烧(室)温度/K | 1 105 |
| 喷出口温度/K | 760 |

喷出口燃烧产物见表 5.2 - 3。

表 5.2 - 3　喷出口燃烧产物

| 燃烧产物 | C | $CH_4$ | CO | $CO_2$ | $H_2$ | $H_2O$ | $N_2$ | $ZrO_2$ |
|---|---|---|---|---|---|---|---|---|
| 质量% | 27.28 | 8.54 | 1.56 | 17.08 | 1.57 | 17.21 | 13.53 | 13 |

配方三质量分数：

| | |
|---|---|
| ORP - 2 | 82.65% |
| N - 100 | 12.34% |
| 碳黑 | 3% |
| $ZrH_2$ | 2% |
| 二月桂酸二丁基锡 | 0.01% |

主要性能：

| | |
|---|---|
| 比冲 $I_{sp}$/s | 143.2 |
| 密度比冲 | 6.9 |
| 燃烧(室)温度/K | 1 024 |
| 喷出口温度/K | 687 |

喷出口燃烧产物见表 5.2 - 4。

表 5.2 - 4　喷出口燃烧产物

| 燃烧产物 | C | $CH_4$ | CO | $CO_2$ | $H_2$ | $H_2O$ | $N_2$ | $ZrO_2$ |
|---|---|---|---|---|---|---|---|---|
| 质量% | 31.35 | 10.05 | 0.38 | 18.83 | 0.83 | 21.63 | 14.29 | 2.64 |

### 5.2.3 含二价铜络合物的燃气发生剂[14-16]

（1）配方 1

配方质量分数：

| | |
|---|---|
| 碱式硝酸铜 | 53.16% |
| 硝酸胍 | 43.36% |
| $Al_2O_3$ | 3.48% |

主要性能：

| | |
|---|---|
| 在 3 000 psi 压力下燃速/(吋/秒) | 0.62 |
| 压力指数 $n$ | 0.42 |
| 燃速方程中的系数 $k$ | 0.024 |
| 实测密度/$(g/cm^3)$ | 1.91 |
| 气体得率/(mol/100 g) | 2.90 |

（2）配方 2

配方质量分数：

| | |
|---|---|
| 碱式硝酸铜 | 50.49% |
| 硝酸胍 | 36.51% |
| $Al_2O_3$ | 3.0% |
| 双-4-硝基咪唑铜(CC-1) | 10.0% |

主要性能：

| | |
|---|---|
| 在 3 000 psi 压力下燃速/(吋/秒) | 0.84 |
| 压力指数 $n$ | 0.37 |
| 燃速方程中的系数 $k$ | 0.043 |
| 实测密度/$(g/cm^3)$ | 2.03 |
| 气体得率/(mol/100 g) | 2.60 |

（3）配方 3

配方质量分数：

| | |
|---|---|
| 碱式硝酸铜 | 62.18% |
| 硝酸胍 | 24.82% |
| $Al_2O_3$ | 3.0% |
| 咪唑铜(CC-2) | 10.0% |

主要性能：

| | |
|---|---|
| 在 3 000 psi 压力下燃速/(吋/秒) | 0.69 |
| 压力指数 $n$ | 0.3 |
| 燃速方程中的系数 $k$ | 0.064 |
| 实测密度/$(g/cm^3)$ | 2.16 |
| 气体得率/(mol/100 g) | 2.30 |

(4)配方 4

配方质量分数：

| | |
|---|---|
| 碱式硝酸铜 | 56.02% |
| 硝酸胍 | 30.98% |
| $Al_2O_3$ | 3.0% |
| 羟基咪唑铜（CC-3） | 10.0% |

主要性能：

| | |
|---|---|
| 在 3 000 psi 压力下燃速/(吋/秒) | 0.75 |
| 压力指数 $n$ | 0.3 |
| 燃速方程中的系数 $k$ | 0.066 |
| 实测密度/$(g/cm^3)$ | 2.16 |
| 气体得率/(mol/100 g) | 2.50 |

(5)配方 5

配方质量分数：

| | |
|---|---|
| 碱式硝酸铜 | 55.68% |
| 硝酸胍 | 21.32% |
| $Al_2O_3$ | 3.0% |
| 双-4-硝基咪唑铜（CC-1） | 20.0% |

主要性能：

| | |
|---|---|
| 在 3 000 psi 压力下燃速/(吋/秒) | 1.13 |
| 压力指数 $n$ | 0.36 |
| 燃速方程中的系数 $k$ | 0.063 |
| 实测密度/$(g/cm^3)$ | 2.17 |
| 气体得率/(mol/100 g) | 2.28 |

(6)配方 6

配方质量分数：

| | |
|---|---|
| 碱式硝酸铜 | 45.97% |
| 六胺基钴（Ⅲ）硝酸盐 | 52.53% |
| 硝酸胍 | 10.0% |

主要性能：

| | |
|---|---|
| 在 3 000 psi 压力下燃速/(吋/秒) | 0.4 |
| 压力指数 $n$ | 0.46 |
| 燃速方程中的系数 $k$ | 0.010 |
| 实测密度/$(g/cm^3)$ | 1.93 |
| 气体得率/(mol/100 g) | 3.40 |

(7)配方 7

配方质量分数：

|  |  |
|---|---|
| 碱式硝酸铜 | 34.34％ |
| 六胺基钴（Ⅲ）硝酸盐 | 45.66％ |
| 硝酸胍 | 10.0％ |
| 双-4-硝基咪唑铜（CC-1） | 10.0％ |

主要性能：

|  |  |
|---|---|
| 在 3 000 psi 压力下燃速/(吋/秒) | 0.77 |
| 压力指数 $n$ | 0.34 |
| 燃速方程中的系数 $k$ | 0.051 |
| 实测密度/(g/cm³) | 1.98 |
| 气体得率/(mol/100 g) | 2.94 |

(8)配方 8

配方质量分数：

|  |  |
|---|---|
| 硝酸胍咪基脲硝酸盐 | 43.88％ |
| $SiO_2$ | 3.0％ |
| 二胺基二硝酸铜 | 53.12％ |

主要性能：

|  |  |
|---|---|
| 气体得率/(mol/100 g) | 3.36 |
| 密度/(g/cm³) | 1.78 |
| 火焰温度 $T_c$/K | 2 258 |
| 爆热/(cal/g) | 891.25 |
| 在 1 000 psi 压力下燃速/(吋/秒) | 0.25 |
| 压力指数 $n$ | 0.501 |
| 燃速方程中的系数 $k$ | 0.008 |
| 感度 |  |
| 　冲击感度/吋 | 30 |
| 　摩擦感度/N | ＞360 |
| EDS/J | ＞11.25 |
| 自动点火温度/℃ | 180 |

(9)配方 9[15]

配方质量分数：

|  |  |
|---|---|
| 咪基脲硝酸盐 | 37.80％ |
| $SiO_2$ | 3.0％ |
| 二胺基二硝酸铜 | 59.20％ |

主要性能：

|  |  |
|---|---|
| 气体得率/(mol/100 g) | 3.17 |
| 密度/(g/cm³) | 1.93 |

| | |
|---|---|
| 火焰温度 $T_c$/K | 2 171 |
| 爆热/(cal/g) | 811 |
| 在 1 000 psi 压力下燃速/(吋/秒) | 0.33 |
| 压力指数 $n$ | 0.463 |
| 燃速方程中的系数 $k$ | 0.013 |
| 感度 | |
| 　冲击感度/吋 | 30 |
| 　摩擦感度/N | $>$360 |
| EDS/J | $>$11.25 |
| 自动点火温度/℃ | 180 |

(10)配方 10[15]

配方质量分数：

| | |
|---|---|
| 硝酸胍 | 51.74% |
| $SiO_2$ | 3.0% |
| 碱式硝酸铜 | 45.26% |

主要性能：

| | |
|---|---|
| 气体得率/(mol/100 g) | 2.92 |
| 密度/(g/cm³) | 1.95 |
| 火焰温度 $T_c$/K | 1 879 |
| 爆热/(cal/g) | 670.32 |
| 在 1 000 psi 压力下燃速/(吋/秒) | 0.32 |
| 压力指数 $n$ | 0.439 |
| 燃速方程中的系数 $k$ | 0.016 |
| 感度 | |
| 　冲击感度/吋 | 30 |
| 　摩擦感度/N | $>$360 |
| EDS/J | $>$11.25 |
| 自动点火温度/℃ | 180 |

(11)配方 11[15]

配方质量分数：

| | |
|---|---|
| 咪基脲硝酸盐 | 45.46% |
| $SiO_2$ | 3.0% |
| 碱式硝酸铜 | 51.54% |

主要性能：

| | |
|---|---|
| 气体得率/(mol/100 g) | 2.63 |
| 密度/(g/cm³) | 2.20 |

| | |
|---|---|
| 火焰温度 $T_c$/K | 1 666 |
| 爆热/(cal/g) | 540 |
| 在 1 000 psi 压力下燃速/(吋/秒) | 0.51 |
| 压力指数 $n$ | 0.413 |
| 燃速方程中的系数 $k$ | 0.03 |
| 感度 | |
| 　冲击感度/吋 | 30 |
| 　摩擦感度/N | ＞360 |
| EDS/J | ＞11.25 |
| 自动点火温度/℃ | 177 |

(12)配方 12[16]

配方质量分数：

| | |
|---|---|
| 碱式硝酸铜 | 26％ |
| 硝酸胍(12 $\mu$m) | 59.73％ |
| $SiO_2$ | 0.27％ |
| 高氯酸钾(19 $\mu$m) | 14％ |

主要性能：

| | |
|---|---|
| 在 1 000 psi(6.9 MPa) 压力下燃速/(mm/s) | 19.6 |
| 在 3 000 psi(20.7 MPa) 压力下燃速/(mm/s) | 33.5 |
| 燃速压力指数 | 0.5 |
| 密度/(g/cm³) | 1.79 |

(13)配方 13

配方质量分数：

| | |
|---|---|
| 喷雾干燥的碱式硝酸铜、硝酸胍和 $SiO_2$ | 86％ |
| 高氯酸钾(19 $\mu$m) | 14％ |

主要性能：

| | |
|---|---|
| 在 1 000 psi(6.9MPa) 压力下燃速/(mm/s) | 19.9 |
| 在 3 000 psi(20.7 MPa) 压力下燃速/(mm/s) | 35.0 |
| 燃速压力指数 | 0.51 |
| 密度/(g/cm³) | 1.81 |

(14)配方 14[16]

配方质量分数：

| | |
|---|---|
| 碱式硝酸铜 | 26％ |
| 硝酸胍(12 $\mu$m) | 59.73％ |
| $SiO_2$ | 0.3％ |
| 高氯酸钾(19 $\mu$m) | 14％ |

主要性能：

　　在 1 000 psi(6.9 MPa) 压力下燃速/(吋/秒)　　　0.99

　　在 3 000 psi(20.7 MPa) 压力下燃速/(mm/s)　　41.7

　　燃速压力指数　　　　　　　　　　　　　　　　0.51

　　密度/(g/cm$^3$)　　　　　　　　　　　　　　　　1.80

(15)配方 15

配方质量分数：

　　碱式硝酸铜　　　　　　　　　　　　　　　　　26％

　　硝酸胍(12 $\mu$m)　　　　　　　　　　　　　　　57.0％

　　SiO$_2$　　　　　　　　　　　　　　　　　　　3.0％

　　高氯酸钾(19 $\mu$m)　　　　　　　　　　　　　14％

主要性能：

　　在 1 000 psi(6.9 MPa) 压力下燃速/(mm/s)　　17.3

　　在 3 000 psi(20.7 MPa) 压力下燃速/(mm/s)　　28.7

　　燃速压力指数　　　　　　　　　　　　　　　　0.47

　　密度/(g/cm$^3$)　　　　　　　　　　　　　　　　1.79

(16)配方 16

配方质量分数：

　　喷雾干燥的碱式硝酸铜、硝酸胍和 SiO$_2$　　　86％

　　高氯酸钾(19 $\mu$m)　　　　　　　　　　　　　14％

主要性能：

　　在 1 000 psi(6.9 MPa) 压力下燃速/(mm/s)　　17.0

　　在 3000 psi(20.7 MPa) 压力下燃速/(mm/s)　　28.7

　　燃速压力指数　　　　　　　　　　　　　　　　0.53

　　密度/(g/cm$^3$)　　　　　　　　　　　　　　　　1.82

(17)配方 17[16]

配方质量分数：

　　碱式硝酸铜　　　　　　　　　　　　　　　　　26％

　　硝酸胍(12 $\mu$m)　　　　　　　　　　　　　　57.0％

　　SiO$_2$　　　　　　　　　　　　　　　　　　　3.0％

　　高氯酸钾(19 $\mu$m)　　　　　　　　　　　　　14％

主要性能：

　　在 1 000 psi(6.9 MPa) 压力下燃速/(吋/秒)(mm/s) 0.84(21.3)

　　在 3 000 psi(20.7 MPa) 压力下燃速/(mm/s)　　39.1

　　燃速压力指数　　　　　　　　　　　　　　　　0.49

　　密度/(g/cm$^3$)　　　　　　　　　　　　　　　　1.84

(18)配方 18

配方质量分数：

| | |
|---|---|
| 碱式硝酸铜 | 60.34% |
| 硝酸胍 | 28.16% |
| 铝 | 1.5% |
| 乙二胺铜 | 10.0% |

主要性能：

| | |
|---|---|
| 燃速/(吋/秒) | 0.65 |
| 燃速压力指数 | 0.33 |
| 燃速方程中的系数 $k$ | 0.068 |
| 密度/(g/cm³) | 2.18 |

(19)配方 19

配方质量分数：

| | |
|---|---|
| 碱式硝酸铜 | 47.33% |
| 硝酸胍 | 51.17% |
| 铝 | 1.5% |

主要性能：

| | |
|---|---|
| 燃速/(吋/秒) | 0.39 |
| 燃速压力指数 | 0.36 |
| 燃速方程中的系数 | 0.033 |
| 密度/(g/cm³) | 1.89 |

(20)配方 20

配方质量分数：

| | |
|---|---|
| 碱式硝酸铜 | 51.05% |
| 硝酸胍 | 37.45% |
| 铝 | 1.5% |
| 5，5'-双四唑二胺基铜 | 10.0% |

主要性能：

| | |
|---|---|
| 燃速/(吋/秒) | 0.32 |
| 燃速压力指数 | 0.36 |
| 燃速方程中的系数 | 0.059 |
| 密度/(g/cm³) | 2.0 |

(21)配方 21[17]

配方质量分数：

| | |
|---|---|
| 三聚氰胺氰酸酯 | 13.43% |
| 硝基胍 | 14.5% |

碱式硝酸铜　　　　　　　　　　　　　　　62.07%

碱式碳酸铜　　　　　　　　　　　　　　　5.0%

羧甲基纤维素钠盐　　　　　　　　　　　　5.0%

主要性能：

燃烧温度/K　　　　　　　　　　　　　　1 548

7 MPa 时燃速/(mm/s)　　　　　　　　　19.5

压力指数　　　　　　　　　　　　　　　0.13

点火能力(−40 ℃，点火，药量 33.5 g)　　优良

释放气体 2 800 L，23 ℃，见表 5.2−5。

表 5.2−5　释放气体含量

| 气体 | $NO_2$ | NO | CO | $NH_3$ |
|---|---|---|---|---|
| 含量/ppm | 0 | 10 | 114 | 7 |

(22)配方 22[17]

配方质量分数：

三聚氰胺氰酸酯　　　　　　　　　　　　12.18%

硝基胍　　　　　　　　　　　　　　　　18.5%

碱式硝酸铜　　　　　　　　　　　　　　59.32%

碱式碳酸铜　　　　　　　　　　　　　　5.0%

羧甲基纤维素钠盐　　　　　　　　　　　　5.0%

主要性能：

燃烧温度/K　　　　　　　　　　　　　　1 583

7 MPa 时燃速/(mm/s)　　　　　　　　　19.2

压力指数　　　　　　　　　　　　　　　0.15

点火能力(−40 ℃，点火，药量 33.9 g)　　优良

释放气体 2 800 L，23 ℃，见表 5.2−6。

表 5.2−6　释放气体含量

| 气体 | $NO_2$ | NO | CO | $NH_3$ |
|---|---|---|---|---|
| 含量/ppm | 0 | 4 | 142 | 34 |

(23)配方 23[17]

配方质量分数：

三聚氰胺氰酸酯　　　　　　　　　　　　12.23%

硝基胍　　　　　　　　　　　　　　　　14.5%

碱式硝酸铜　　　　　　　　　　　　　　58.27%

| | | |
|---|---|---|
| 碱式碳酸铜 | | 10.0% |
| 羧甲基纤维素钠盐 | | 5.0% |

主要性能：

| | |
|---|---|
| 燃烧温度/K | 1 530 |
| 7 MPa 时燃速/(mm/s) | 19.4 |
| 压力指数 | 0.10 |
| 点火能力(−40 ℃，点火，药量 33.3 g) | 优良 |

释放气体 2 800 L，23 ℃，见表 5.2−7。

表 5.2−7 释放气体含量

| 气体 | NO₂ | NO | CO | NH₃ |
|---|---|---|---|---|
| 含量/ppm | 0 | 25 | 94 | 3 |

(24)配方 24[17]

配方质量分数：

| | |
|---|---|
| 三聚氰胺氰酸酯 | 8.5% |
| 硝基胍 | 19.0% |
| 碱式硝酸铜 | 47.5% |
| 碱式碳酸铜 | 20.0% |
| 羧甲基纤维素钠盐 | 5.0% |

主要性能：

| | |
|---|---|
| 燃烧温度/K | 1 531 |
| 7 MPa 时燃速/(mm/s) | 19.7 |
| 压力指数 | 0.10 |
| 点火能力(−40 ℃，点火，药量 34.2 g) | 优良 |

释放气体 2 800 L，23 ℃，见表 5.2−8。

表 5.2−8 释放气体含量

| 气体 | NO₂ | NO | CO | NH₃ |
|---|---|---|---|---|
| 含量/ppm | 0 | 15 | 87 | 10 |

(25)配方 25[17]

配方质量分数：

| | |
|---|---|
| 三聚氰胺氰酸酯 | 6.75% |
| 硝基胍 | 21.0% |
| 碱式硝酸铜 | 42.25% |
| 碱式碳酸铜 | 25.0% |

　　　羧甲基纤维素钠盐　　　　　　　　　　　　　　5.0%

主要性能：

　　　燃烧温度/K　　　　　　　　　　　　　　　　1526

　　　7 MPa 时燃速/(mm/s)　　　　　　　　　　　20.6

　　　压力指数　　　　　　　　　　　　　　　　　0.10

　　　点火能力(−40 ℃，点火，药量 35.3 g)　　　优良

释放气体 2 800 L，23 ℃，见表5.2−9。

**表 5.2−9　释放气体含量**

| 气体 | NO$_2$ | NO | CO | NH$_3$ |
|---|---|---|---|---|
| 含量/ppm | 0 | 9 | 82 | 14 |

(26)配方 26[17]

配方质量分数：

　　　三聚氰胺氰酸酯　　　　　　　　　　　　　　5.0%

　　　硝基胍　　　　　　　　　　　　　　　　　23.0%

　　　碱式硝酸铜　　　　　　　　　　　　　　　37.0%

　　　碱式碳酸铜　　　　　　　　　　　　　　　30.0%

　　　羧甲基纤维素钠盐　　　　　　　　　　　　　5.0%

主要性能：

　　　燃烧温度/K　　　　　　　　　　　　　　　1 520

　　　7 MPa 时燃速/(mm/s)　　　　　　　　　　　20.6

　　　压力指数　　　　　　　　　　　　　　　　　0.10

　　　点火能力(−40 ℃，点火，药量 34.3 g)　　　优良

释放气体 2 800 L，23 ℃，见表5.2−10。

**表 5.2−10　释放气体含量**

| 气体 | NO$_2$ | NO | CO | NH$_3$ |
|---|---|---|---|---|
| 含量/ppm | 0 | 9 | 82 | 14 |

(27)配方 27[17]

配方质量分数：

　　　三聚氰胺氰酸酯　　　　　　　　　　　　　15.66%

　　　硝基胍　　　　　　　　　　　　　　　　　10.8%

　　　碱式硝酸铜　　　　　　　　　　　　　　　65.54%

　　　碱式碳酸铜　　　　　　　　　　　　　　　3.0%

　　　羧甲基纤维素钠盐　　　　　　　　　　　　　5.0%

主要性能：

　　燃烧温度/K　　　　　　　　　　　　　　　　　　1 485

　　7 MPa 时燃速/(mm/s)　　　　　　　　　　　　　19.2

　　压力指数　　　　　　　　　　　　　　　　　　　0.15

　　点火能力(−40 ℃，点火，药量 33.9 g)　　　　　　**优良**

　　释放气体 2 800 L，23 ℃，见表 5.2 − 11。

表 5.2 − 11　释放气体含量

| 气体 | $NO_2$ | NO | CO | $NH_3$ |
|---|---|---|---|---|
| 含量/ppm | 0 | 21 | 164 | 6 |

### 5.2.4　含高氮化合物的燃气发生剂[19,20]

(1)配方 1

配方质量分数：

　　5-氨基四唑　　　　　　　　　　　　　　　　　　33.27％

　　硝酸钠　　　　　　　　　　　　　　　　　　　　1.0％

　　硝酸锶　　　　　　　　　　　　　　　　　　　　56.73％

　　三氧化铝　　　　　　　　　　　　　　　　　　　7.0％

　　硫化钼　　　　　　　　　　　　　　　　　　　　2.0％

　　燃速/(mm/s)　　6.17 MPa　　　　　　　　　　　11.8

　　　　　　　　　　13.03 MPa　　　　　　　　　　15.4

(2)配方 2

配方质量分数：

　　5-氨基四唑　　　　　　　　　　　　　　　　　　32.54％

　　硝酸钠　　　　　　　　　　　　　　　　　　　　1.0％

　　硝酸锶　　　　　　　　　　　　　　　　　　　　55.46％

　　三氧化铝　　　　　　　　　　　　　　　　　　　9.0％

　　硫化钼　　　　　　　　　　　　　　　　　　　　2.0％

　　燃速/(mm/s)　　6.17 MPa　　　　　　　　　　　9.3

　　　　　　　　　　13.03 MPa　　　　　　　　　　14.1

(3)配方 3

配方质量分数：

　　5-氨基四唑　　　　　　　　　　　　　　　　　　31.81％

　　硝酸钠　　　　　　　　　　　　　　　　　　　　1.0％

　　硝酸锶　　　　　　　　　　　　　　　　　　　　54.19％

　　三氧化铝　　　　　　　　　　　　　　　　　　　11.0％

| 硫化钼 | 2.0％ |
| 燃速/(mm/s)　6.17 MPa | 8.8 |
| 　　　　　　　　13.03 MPa | 12.4 |

(4)配方 4

配方质量分数：

| 5-氨基四唑 | 32.27％ |
| 硝酸钠 | 1.0％ |
| 硝酸锶 | 56.73％ |
| 三氧化铝 | 7.0％ |
| 硫化钼 | 2.0％ |
| 燃速/(mm/s)　6.17 MPa | 17.3 |
| 　　　　　　　　13.03 MPa | 19.0 |

(5)配方 5

配方质量分数：

| 5-氨基四唑 | 32.54％ |
| 硝酸钠 | 1.0％ |
| 硝酸锶 | 55.46％ |
| 三氧化铝 | 9.0％ |
| 硫化钼 | 2.0％ |
| 燃速/(mm/s)　6.17 MPa | 15.8 |
| 　　　　　　　　13.03 MPa | 20.3 |

(6)配方 6

配方质量分数：

| 5-氨基四唑 | 31.81％ |
| 硝酸钠 | 1.0％ |
| 硝酸锶 | 54.16％ |
| 三氧化铝 | 9.0％ |
| 硫化钼 | 2.0％ |
| 燃速/(mm/s)　6.17 MPa | 14.0 |
| 　　　　　　　　13.03 MPa | 17.7 |

## 5.2.5　特殊用途的燃气发生剂

(1)固体燃气发生剂(用于冲压火箭发动机)[7]

配方质量分数：

| ORP-2 | 82.65％ |
| N-100 | 12.34％ |

碳黑               5.0%

燃料填加剂($ZrH_2$)      0.0%

固化催化剂          0.01%

主要性能：

  比冲 $I_{sp}$/(N·s/kg) 68.05/1   1 374.90(140.2 s)

  密度比冲/(N·s/m³)(N·s/dm³)  6.7(6 700)

  燃烧室温度/K        999

  排气口温度/K        664

  燃气产物组成见表 5.2-12。

表 5.2-12 燃气产物组成(%)

| 燃气产物 | C | $CH_4$ | CO | $CO_2$ | $H_2$ | $H_2O$ | $N_2$ |
|---|---|---|---|---|---|---|---|
| mol/kg | 33.31 | 0.19 | 0.23 | 18.78 | 0.65 | 22.54 | 14.29 |

(2)固体燃气发生剂(用于冲压火箭发动机)[7]

 配方质量分数：

  ORP-2           78.3%

  N-100           11.69%

  碳黑            0.0%

  燃料填加剂($ZrH_2$)      10.0%

  固化催化剂         0.01%

 主要性能：

  比冲 $I_{sp}$/(N·s/kg) 68.05/1   1 469.04(149.8 s)

  密度比冲(N·s/m³)(N·s/dm³)  7.6(7 600)

  燃烧室温度/K        1 105

  排气口温度/K        760

  燃气产物组成见表 5.2-13。

表 5.2-13 燃气产物组成(%)

| 燃气产物 | C | $CH_4$ | CO | $CO_2$ | $H_2$ | $H_2O$ | $N_2$ | $ZrO_2$ |
|---|---|---|---|---|---|---|---|---|
| mol/kg | 27.28 | 8.54 | 1.56 | 17.08 | 1.57 | 17.21 | 13.53 | 13.0 |

(3)固体燃气发生剂(用于冲压火箭发动机)

 配方质量分数：

  ORP-2           82.65%

  N-100           12.34%

  碳黑            3.0%

　　　　燃料填加剂($ZrH_2$)　　　　　　　　　　　2.0%
　　　　固化催化剂　　　　　　　　　　　　　　0.01%
　　主要性能：
　　　　比冲 $I_{sp}$/(N·s/kg)　68.05/1　　　　　　1 404.32(143.2 s)
　　　　密度比冲/(N·s/m³)(N·s/dm³)　　　　　6.9(6 900)
　　　　燃烧室温度/K　　　　　　　　　　　　1 024
　　　　排气口温度/K　　　　　　　　　　　　687
　　　　燃气产物组成见表5.2-14。

表 5.2-14　燃气产物组成(%)

| 燃气产物 | C | $CH_4$ | CO | $CO_2$ | $H_2$ | $H_2O$ | $N_2$ | $ZrO_2$ |
|---|---|---|---|---|---|---|---|---|
| mol/kg | 31.35 | 10.05 | 0.38 | 18.83 | 0.83 | 21.63 | 14.29 | 2.64 |

# 参考文献

［1］T. 乌尔班斯基. 火炸药的化学与工艺学(第Ⅲ卷)［M］. 欧育湘，秦保实，译，北京：国防工业出版社，1976.

［2］刘继华. 火药物理化学性能［M］. 北京：北京理工大学出版社，1997.

［3］《世界弹药手册》编辑部. 世界弹药手册［M］. 北京：兵器工业出版社，1990.

［4］田德余. 固体推进剂配方优化设计［M］. 北京：国防工业出版社，2013.

［5］Rodney L. Willer，et al. US 5，591，936. Jan. 7，1997.

［6］田德余. 固体推进剂配方优化设计方法及其软件系统［J］. 火炸药学报，2006，29(4)：54－57.

［7］Richard C，Hatcher，et al. US 6，258，188 B1，Jul. 10，2001.

［8］Ropdney L. Willer，et al. US 5，801，325，Sep. 1，1998.

［9］David C. Sayles，Huntsvill，et al. US 4，655，859. Apr. 7，1987.

［10］刘云飞，刘继华，罗秉和. AP/DHG/CTPB 燃气发生剂的研究［J］. 火炸药学报，2000，23(3)：25－27.

［11］US 3741828. 1973.

［12］庞爱民. 国外 GAP 推进剂研制现状［J］. 固体火箭技术，1994(2).

［13］Mark H. Mason et al. US 7. 857，920 B1.

［14］Ivan V. Mendenhall et al. US 7，470，337 B2，Dec. 30，2008.

［15］Ivan V. Mendenhall et al. US 6，550，808 B1，Apr. 22，2003.

［16］Gary K . Lund，et al. US 8，815，029 B2，Aug. 26，2014.

［17］Syouj Kobayashi et al. US 9，487，454 B2，Nov. 8，2016.

［18］US 9，624，140 B2，Apr. 18，2017.

［19］柴玉萍，张同来，姚俊. 非叠氮燃气发生剂配方研制进展［J］. 宇航材料工艺，2007(1)：11－15.

［20］PooleD R. US 5，035，757，July 30，1991.

# 附录一 单位换算

## 1. 质量单位换算

| 质量 | 千克(kg) | 克(g) | 盎司(oz) | 磅(lb) |
|------|---------|-------|---------|--------|
| 千克 | $1\ kg=1$ | 1 000 | 35.274 | 2.204 6 |
| 格令 | $1\ gr=6.479\ 9\times10^{-5}$ | $6.479\ 9\times10^{-2}$ | $2.285\ 7\times10^{-3}$ | $1.428\ 6\times10^{-5}$ |
| 盎司 | $1\ oz=2.835\ 0\times10^{-2}$ | 28.350 | 1 | $6.25\times10^{-2}$ |
| 磅 | $1\ lb=4.535\ 9\times10^{-1}$ | 453.59 | 16 | 1 |
| 吨 | $1\ t=1\ 000$ | $10^6$ | $3.527\times10^4$ | 2 205 |

## 2. 长度单位换算

| 长度 | 米(m) | 英寸(in) | 英尺(ft) | 码(yd) |
|------|-------|---------|---------|--------|
| 米 | $1\ m=1$ | 39.370 | 3.280 8 | 1.093 66 |
| 英寸 | $1\ in=2.54\times10^{-2}$ | 1 | $8.333\ 3\times10^{-2}$ | $2.777\ 8\times10^{-2}$ |
| 英尺 | $1\ ft=3.048\times10^{-1}$ | 12 | 1 | $3.333\ 3\times10^{-1}$ |
| 码 | $1\ yd=9.144\times10^{-1}$ | 36 | 3 | 1 |
| 哩 | $1\ mile=1\ 609.3$ | 63 360 | 5 280 | 1 760 |
| 海里 | $1\ n\ mile=1.852\times10^3$ | $7.29\times10^4$ | $6.08\times10^3$ | $2.03\times10^3$ |

## 3. 体积单位换算

| 面积 | 立方米<br>($m^3$) | 立方英尺<br>($ft^3$) | 立方英寸<br>($in^3$) | 美加仑<br>(gal) | 美夸脱<br>(qt) | 美品脱<br>(pt) | 英加仑<br>(gal) |
|------|------|------|------|------|------|------|------|
| 立方米 | $1\ m^3=1$ | $3.53\times10$ | $6.10\times10^4$ | $2.64\times10^2$ | $1.06\times10^3$ | $2.11\times10^3$ | $2.2\times10^2$ |
| 立方英尺 | $1\ ft^3=2.83\times10^{-2}$ | 1 | $1.73\times10^3$ | 7.48 | $2.99\times10$ | $5.89\times10$ | 6.225 |
| 立方英寸 | $1\ in^3=1.64\times10^{-5}$ | $5.795\times10^{-4}$ | 1 | $4.33\times10^{-3}$ | $1.73\times10^{-2}$ | $3.47\times10^{-2}$ | $3.608\times10^{-3}$ |
| 美加仑 | $1\ gal=3.785\times10^{-3}$ | $1.34\times10^{-1}$ | $2.31\times10^2$ | 1 | 4.001 | 8.002 | 0.832 6 |
| 美夸脱 | $1\ qt=9.46\times10^{-4}$ | $3.34\times10^{-2}$ | $5.77\times10^1$ | 0.25 | 1 | 2.00 | 0.208 1 |
| 美品脱 | $1\ pt=4.73\times10^{-4}$ | $1.67\times10^{-2}$ | $2.88\times10^1$ | 0.125 | 0.5 | 1 | 0.104 0 |
| 英加仑 | $1\ gal=4.546\times10^{-3}$ | 0.160 6 | $2.772\times10^2$ | 1.201 | 4.805 | 9.611 | 1 |

## 4. 温度单位换算表

| 温度 | 开尔文(K) | 摄氏度(℃) | 华氏度(℉) |
|------|----------|----------|-----------|
| 开尔文 | $nK=n$ | $n-273.15$ | $n\times9/5-459.67$ |
| 摄氏度 | $n℃=n+273.15$ | 1 | $n\times5/9+32$ |
| 华氏度 | $n\ ℉=(n+459.67)\times5/9$ | $(n-32)\times5/9$ | $n$ |

## 5. 力单位换算

| 力 | 牛顿(N) | 千克力(kgf) | 磅重(bf) | 达因(dyn) |
|---|---|---|---|---|
| 牛顿 | 1 N=1 | $1.019\ 7\times10^{-1}$ | $2.248\ 09\times10^{-1}$ | $10^5$ |
| 千克力 | 1 kgf=9.806 7 | 1 | 2.204 06 | $9.806\ 7\times10^5$ |
| 磅重 | 1 bf=4.448 2 | $4.535\ 9\times10^{-1}$ | 1 | $4.448\ 2\times10^5$ |
| 达因 | 1 dyn=$10^{-5}$ | $1.019\ 7\times10^{-6}$ | $2.248\ 09\times10^{-6}$ | 1 |

## 6. 压力单位换算

| 压力 | 帕(Pa) | 巴(bar) | 千磅/厘米²(kp/cm²) | 大气压(atm) | 磅/英寸(psi) |
|---|---|---|---|---|---|
| 巴 | 1 bar=$1\times10^5$ | 1 | 1.019 7 | 0.986 92 | 14.504 |
| 标准大气压 | 1 atm=$1.013\times10^5$ | 1.013 25 | 1.033 2 | 1 | 14.696 |
| 工程大气压 | 1 kp/cm²=$9.806\ 7\times10^4$ | 0.980 57 | 1 | 0.967 84 | 14.233 |
| 水柱 | 1 cm=$9.806\ 4\times10^4$ | 0.980 64 | 0.999 97 | 0.967 81 | 14.223 |
| 每平方英寸磅 | 1 psi=$6.894\ 7\times10^3$ | $6.894\ 7\times10^{-2}$ | $7.030\ 7\times10^{-2}$ | $6.804\ 6\times10^{-2}$ | 1 |
| 每平方英尺磅 | 1 bf/ft=47.880 | $4.788\ 0\times10^{-4}$ | $4.882\ 4\times10^{-4}$ | $4.725\ 4\times10^{-4}$ | $6.944\ 4\times10^{-3}$ |

## 7. 能量单位换算

| 能量 | 千焦(kJ) | 千卡(kcal) | 米·吨(mt) | 大气压(atm) | 巴(bar) |
|---|---|---|---|---|---|
| 焦耳=米·牛顿 | 1 J=1 Nm=$10^{-3}$ | $2.388\ 4\times10^{-4}$ | $1.019\ 7\times10^{-4}$ | $9.868\ 7\times10^{-3}$ | $10^{-2}$ |
| 千焦 | 1 kJ=1 | $2.388\ 4\times10^{-1}$ | $1.019\ 7\times10^{-1}$ | 9.868 7 | 10 |
| 千卡 | 1 kcal=4.186 8 | 1 | $4.269\ 4\times10^{-1}$ | 41.319 | 41.869 |
| 米·吨 | 1 mt=9.806 7 | 2.342 3 | 1 | 96.782 | 98.069 |
| 升·大气压 | 1 atm=$1.013\ 3\times10^{-1}$ | $2.420\ 2\times10^{-2}$ | $1.033\ 3\times10^{-2}$ | 1 | 1.013 3 |
| 升·巴 | 1 bar=$10^{-1}$ | $2.388\ 4\times10^{-2}$ | $1.019\ 7\times10^{-2}$ | $9.868\ 7\times10^{-1}$ | 1 |
| 千瓦·小时 | 1 kW·h=3 600 | 359.85 | 367.10 | $3.552\ 7\times10^4$ | $3.6\times10^4$ |
| 气态方程因素 | 1 R·K·mol=$8.313\times10^{-3}$ | $1.985\ 8\times10^{-3}$ | $8.478\times10^{-4}$ | $8.204\times10^{-2}$ | $8.313\times10^{-2}$ |
| 英国热量单位 | 1 Btu=1.055 | $2.520\times10^{-1}$ | $1.075\times10^{-1}$ | 10.41 | 10.55 |

# 附录二　符号说明

| | |
|---|---|
| ADN | 二硝酰胺铵 |
| AMMO | 3-叠氮甲基-3-甲基氧丁环 |
| AN | 硝酸铵 |
| AP | 高氯酸铵 |
| BAMO | 3,3-双叠氮甲氧丁烷 |
| BDNPA/F | 2,2-二硝基丙基缩甲醛/缩乙醛的混合物 |
| BDNPFI/A | 重二硝基甲酯丙酯/乙酯 |
| BG | 硝化甘油与1,2,4-丁三醇三硝酸酯混合物 |
| BTTNN | 1,2,4-丁三醇三硝酸酯 |
| Bu-NEPE | 正丁基2-乙基硝酸酯硝胺 |
| BEEP | 卡托辛 |
| C2 | 2号中定剂 |
| CAB | 纤维素丁酸乙酯 |
| CAMP | 丙酸羰基甲酯 |
| BEFP | 卡托辛(Catocene) |
| CB | 碳黑 |
| C.C | 一种燃速催化剂,是氧化铜、氧化铬、亚铬酸铜等的混合物 |
| CC-2 | 咪唑铜 |
| CDB | 复合双基(推进剂) |
| CMCNa | 羧甲基纤维素钠盐,增稠稳定剂 |
| CMDB | 复合改性双基(推进剂) |
| CTPB | 端羧基聚丁二烯(推进剂) |
| CTPIB | 端羧基聚异丁烯(推进剂) |
| DBTDL | 二月桂酸二丁基锡 |
| DBP | 苯二甲酸二丁酯 |
| DBS | (正)癸二酸二丁酯 |
| DDA | 月桂酸 $C_{12}H_{24}O$ |
| DEGN | 或称DEGDN,二缩二乙二醇二硝酸酯 |
| DIBA | 壬二酸二异丁酯 |
| DINA | 吉纳,硝化二乙醇胺 |
| DMP | 邻苯二甲酸二甲酯 |
| DNADF | 二硝基偶氮二呋咱($C_4N_8O_4$) |
| DNSA | 二硝基水杨酸 |
| DOA | 己二酸二辛酯 |

| DOAZ | 壬二酸二辛酯($C_{25}H_{48}O_4$) |
| DOS | 癸二酸二异辛酯 |
| EA | 丙烯酸乙酯 |
| EP | 环氧树脂 |
| ERL－4421 | 4，5-环氧环己甲基4'，5'-环氧环己甲基羧酸酯，用作交链剂 |
| FEFO | 双-(氟二硝基乙基)缩甲醛 |
| FOX－12 | N-脒基脲二硝基胺盐 |
| GAP | 缩水甘油叠氮聚醚 |
| GTB | 甘油三丁酯 |
| HAN | 硝酸羟胺(铵)，或以 HOAN 代号表示 |
| HDI | 六次甲基二异氰酸酯 |
| HEC | 羟乙基纤维 |
| HEDM | 高能量密度材料 |
| HMX | 奥克托今，环四次甲基四硝胺 |
| HNF | 硝仿肼 |
| HNIW | 或称 Cl－20、CL20，六硝基六氮杂异伍兹烷 |
| HTCE | 端羟聚己酸内酯 |
| HTPB | 端羟基聚丁二烯(推进剂) |
| HTPE | 端羟基聚醚(推进剂) |
| HX－752 | 间苯二甲酰(2-甲基氮丙啶) |
| HMDI | 六次甲基二异氰酸酯 |
| HX－880 | 特种碳黑，分散好，黑度高 |
| IPDI | 异佛尔酮二异氰酸酯 |
| $I_\rho$ | 密度比冲 g·s/cm³ 或 N·s/dm³ |
| $I_{sp}$ | 比冲 N·s/kg 或 s，或 kN·s/kg |
| LF | 液氟或用 $LF_2$、$LF_3$ 表示 |
| LH | 液氢或用 $LH_2$、$LH_3$ 表示 |
| LO | 液氧或用 $LO_2$、$LO_3$ 表示 |
| LT | 鞣酸铅 |
| MAPO | 三(2-甲基)氮丙啶氧化膦 |
| MMH | 一甲基肼 |
| MNA | N-甲基-4-硝基苯胺 |
| MDDI | 4，4'-二苯基甲烷二异氰酸酯 |
| MT4 | 氮丙啶类键合剂 |
| NC(12.5%N) | 硝化纤维素(氮含量为 12.5%)，俗称硝化棉 |
| 2－NDPA | 2-硝基二苯胺 |
| NEPE | 硝酸酯增塑的聚醚 |

| | |
|---|---|
| NG | 硝化甘油，丙三醇三硝酸酯 |
| NTO | 3-硝基-1，2，4-三唑-5-酮 |
| N-100 | 多官能团脂肪族二异氰酸酯的总称，有文献报导[NCO]=5，有的写为 PFIC 多官能度异氰酸酯，是一种混合物 |
| ORP-2 | 聚(二乙二醇 4，8-二硝基氮杂十一烷酸酯)，又称 ORP-2A，是一种含硝胺的预聚体，由十一烷二酸多功能异氰酸酯(12.34%)、六次甲基二异氰酸酯与水的反应物组成 |
| O-NDPA | 2-硝基二苯胺，邻硝基二苯胺 |
| PBAA | 聚丁二烯-丙烯酸共聚物 |
| PBAN | 聚丁二烯-丙烯酸-丙烯腈三聚物，聚丁二烯-丙烯腈共聚物 |
| PCP | 聚己酸内酯 |
| PE | 聚酯 |
| PEG | 聚乙二醇 |
| 1，2-PGDN | 1，2-丙二醇二硝酸酯 |
| PET | 环氧乙烷-四氢呋喃共聚醚 |
| PETN | 季戊四醇四硝酸酯，俗称太安 |
| PGA | 聚己二酸己二醇酯 |
| PGN | 缩水甘油硝酸酯 |
| PMA | 丙烯酸甲酯 $(C_4H_8O_2)n$ |
| PS | 聚硫(橡胶) |
| PSAN | 相稳定硝酸铵，又称聚苯乙烯丙烯腈共聚物 |
| 1，5-PTDN | 戊二醇二硝酸酯，$C_5H_{10}N_2O_6$ |
| PU | 聚氨酯 |
| PVC | 聚氯乙烯 |
| RDX | 黑索今，环三次甲基三硝酸酯 |
| RFNA | 红色发烟硝酸 |
| TA | 甘油三醋酸酯 |
| TAGN | 三氨基胍硝酸盐 |
| TBP | 三苯基铋 |
| TBF | 叔丁基二茂铁 |
| TDI | 甲苯二异氰酸酯 |
| TEGN | 二缩三乙二醇二硝酸酯 |
| $T_g$ | 软化温度/℃ |
| TMETN | 三羟甲基乙烷三硝酸酯 |
| TNT | 梯恩梯，三硝基甲苯 |
| TP | 三苯基铋 |
| TVOPA | 三-1，2，3-[1，2-二氟氨基乙氧基]丙烷，用作固化剂 |

| UDMH | 偏二甲肼 |
|------|---------|
| VSL | 凡士林 |
| $\sigma_m$ | 最大抗拉强度/MPa |
| $\varepsilon_b$ | 破坏延伸率/% |
| $\sigma_b$ | 破坏抗拉强度/MPa |
| $\varepsilon_{in}$ | 最大延伸率/% |
| $E$ | 弹性(杨氏)模量/MPa |
| $\rho$ | 密度，$g/cm^3$ 或 $10^3\ kg/m^3$ |
| $I_\rho$ | 密度比冲/$(N \cdot s/dm^3)$或$(N \cdot s/m^3)$或$(lb - sec/in^3)$（英制单位） |

# 附录三　假设推进剂图形目录

# 后　记

经过多年辛勤的劳动，从国内外公开发表的大量文献资料中，收集了数百种推进剂配方和性能数据，这些配方和性能数据，凝聚着前人的智慧和劳动结晶；并用"推进剂配方优化设计及图形表征"的软件系统，优化出最佳配方，绘制出等性能三角图、三维立体图、曲线 3D 图、综合性能图、性能对比图等各种图形，由图形可以清淅地看出比冲、特征速度、密度比冲等性能与推进剂组分的关系，显示出最高比冲、最高密度比冲等的趋向和数值，给配方设计、研制人员指明了调整配方组成，提高性能的大致趋向和方法。这些信息各方都很重视，非常珍贵，很少汇集，为出版成书，本人顶着风险，拖着体弱多病的身体，一心想把已掌握的宝贵知识奉献给祖国和人民，使读者少走弯路，更快地了解国内外推进剂历史、配方、性能数据及推进剂的发展趋向，为航天和兵器事业做出更大贡献。

在撰写、计算、核对数据和资料的过程中曾遇到了重重困难，付出了大量的心血和汗水，熬过了许多个难眠之夜，睡梦中都在构思着如何写……，在同事、家人、朋友和同学们的支持下，终于脱稿成书，在此，特向他(她)们表示衷心的感谢！